電力電子學圖鑑

電的原理、運作機制、生活應用……
從零開始看懂推動世界的科技！

森本雅之 著
UNSUI WORKS＋YTI 製作
陳朕疆・譯

THE VISUAL ENCYCLOPEDIA *of* POWER ELECTRONICS

前言

2007年，有志之士在「Cool Earth 50」計畫中提出，為了對抗地球暖化，必須開發21種革命性的技術。這些技術中，不僅許多與太陽能發電、電動車等電力電子學領域有關，甚至「電力電子學」本身就被列為其中一項技術。這可以說是宣告了電力電子學時代的到來。

在那之後過了十多年，電力電子學的產品在我們的周遭環境已隨處可見。另一方面，AI與IoT已成為了這個世界的關鍵字，是驅動社會進步的重要技術。這些技術投入市場時，軟體是不可或缺的工具，但光靠軟體並不夠，還需要提供電力，產品才動得起來。而在提供電力時，就會用到電力電子學。譬如要有馬達才能讓機器運轉，而在控制馬達的運轉情況時，電力電子學是不可或缺的知識。由此可見，電力電子學可以說是維持現代生活與社會運轉的必要技術。

雖然電力電子學如此重要，但就連電學專家也常覺得「電力電子學很難，根本看不懂」。我認為這是因為，從以前開始，電力電子學就沒有建立起一套完整的技術或學問體系。隨著整體社會的發展，為了製造出更好的產品，技術也會一直革新。所以即使學生們閱讀過去的專業書籍或教科書，也很難跟得上現實中的電力電子產品。

在這樣的背景下，我以「讓不是電學專家的人們，也能理解電力電子學」為目標，寫下了這本說明電力電子學的書籍。為了讓覺得「不知道電學在講什麼」、「電又看不到，根本沒興趣」的人們理解電力電子學，我會從與電力電子有關的電學基礎開始，一直到實際的應用，盡可能地仔細說明一切相關學問。

如果本書能讓更多人瞭解電力電子學是什麼，並進一步喜歡上電子電力學，那會是我至高的榮幸。

2020年10月

森本　雅之

目　次

第 0 章　電力電子學究竟是什麼？

第 1 章　直流與交流、電壓與電流（電力的基礎）

第 2 章　線圈與電容（電路的基礎）

第 3 章　電力電子的基礎

第 4 章　功率元件的運作機制

第 5 章　電力電子學的主角「逆變器」

第 6 章　逆變器的使用方式

第 7 章　家庭中的電力電子

第 8 章　交通工具與電力電子學

第 9 章 電力系統的電力電子學

第 10 章 製造業的電力電子學

第 11 章 社會生活的電力電子學

Cool Technology !

第0章 電力電子學究竟是什麼？

0-1

電力電子學與電子學有什麼差別？

～電力電子學的核心在於電力的控制～

用英文來解說的話，電力電子學的英文為power electronics。electronics指的是「電子學」，power則是指「電力」，所以power electronics就是「與電力有關的電子學」。

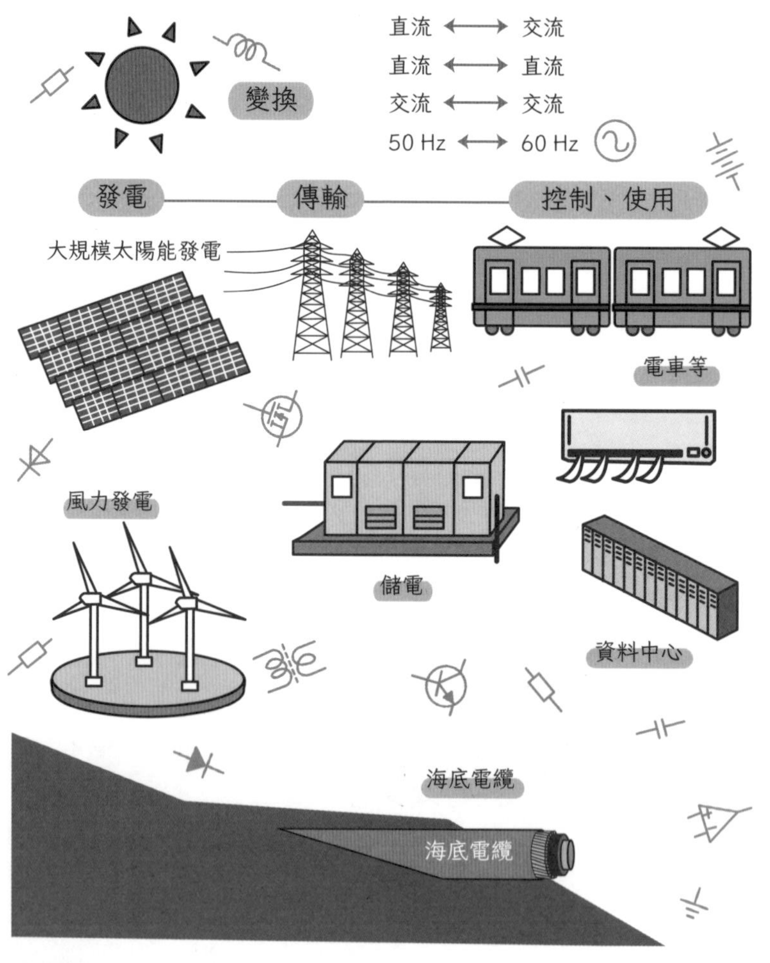

電力電子學是什麼

電子學（electronics）…以電子進行通訊、訊號處理、資訊處理、控制機械的學問。主要用於處理資訊。

電力電子學的定義

- **電力電子學**是處理高電壓、大電流（**強電**）的電子學。
- 處理強電時，常需進行電力的變換與控制。

變換與控制電力的「技術」

電力電子學與電子學的差異

	電力電子學 power electronics	電子學 electronics
領域、分類	電力工程學 **強電**※ 電能傳輸 將電能轉換成其他形式的能量進一步利用	電子學 **弱電**※ 將電訊號用於通訊、控制、資訊處理等領域
電壓	高電壓	低電壓 （多在 30V 以下）
電流	大電流	微小電流 （mA 以下，通常為 μA）
用途	改變龐大電力的形式、以電力驅動物體、加熱、冷卻等，著重在電能的應用技術	以電訊號進行觀察、收聽、計算、顯示、處理、傳輸、測量，著重在電訊號的運用技術

※強電、弱電為俗稱

電力電子學／電子學的差異

0-2

電力控制與能量控制

～將電力轉換成熱能、化學能、動能～

許多人對電力電子學的印象是「電力變換」。電力變換意思是改變電力的形式。確實，電力電子學會以變換電力的方式來控制電力（參考第65頁）。
而受到控制的電力，會被轉換成電能或其他型態的能量，再進一步利用。

由電力轉變成三種型態的能量！

■我們會在第1章中詳細介紹電流的三種效應，並以此說明電能如何轉換成以下三種型態的能量。
而在將電能轉變成其他能量時，控制電力型態（交流或直流）、電流、電壓的過程，也叫做「控制電能」。

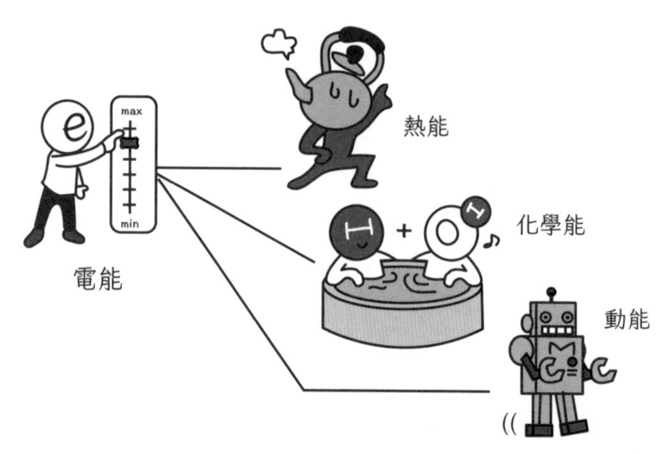

將電能轉換成三種能量

電能（electric energy）…以電力作的功。電流或電荷所擁有的能量。日語中也叫做電力量。
熱能（thermal energy）…原子或分子的熱運動造成的物質內部能量。

控制著各種能量的電力電子學

■舉例來說，調節風扇的風量時，我們可以說電力電子學是在控制馬達的轉速。但如果看整個系統，可以說電力電子學控制的是電能，再藉此「控制動能」，也就是風扇的風速。

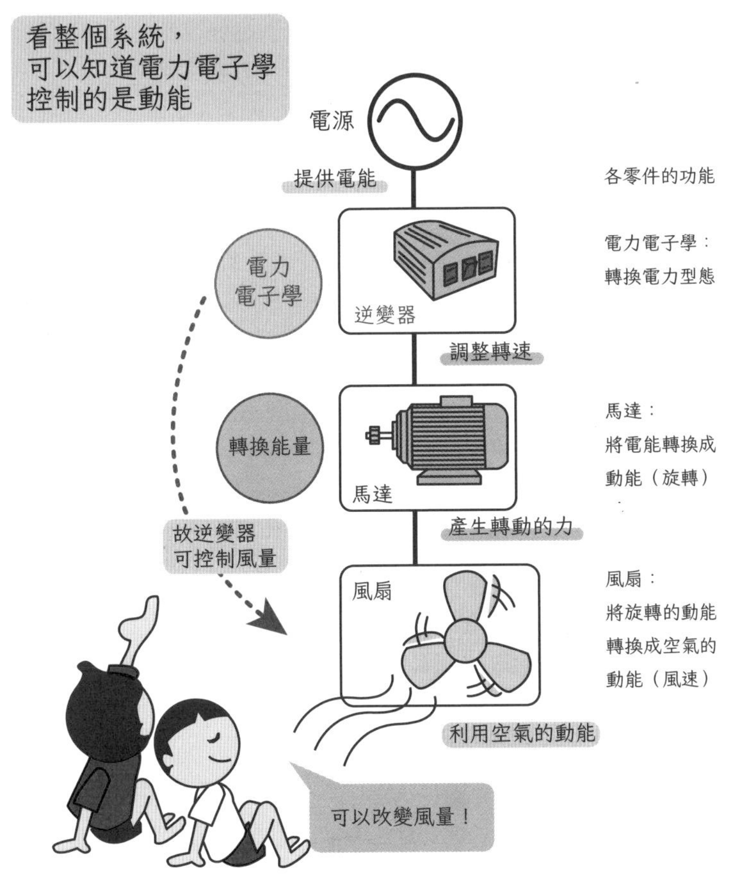

以電力電子學控制風量

化學能（chemical energy）…儲存在物質化學鍵中的能量。化學反應時可釋出或吸收化學能。
動能（kinetic energy）…伴隨著物體的運動而出現的能量。是力學能的一種。

0-3

電力電子學有什麼用途？

～日常生活中的電力電子學～

電力電子學是使用電能時會用到的學問。雖然我們只要把插頭插進插座，就能使用電能，但這些電能並非從天而降。電力公司發電後，需經過各種電力電子元件的調控再送到各個家庭，才能穩定提供這些電能。
所以說，電力電子元件可以說是在暗處「默默地」工作著。

將電力轉變成方便使用的形式！

- 電力公司的各種設施、太陽能發電、電池等蓄電裝置，都需要電力電子機器的調控。
- 工廠的機械設備、機器人、搬運車也需要電力電子元件才能運作。
- 包括住宅區的天然氣、自來水水泵在內的各種「基礎建設」設備，都會用到電力電子元件。電氣化火車、電梯、電動車也需要電力電子元件才能運轉。
- 另外，家中照明、冷氣、洗衣機、PC……各種會用到電的機器也都需要電力電子元件控制。AC配接器與手機充電器等，也都會用到電力電子元件。

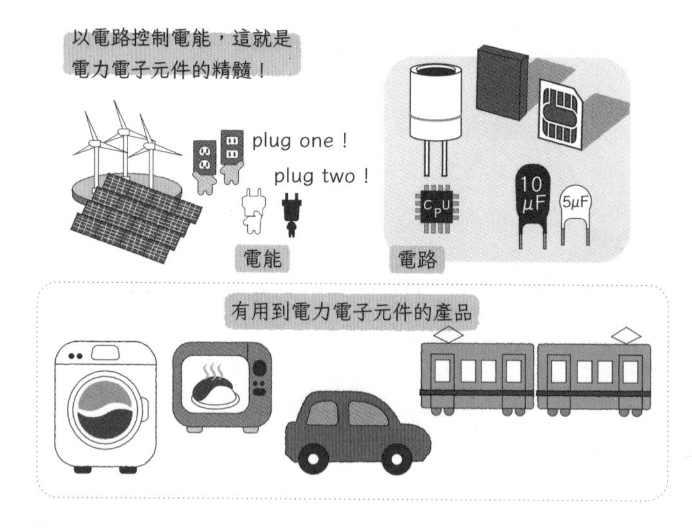

各式各樣的電力電子元件

蓄電（storage）…儲存電力備用的行為。增加蓄電的過程叫做充電，釋放蓄電的過程叫做放電。
基礎建設（infrastructure）…生活或工業上必須的建設，是社會的基礎。政府為了提升公共利益，會建造各種基礎建設供人民使用。

－電力電子元件的24小時－

24 小時都會用到電力電子元件

0-4

與電力電子學有關的人們
～從一般人到專家～

就像「有人坐轎，也有人扛轎」一樣，電子電力學的相關人士非常多。換言之，電力電子學是範圍相當廣的技術。

所有人都與電力電子學有關

- 在電力已被視為理所當然的現代，電力電子元件也與每個人息息相關，甚至可以說「用電＝使用電力電子元件」。
- 與電力電子元件有關的人們之中，最多的是間接使用者。即使我們平常不會特別注意，但幾乎所有人每天都會用到電力電子元件。

使用電力電子元件的人們

- 直接操作電力電子機器的人，可以說是最接近電力電子學的使用者。
- 操作釣魚竿捲線器、操控電動車等，也是在操作電力電子機器。
- 這些人多半不會覺得自己在「利用電力電子元件」，而是覺得自己在「操作機器」。

操作電力電子元件的人們

直接使用電力電子元件本身的人們

- 工程師們會自覺到自己正在使用電力電子元件，也能將各種產品組合成電力電子機器。
- 舉例來說，建置工廠設備時，會購入許多電力電子元件，組裝成需要的設備。
- 一般的工程師就算不曉得電力電子機器的內部結構，至少也知道「電力電子元件有什麼功用」。
- 編寫電力電子機器用的系統軟體的工程師，也是電力電子元件的使用者之一。

製造業的工程師

- 製造業的工程師也常間接接觸到「電力電子元件」。也就是說，除了電力電子工程師以外的其他工程師，也會接觸到電力電子學。
- 如果沒有半導體，電力電子產品就不會動。
- 半導體領域中的**功率元件**，指的就是「與電力電子學有關的半導體」。
- 除了半導體之外，我們也可以用線圈等電子零件、各種機械零件與材料，製造出電力電子機器。

電力電子學的專家

- 與電力電子機器的開發、設計、製造、品管等領域直接接觸，或提供相關技術的人，可以被稱為「電力電子學的專家」。

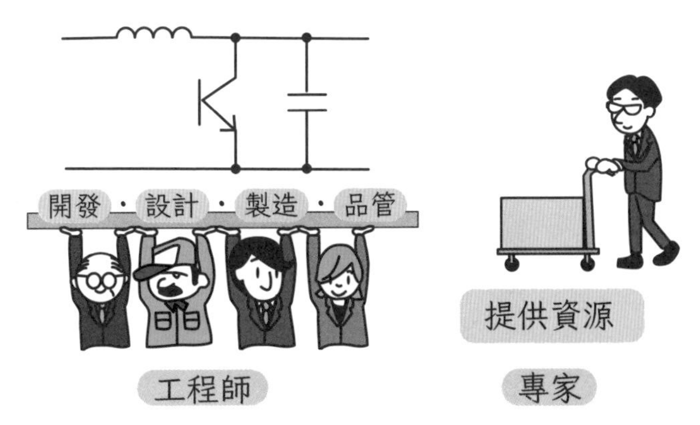

電力電子學的專家

功率元件（power device）…處理高電壓大電流的電力用半導體元件。

Free and Radical.

第1章　直流與交流、電壓與電流（電力的基礎）

1-1

電流
～電子的移動會形成電流～

電子是什麼？

- 要瞭解什麼是電流，必須先知道什麼是電子。
- 所有物質都是原子的集合體。原子的結構由位於中心的原子核，與繞著原子核**公轉**的電子構成。
- 原子核帶正電荷，電子帶負電荷。
- 不同種類的原子，原子核的電荷數就不一樣，繞著原子核公轉的電子數也不一樣。

原子內有許多電子依照既定軌道繞著原子核公轉。

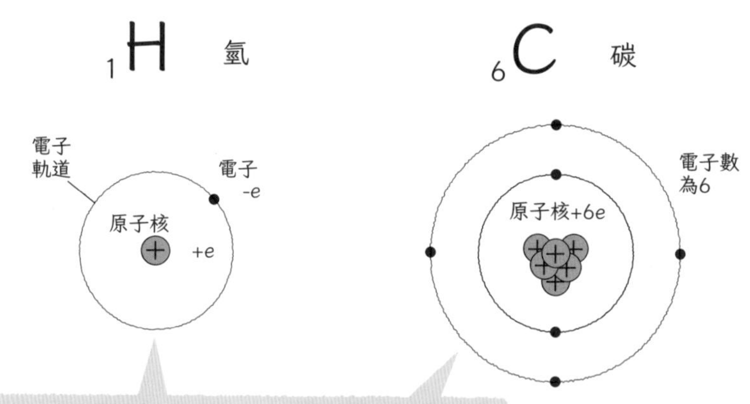

原子核與電子

原子核（atomic nucleus）…位於原子中心，帶有正電荷。由質子與中子構成。

電子（electron）…屬於基本粒子（沒有大小的粒子），帶有電荷。電子攜帶的電量（電荷）為電量的最小單位，稱為基本電量 e。$e = 1.602 \times 10^{-19}$(C)。

金屬結晶內的自由電子

- 於最外側軌道公轉的電子（**最外層電子**）受原子核吸引的引力最弱。
- 因此，最外層電子獲得些微能量（熱、光）時，就會脫離原本的原子軌道，在金屬結晶內自由移動，稱為**自由電子**。

自由電子

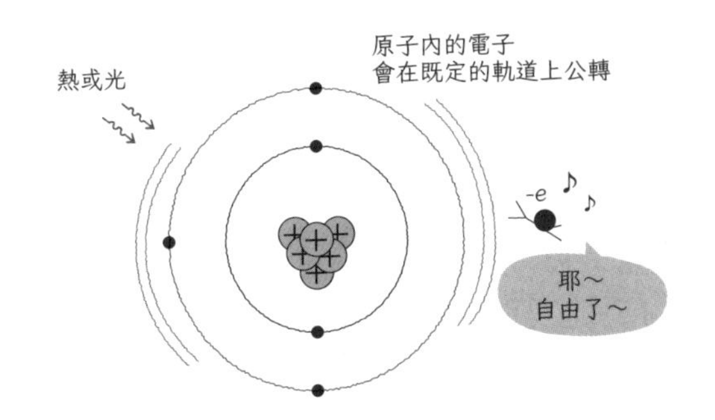

Free! & Radical!

金屬結晶

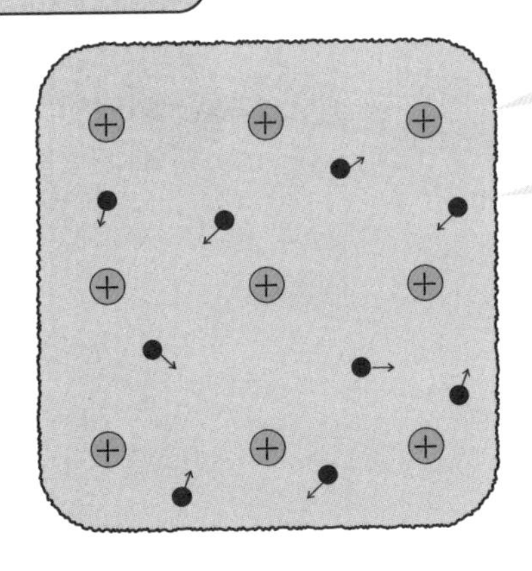

金屬結晶內，原子核會規則排列成格子狀

金屬結晶內，最外層電子會離開軌道，自由運動

這個例子中

● ··· q

即使有自由電子，
整個金屬仍
呈電中性

自由電子與金屬結晶

金屬結晶（metal crystal）…自由電子與陽離子的鍵結，稱為**金屬鍵**。金屬結晶內的原子透過金屬鍵連結。

最外層電子（outermost electron）…在距離原子核最遠的軌道公轉的電子。電子只能在原子核周圍的既定軌道上公轉，這些軌道稱為**殼層**。

關閉開關後，自由電子還能自由運動嗎？

- 金屬內部存在自由電子。
- 連接用導線（銅或鋁）為金屬，故內部的自由電子可自由運動。
- 燈泡內部的燈絲（發光部分）是由鎢這種金屬構成，內部的自由電子可自由運動。
- 因此，即使關閉開關，切斷電路，導線或燈絲內部的自由電子仍可「自由」運動。

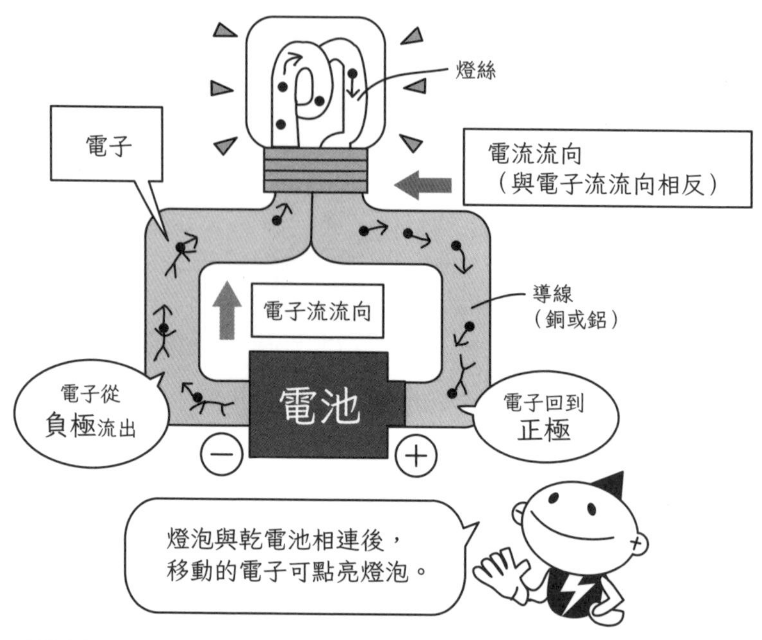

流過燈泡的自由電子

導線（conducting wire）…連接各端子使電流通過，由金屬等導體製成的線。**電線**。

燈絲（filament）…由金屬製成的細絲。電流流過燈泡燈絲後，可使燈絲發光。

「電流流過」是什麼意思？

- 導線或燈絲內部的自由電子帶有負電荷，所以在開關打開（電路接通）的瞬間，電子會被拉向電池的正極。
- 所以，原本就能自由運動的自由電子，全都會開始往正極移動。
- 此外，電池負極會持續提供電子給導線，原本存在導線上的自由電子會被推向燈泡。
- 負極將電子推向導線，導線再將電子推向正極。這些電子的移動，就是所謂的電流。

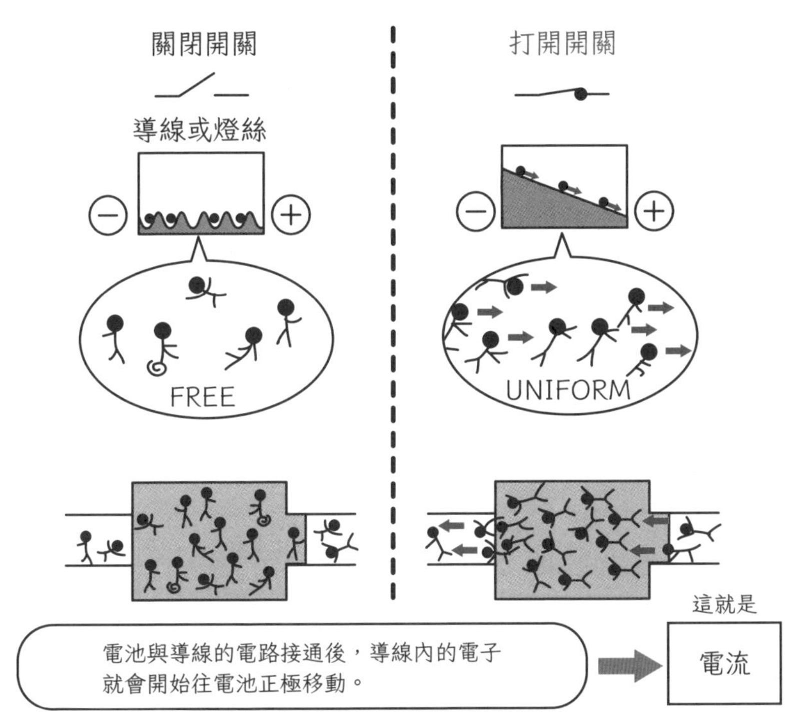

自由電子的運動

電路（electrical circuit）…為了使用電力，將電路元件（電源、負載等）以導體接通後得到的電流通路。

「電流」是什麼？

- 從電池出發的電子會經由導線通過電燈泡，再回到電池。也就是電子會繞電路一圈。
- 這種「所有電子朝著同一方向移動的狀態」就叫做「電流正在流動」（要注意的是，電流的方向與電子流的方向剛好相反）。
- 關閉開關時，自由電子會回復到「可自由活動，但不會朝同一方向移動」的狀態，此時「電流不再流動」。
- 電流符號為 I，單位為安培（A）。

電流的定義

「1秒內通過某個截面的電荷量」

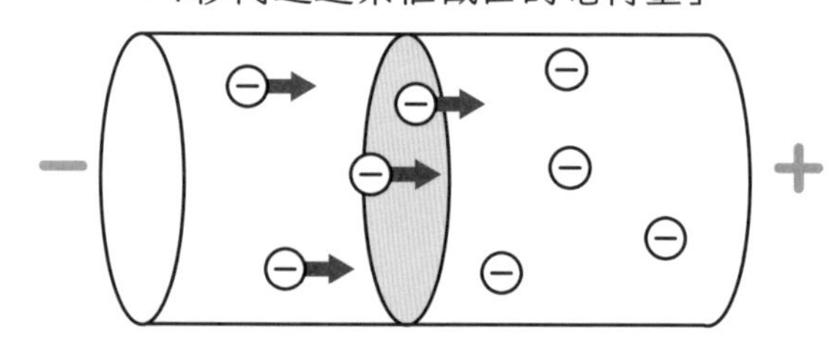

符號為 I，單位為安培

$$電流\ I\,(A) = \frac{通過的電荷量\ Q\,(C)}{時間\ \ t\,(s)}$$

電流的大小

0.1602　電荷 e 為 1.602×10^{-19}（C）

$$1\,A = \frac{1C}{1s}$$ ⇨ 1秒內通過 6.24×10^{18} 個（約600京個）電子的電流，約為1 A（0.999 A）

電流的定義

電荷（electric charge）…電子或質子等帶電粒子本身，或是這些粒子所帶的電荷量。

安培（ampere）…電流單位，源自「安培定律」的發現者，法國人安培André-Marie Ampère（1775～1836）的名字。

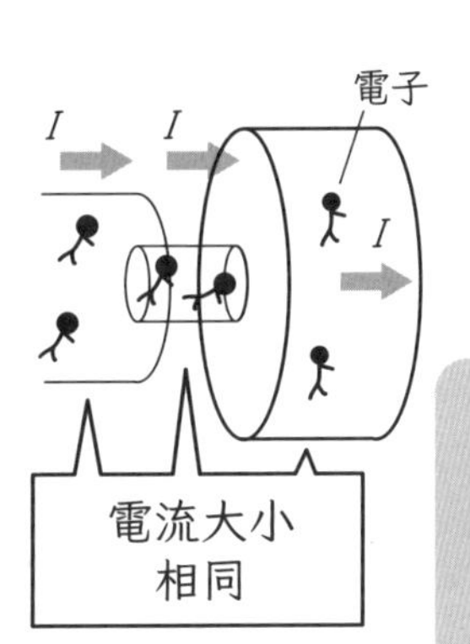

- 要是不存在環繞一圈的通路，電流就不會流動
- 電流為連續的流動。
  電路中各處的電流大小皆相同
- 即使電線粗細改變，電流大小仍不變
- 電流不能突然湧出，也不能儲存

電流的基本性質

為什麼電流的方向與電子流的方向相反？

在發現電子以前，科學家就發明了電池，並在那時決定了電流的正負向。
隨著時代演進，在科學家們仔細研究過電子之後，才瞭解到電子的流動方向與電流方向相反，便規定電子帶有的是負電荷。

電流與電子流的方向差異

1-2

電動勢與電壓

～電流由電動勢驅動～

電路常被比喻成水道。電池就像把水往上打的水泵，電池的電動勢就相當於水泵把水往上打的力。這裡就讓我們整理一下「電動勢」、「電位」、「電壓」等用語分別是什麼意思吧。

電動勢、電位、電壓

- 我們可以將電路內的電流比喻成水道的水流，以方便理解。此時，電池就像水泵，燈泡就像水車。兩者都在進行能量轉換。
- 水道內的水流會被水泵往上打，再沖下來使水車持續轉動。這就像電路中的電池提供能量給電流，電流再使燈泡持續發光一樣。

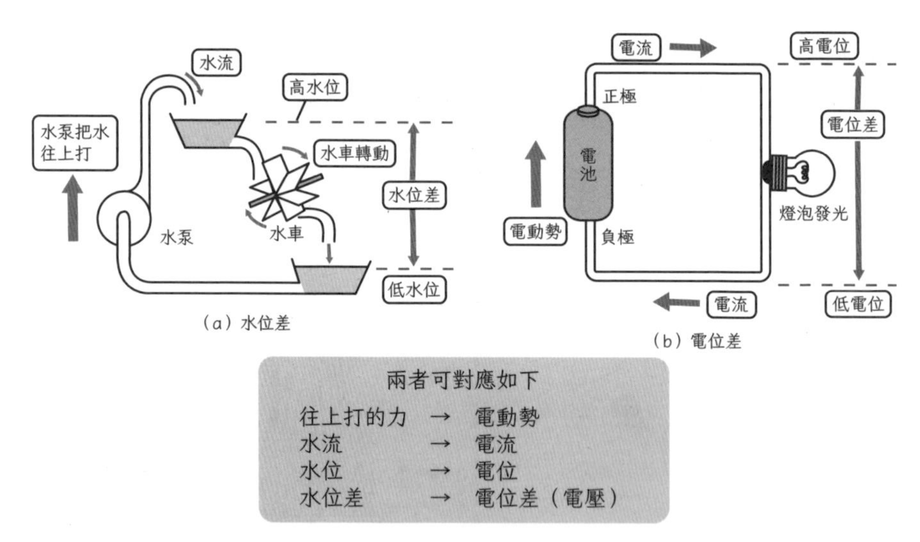

（a）水位差

（b）電位差

水位與電位

電動勢（electromotive force）…參考正文。

可以提升電位的電池

- 相對於水道的水位，電路中也有**電位**。
- 電池的電動勢，可使正極的電位高於負極。
- 這種電池提高電位的能力，就叫做**電動勢**。

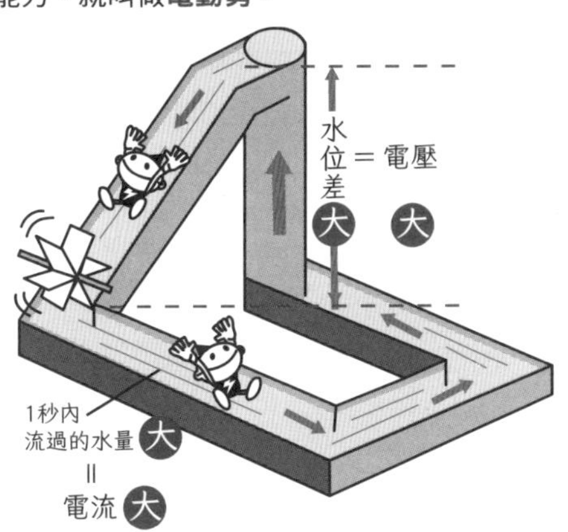

電池的電動勢

電池的外部電路

- 電位差又叫做**電壓**。
- 若兩點間存在電位差（電壓），兩點間就會產生電流。
- 在電池的外部電路中，電池正極的電位較高，負極的電位較低。
- 電池與電路接通後，因為正極與負極之間有電位差，所以電路中會產生電流。
- 電壓符號為 V，單位為伏特（V）。

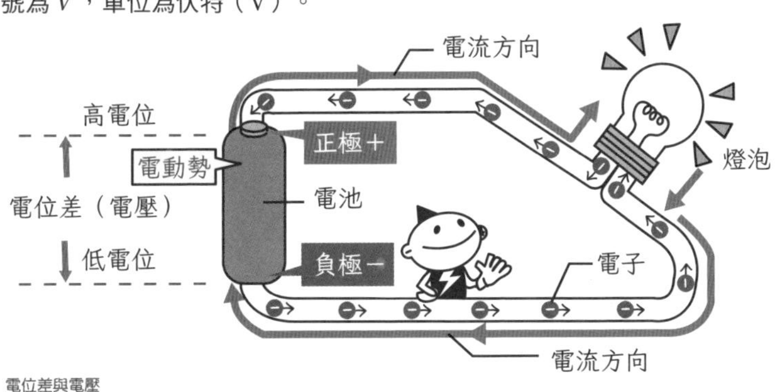

電位差與電壓

電位（electric potential）…參考正文。

電壓（voltage）…參考正文。

1-3

電流與電壓的關係

～歐姆定律就是如此美妙～

電路中的電流與電壓成正比，而這個規則就叫做歐姆定律。不論是直流電／交流電，所有電流都會符合歐姆定律，可以說是基本中的基本，是相當重要的定律。

電流與電壓成正比

- 電流越大，電壓越高。
- 電壓越高，電流越大。

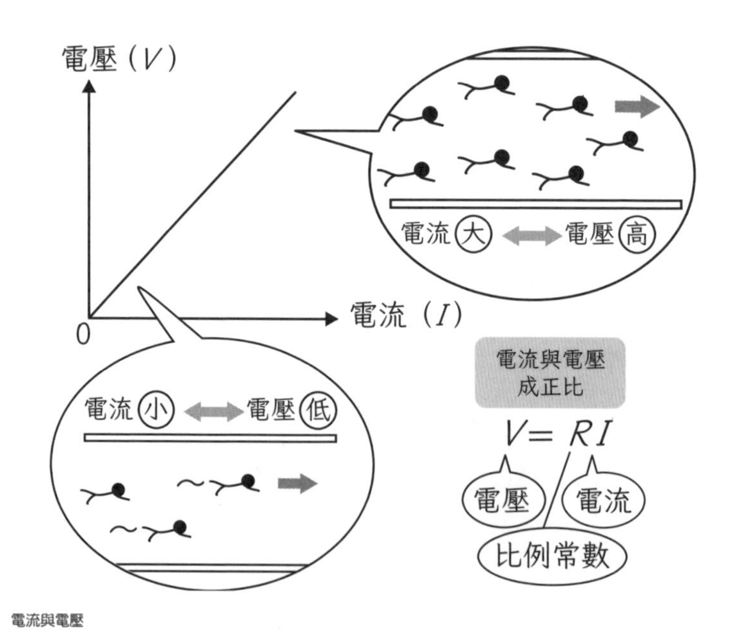

電流與電壓

歐姆定律（Ohm's law）⋯電路兩點間的電位差，與兩點間的電流成正比，是電學中的重要規則。

歐姆定律

- 「在電路中流動的電流與電壓成正比」，這個規則叫做**歐姆定律**。
- 電壓與電流間的比例常數，稱為**電阻**。
  電阻符號為 R，單位為歐姆（Ω）。

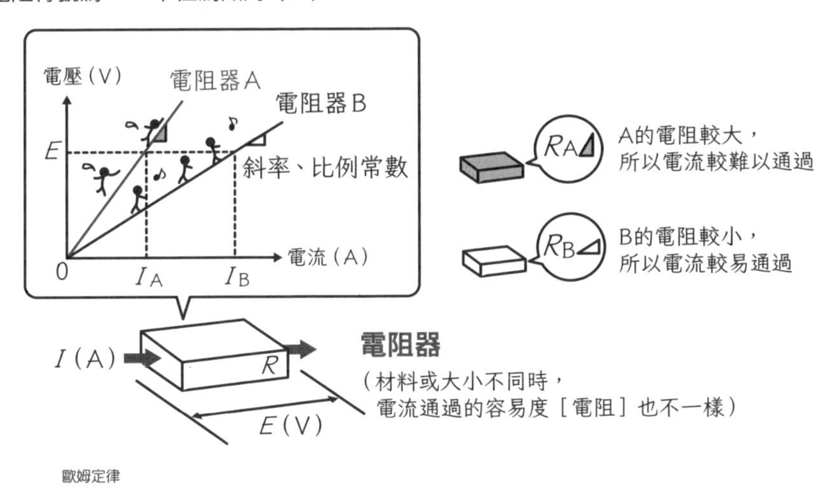

歐姆定律

電阻與電壓成正比

- **電阻**可表示電流「通過的難度」。
- 若要讓相同電流通過，越大的電阻需要越高的電壓。

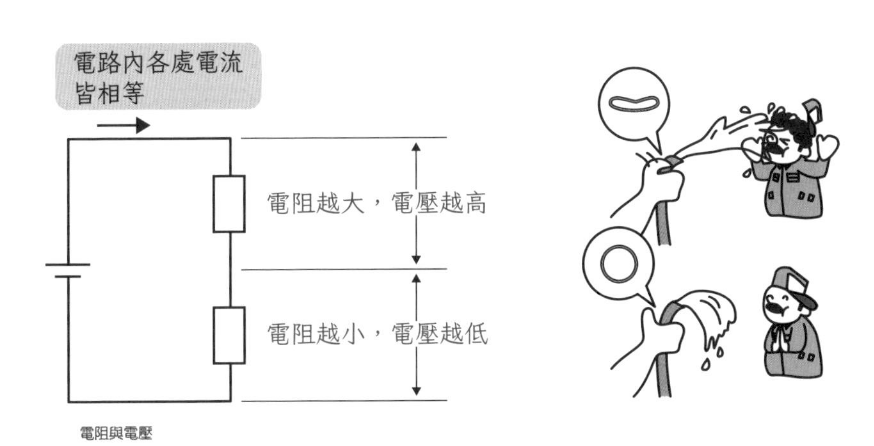

電阻與電壓

歐姆（ohm）…源自發現歐姆定律的德國物理學家，蓋歐格．西蒙．歐姆 Georg Simon Ohm（1789～1854）。單位符號為（Ω）。

電阻器（resistor）…為了它的電阻值而加入至電路內的電子零件，也可簡稱為**電阻**。

電阻與電阻率

～電阻表示電流流過的難度！～

電阻的大小（電阻值）R，指的就是電阻器「讓電流通過的難度」。
相較於此，構成電阻的材料「讓電流通過的難度」，是該材料的物理性質，稱為電阻率ρ。

產生電阻的原因

- 自由電子在金屬內部前進時，可能會被原子核阻擋，降低流動效率。
- 電子前進的難度（＝電流通過的難度）就是**電阻**。
- 不同的物質，讓電子前進的難度也不一樣。這種物理上的數值（各種物質特有的數值）稱為**電阻率**。
- 電阻率的符號為 ρ，單位為（Ω・m）。

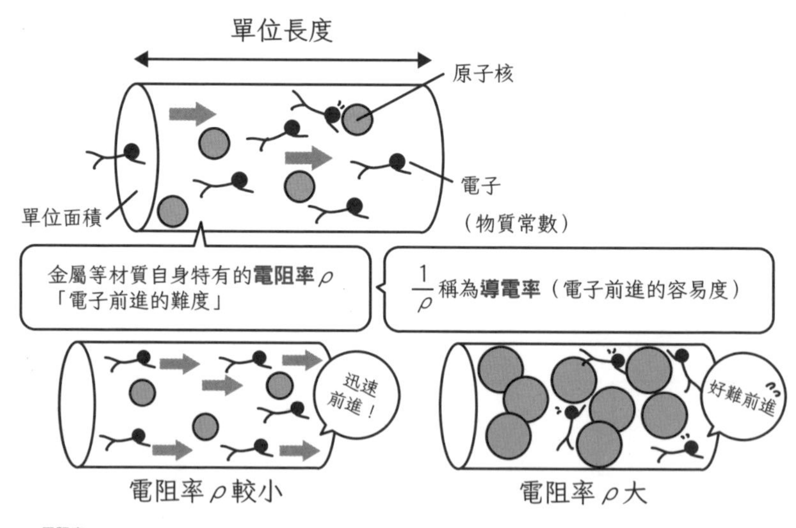

電阻率

電阻率（electrical resistivity）…截面積1m²、長1m之某特定物質的電阻值。單位為（Ω・m），也叫做**比電阻**。

導電率（electrical conductivity）…電阻率的倒數，也叫做**電導率**，符號為σ，單位為（S/m）

電阻器的電阻值

- **電阻器**會增加電流通過的難度。
- 電阻器的電阻值 R，會因電阻率與物體形狀而改變。
- 電阻值與電阻率成正比、與電阻器的物理長度 ℓ 成正比、與截面積 S 成反比。

$$R=\rho\frac{\ell}{S}$$

R：電阻值（Ω）
ρ：電阻率（Ω・m）
S：截面積（m^2）
ℓ：物體長度（m）

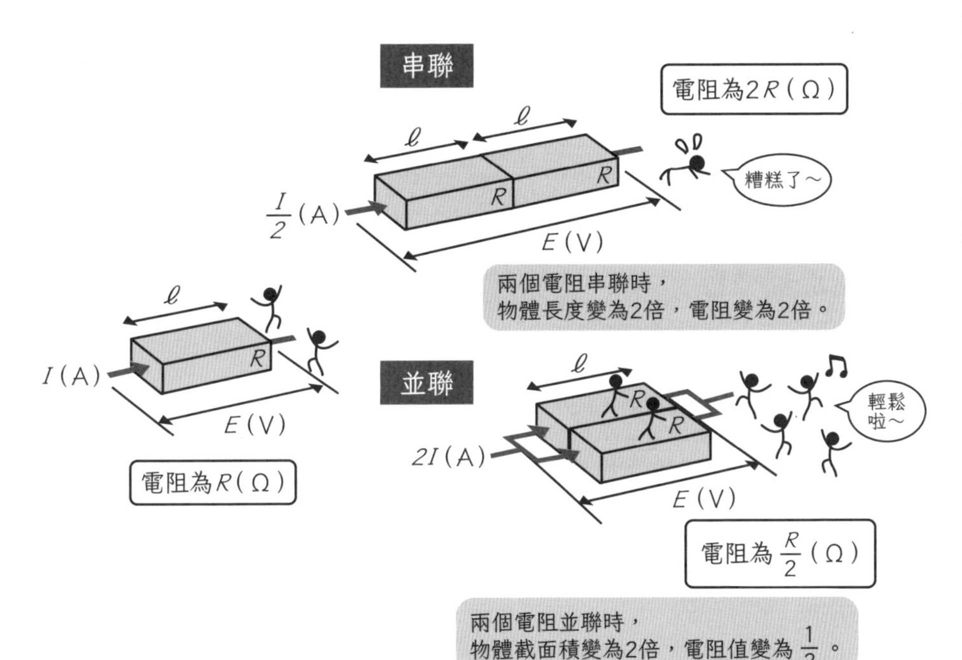

電阻值

分子磁石（molecular magnet）…磁石不管切割到多小，仍擁有磁石的性質。所以我們可以想像到，將磁性材料切割到分子大小時，仍為永久磁石。

電流的三大效應

～電能應用的基礎～

電流轉換成熱的效應稱為熱效應，電流轉換成磁場的效應稱為磁效應，以電流使物質產生變化的效應稱為化學效應。

可以利用這三種效應（電流三大效應），將電能轉變成其他形式的能量。

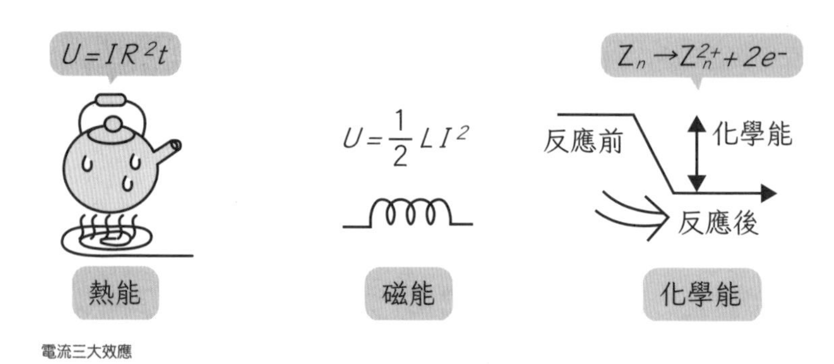

電流三大效應

電流熱效應

- 發生**電流熱效應**時，電流會轉變成熱。
- 與未通電的物質相比，通以電流後會提高物質的溫度。
- 金屬的原子核會因為熱而振動。此外，提高溫度後，振動也會變得更加劇烈。
- 金屬的原子核與自由電子相撞後，原子核會振動得更為劇烈，提高原子的溫度，並使金屬發熱。
- 電流以這種方式產生的熱就叫做**焦耳熱**。

焦耳熱（Joule's heat）…電流熱效應所產生的熱。可以用**焦耳定律**或**焦耳第一定律**說明。

磁場（magnetic field）…磁力作用的空間。

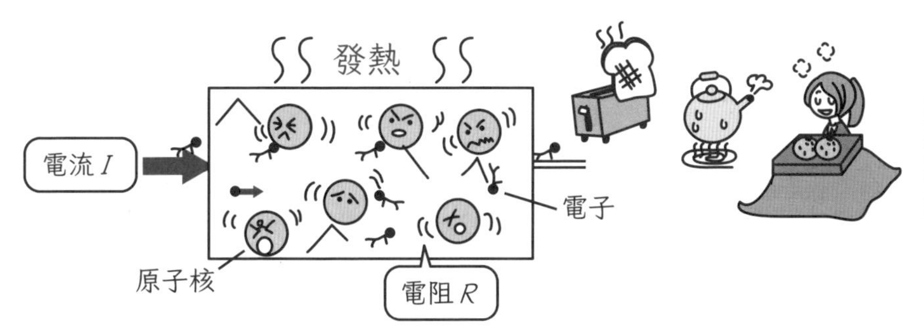

電流熱效應

電流磁效應

- 發生**電流磁效應**時，電流會轉變成磁力。
- 電流通過時，周圍會產生磁場。
- 此時產生的磁場方向可用**安培右手定則**說明。

電流化學效應

- 發生**電流化學效應**時，電流可讓物質產生變化。
- 電流通過時，可讓物質產生化學變化。
- **電解質**溶於水中時，會解離成陽離子與陰離子。原子帶有電荷後，會形成**離子**。**陽離子**的電子較原子少，**陰離子**的電子較原子多。
- 驅使電子流動時，陽離子與陰離子會朝相反的方向移動。離子移動時，會讓電解質產生電流。

安培右手定則

使用方法①

電流為直線時，會產生同心圓狀的磁場。

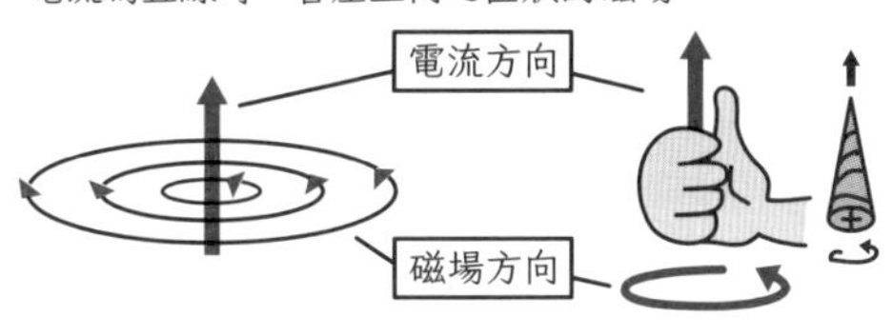

使用方法②

電流通過線圈時，會產生直線狀的磁場。

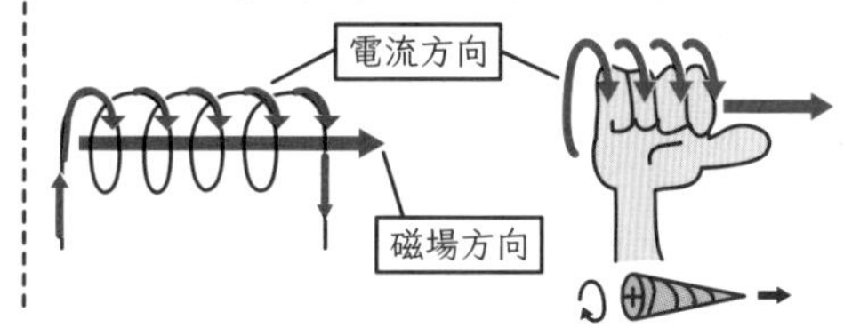

電流磁效應

離子（ion）…釋出／獲得電子後，帶有電荷的原子或原子團。

電解質（electrolyte）…溶解於溶劑後，會分離成陽離子與陰離子的物質。分離成離子的過程，叫做**電離**。

1-6

神奇的磁力

～介紹磁場、磁通量、永久磁石的基礎～

磁場指的是磁力作用的空間。
雖然眼睛看不見，不過自然界和我們的四周各處都有磁場存在，且許多物質都會受磁場影響。

磁力線

- **磁力線**是用以表示磁場狀態的「虛構線條」。
- 磁力線從磁石的N極出發，在磁石外部繞一圈後回到S極。
- 磁力線的數目（密度）代表磁力的強度。

電流造成的磁力線

- 通以電流後的電路，周圍會產生磁場。
- 電流產生的磁場也可以用磁力線來表示。
- 電流產生的磁場的磁力線，與永久磁石產生的磁力線形狀相同。

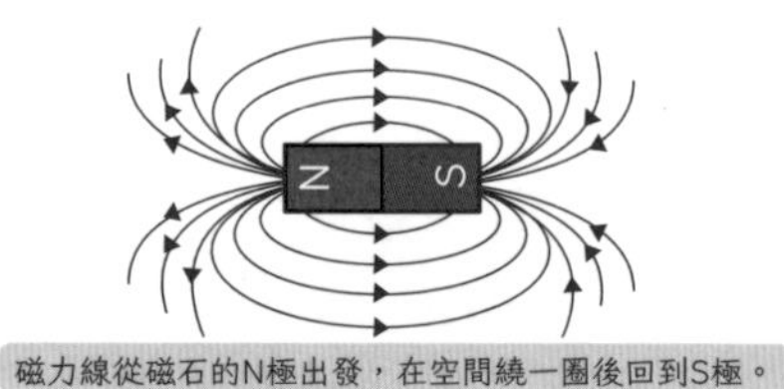

磁力線從磁石的N極出發，在空間繞一圈後回到S極。

磁力線

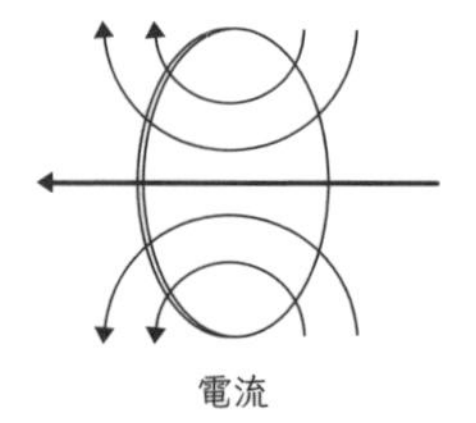

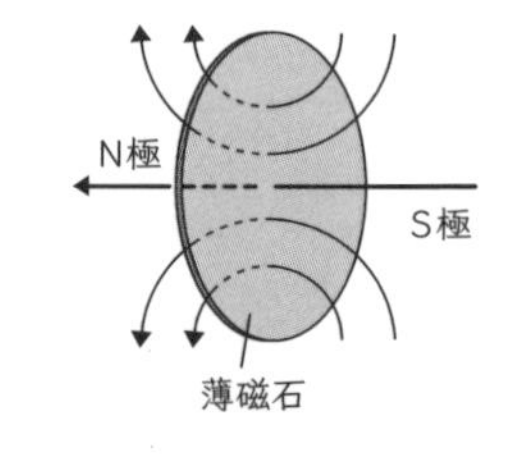

圓形線圈

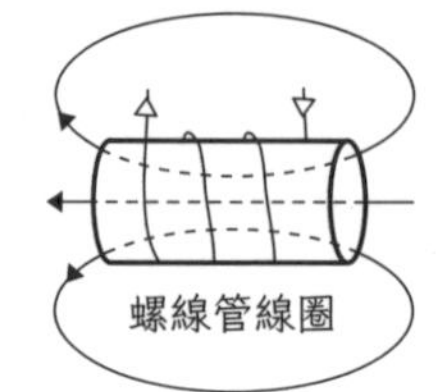

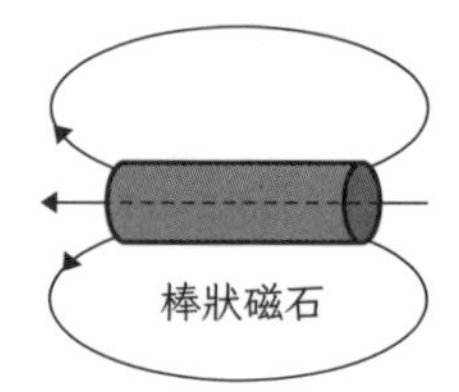

螺線管線圈

圓形線圈（circular coil）…圓形導線。
螺線管線圈（solenoid coil）…將導線密集捲成圓筒狀的線圈。

磁場的作用
（指南針的製作方式）

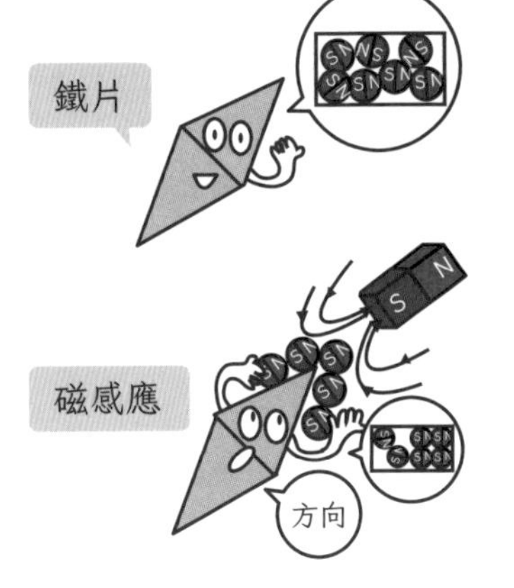

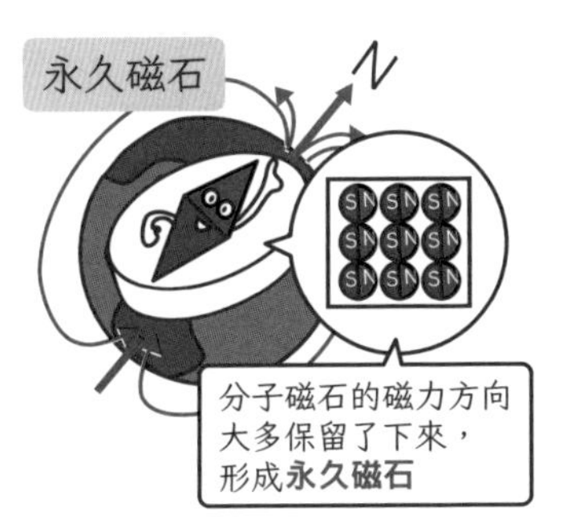

磁力

- **磁力**作用於磁石的磁極之間。
- 磁力可讓N極與S極，也就是不同的磁極之間產生吸引力，讓相同的磁極之間產生排斥力。

為什麼鐵會被磁石吸引（磁感應）

- 鐵等磁性材料靠近磁石時，磁性材料的表面會產生相反的磁極。這種現象叫做**磁感應**。
- 磁感應可讓磁性材料的磁極，與磁石的磁極之間產生吸引力。
- 遠離磁場後，磁感應所產生的磁極就會消失。

磁化的概念

- 可想像磁性材料內部存在許多分子磁石。
- 外部磁場可改變這些分子磁石的磁力方向，產生磁感應。
- 如果拿掉外部磁場後（磁感應結束），這些磁力方向仍保留了下來，就叫做**磁化**。

磁性材料（magnetic material）…可帶有磁性（可被磁化）的物質。可分為強磁性材料、順磁性材料、非磁性材料。

非磁性材料（non-magnetic material）…強磁性材料以外的物質。

磁力線與磁通量的差異

- **磁通量**可表現出磁場的形態。
- 在描述物質交界面的磁場時，比較難用磁力線說明，故會改用磁通量來說明。
- 以下方右圖為例，當鐵與空氣之間存在磁場時，由於鐵會被磁化，所以空氣兩端的鐵會形成N極與S極等磁極。
- 此時，除了原本的磁力線之外，由被磁化之磁極所產生的磁力線在交界面上會有不連續的情況。若不引入磁通量的概念，就很難說明這裡的磁場強度。

磁通量的數目為連續

- 我們可以用磁通量，將交界面上的磁場表示成連續的量。
- 當被磁化能力的強度不同的物質通過磁場時，該處的磁力線數目會跟著變化。不過磁通量大小不會因為通過物質的交界面而出現變化，而是會保持連續。
- 也就是說，即使更換磁場中的物質，磁通量大小也不會改變。
  磁通量就是代表磁場本身的量。

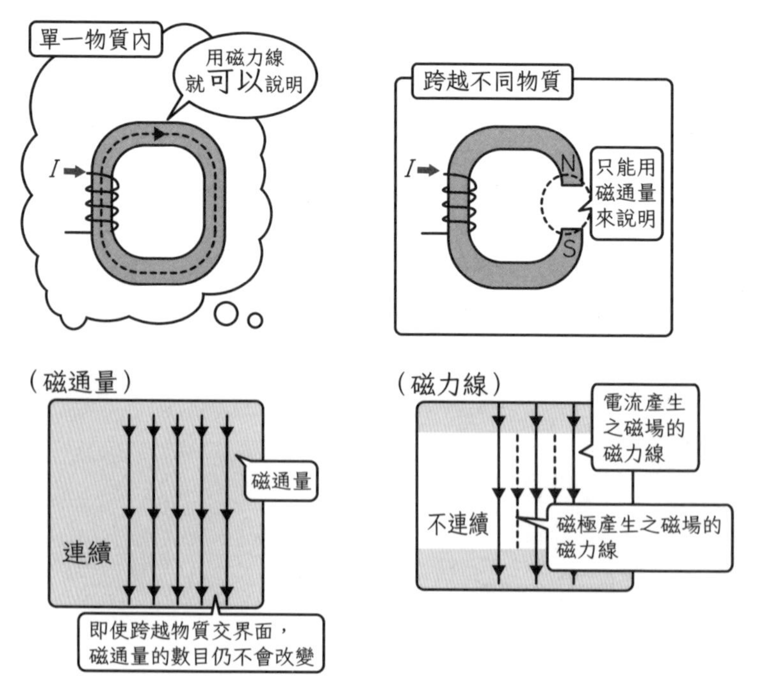

磁力線與磁通量

磁力方向（orientation）…帶有磁性的分子或結晶依特定方式排列所產生的方向性。

磁通量（magnetic flux）…通過某區域之磁場強度與方向的總和。可將1Wb想像成1條磁力線，那麼磁通量就代表著通過某區域的所有磁力線。

磁通量密度

- **磁通量密度**可表示磁場強度。
- 磁通量密度是通過單位面積的磁通量，符號為***B***，單位為（T）（特斯拉）。
- 磁通量密度***B***與磁場強度***H***成正比。

$$B=\mu H$$

磁導率μ（比例常數）：
磁力通過物質的容易程度

磁性材料

- 磁場可作用在磁導率高的物質，譬如鐵，稱為**磁性材料**。
- 鋁、銅等物質可導電，但磁導率幾乎與空氣相同，磁場幾乎沒有作用，這類物質稱為**非磁性材料**。

若想提高磁通量密度，
就必須以磁導率遠高於空氣的
磁性材料為軸心，將線圈纏繞在
這類軸心上。這種軸心稱為**鐵芯**。

由非磁性材料製成的軸心，
稱為**捲線軸**。

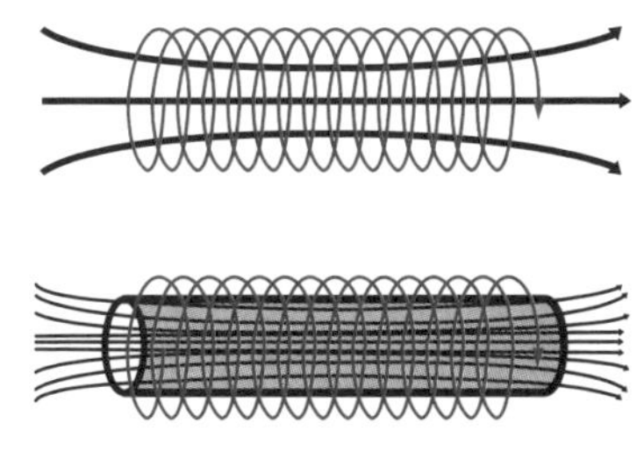

鐵芯（磁性材料）

鐵芯可提高磁通量密度

磁通量密度（magnetic density）…單位面積的磁通量，可用以表示某個位置的磁場強度。

磁導率（magnetic permeability）…磁場強度 ***H*** 與磁通量密度 ***B*** 之間的關係可以方程式 $B=\mu H$ 表示。其中比例常數 μ 是磁導率，單位為（H/m）。某物質的磁導率 μ 與真空磁導率 $\mu 0$的比例，稱為**相對磁導率**。

1-7

直流與交流的差異

～兩種不同的電流流動方式～

電流可分為直流電與交流電。直流電的電流一直都是由正極流向負極（電池）。相對的，交流電的電流方向會依一定頻率切換（商用電源、供電電線、參考第211頁）。

直流電

- **直流電**（DC）的電流會一直沿著相同方向流動。
- 車用電池、一般電池等小型機器，多以直流電作為電源。

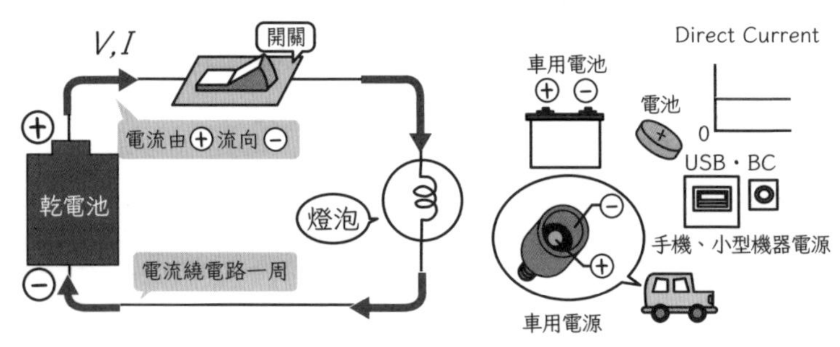

直流電示意圖

交流電

- **交流電**（AC）的電流會依一定頻率切換流動方向。
- 商用電源（家庭插座、工廠插座所使用的電流）、供電電線多使用交流電。

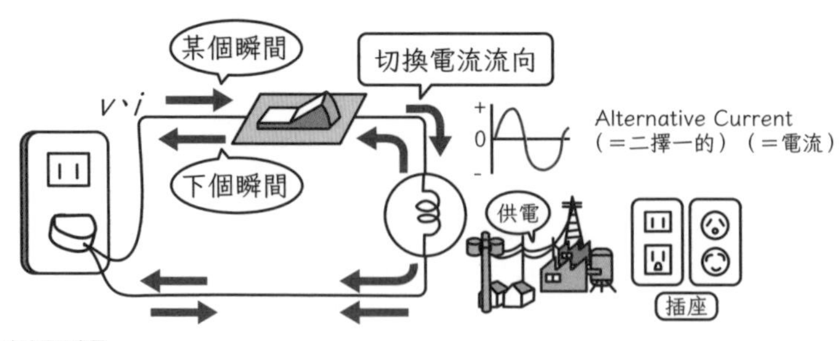

交流電示意圖

直流電（Direct Current, DC）…參考正文
交流電（Alternating Current, AC）…參考正文。因為電流方向會一直交換，所以叫做交流電。
正弦波（sinusoidal wave）…波形類似正弦函數的波。通常也包含了餘弦波（cosine wave）。

不管是直流電還是交流電，電流都在「流動」

- 商用電源的交流電通常是正弦波（sin函數）。正弦波的正負變化則是表示電流方向的切換。
- 交流電的正弦波振幅，為電流的**最大值**。
- 因為是正弦波，所以電流大小並非固定，而是會一直改變（瞬間值會隨時改變）。
- 電壓也一樣可以用正弦波表示，會隨時間而出現正／負變化。
- 不過，交流電在瞬間的性質與直流電相同。

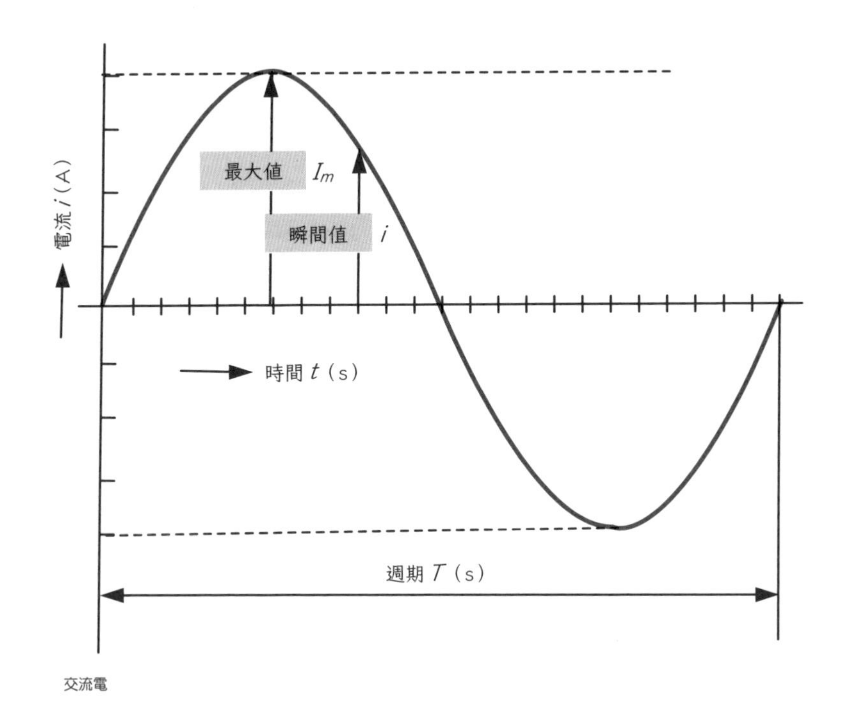

交流電

有效值

- 交流電的電壓與電流的大小變化如正弦波，每個瞬間的數值都不一樣。瞬間的數值稱為**瞬間值**，會隨著時間改變。
- 因此，若要用一個數值來表示交流電的電壓與電流大小，不會使用最大值，而是用有效值來表示。
- **有效值**可以理解成「可提供相同能量之直流電的電壓、電流」。
- 有效值由電流流經之電阻的發熱量決定。舉例來說，有效值為10A的交流電電流，使電阻產生的發熱量與10A直流電電流相同。

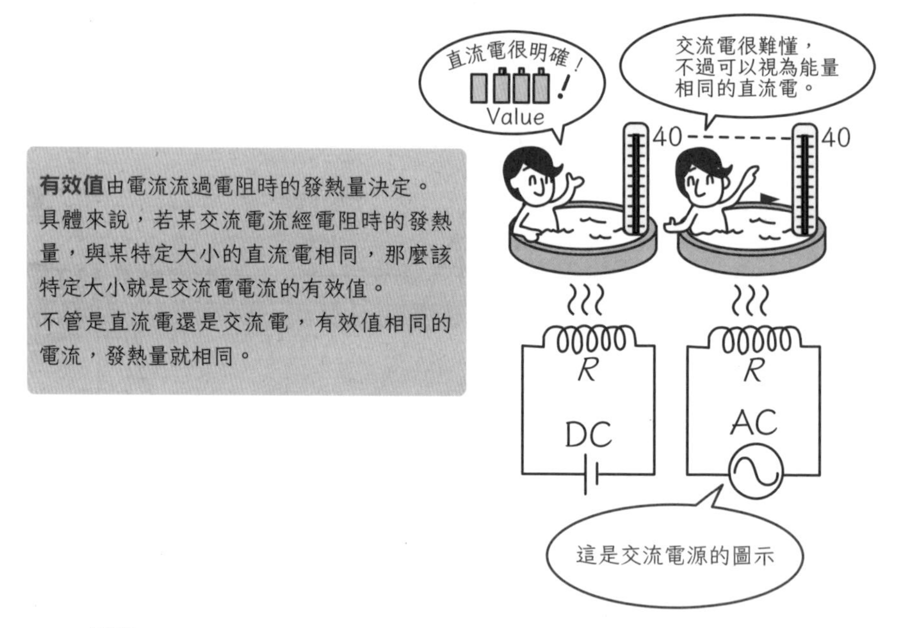

有效值

有效值（effective value）…root mean square value，也叫做RMS。參考正文。
發熱量（heating value）…產生的**熱能**。電流通過時，產生的熱能（J）與消耗的電能（Ws）相同。

頻率：電流改變方向的次數

■交流電電流的方向會隨時改變。一秒內電流改變方向的次數，叫做**頻率**。

■頻率一般以符號 f 表示，單位為（Hz）（赫茲）。

■頻率60Hz就表示在1秒內，正／負向的正弦波電流各出現60次。也就是說，每隔 $\frac{1}{2 \times 60}$ 秒（＝1（秒）÷ 2 × 60（次）），電流方向就切換一次。

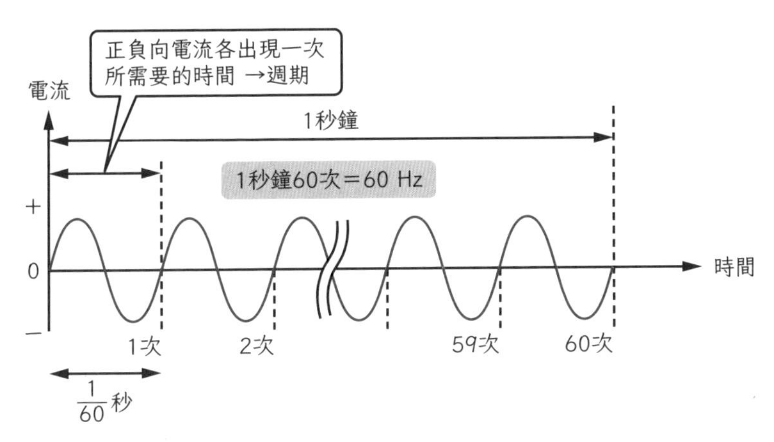

交流電的頻率

Change and Charge.

第2章　線圈與電容（電路的基礎）

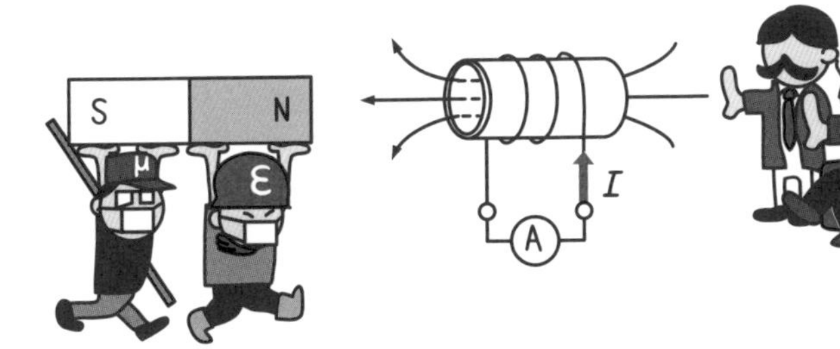

2-1

線圈內的電流

～累積能量～

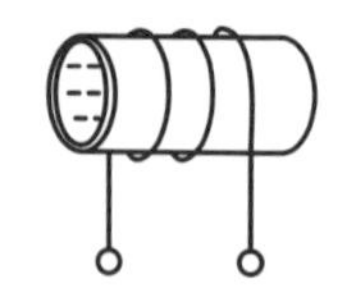

纏繞成螺旋狀或渦旋狀的金屬絲，叫做線圈。捲成彈簧狀的導線，叫做螺線管線圈。
如同我們在前一章中提到的，電流通過導線時會產生磁場。就像我們對彈簧施力時，彈簧會逐漸變形、累積彈力位能一樣，對線圈施加電壓時，可逐漸提升線圈的電流、累積磁場能量。

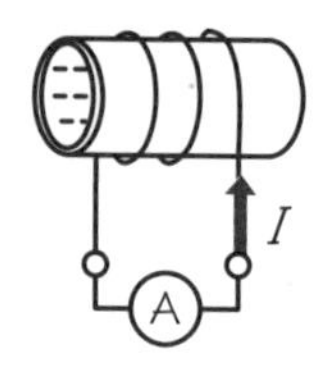

線圈

流過線圈的電流

- 纏繞導線的電子零件，稱為**線圈**。
- 導線捲起來後可形成線圈，纏繞方式有很多種。

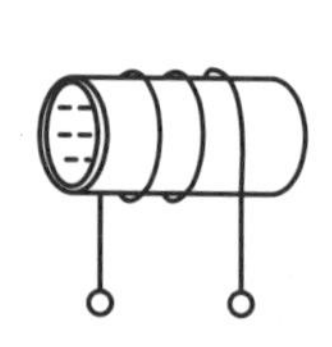

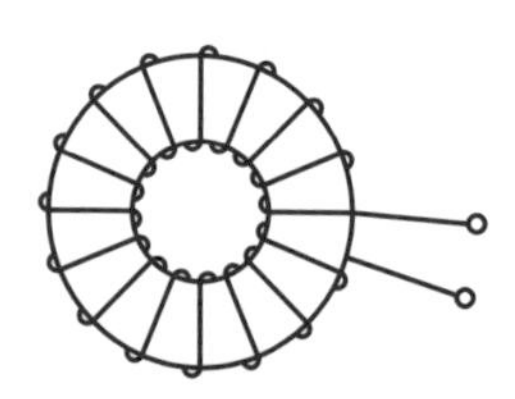

線圈種類

線圈（coil）…參考正文。以零件形式存在於電路中時，通常稱為**電感**、**扼流線圈**（choke）。

- 下圖電路包含了線圈與電阻。這個電路中，開啟開關，接上直流電源（電池）後，電流會緩慢增加。
- 另一方面，如果電路中只有電阻，那麼電路就會瞬間產生固定大小的電流，電流大小由歐姆定律決定。
- 加入線圈後，電流之所以會緩慢增加，是因為線圈會逐漸累積磁場能量（至於線圈可累積多少能量，將於2-3節中正式說明）。
- 綜上所述，線圈可讓電流緩慢增加，故電力電子領域中常會用到線圈。

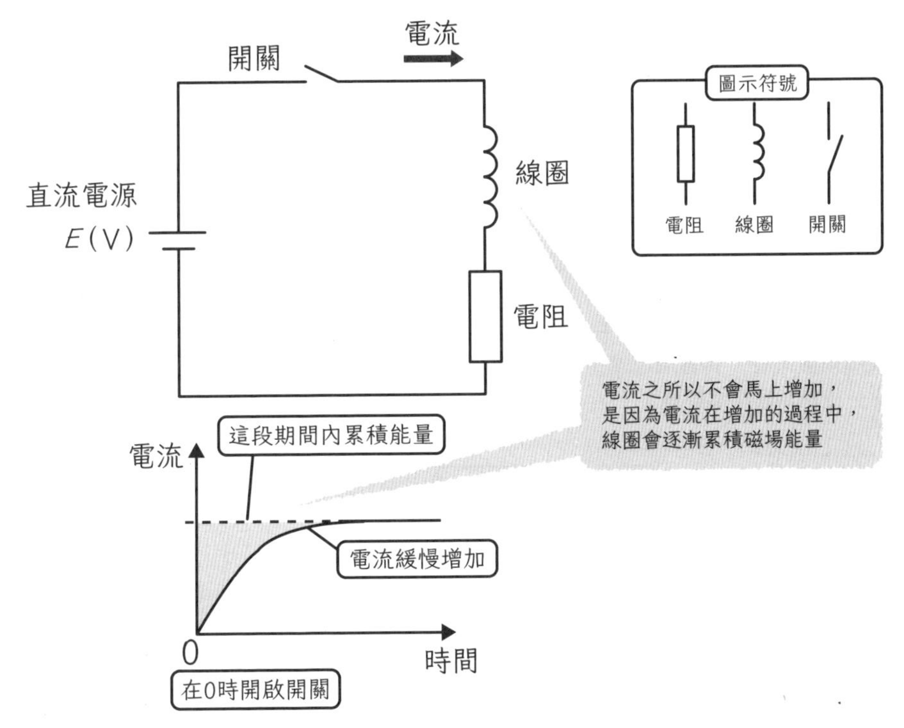

將線圈接上直流電源

電源（power supply, power source）…供電來源。除了提供電力的特定機器之外，發電廠、電池也可稱為電源。

電磁感應

～以磁力催發出的電力～

當永久磁石的磁場進入線圈內部時，線圈為了抵銷這個磁場，會產生反方向的磁場。
而為了產生反方向的磁場，線圈需產生電動勢。這種受感應而產生電流的過程，就叫做電磁感應。
電磁感應是為了維持當下狀態的物理現象。

線圈內有電流流過

- 如下圖所示，永久磁石靠近線圈時，永久磁石的移動會使線圈內產生電流，這個現象叫做**電磁感應**。
- 即使附近存在磁場，只要磁場沒有變化，就不會發生電磁感應事件。磁場需有變化，才會有電磁感應現象。
- 換成永久磁石靜止、線圈移動，也會產生相同效果。
- 換個角度來看，有電流流過，就表示線圈內存在電動勢。這種電動勢是由電磁感應產生，故稱為**感應電動勢**。

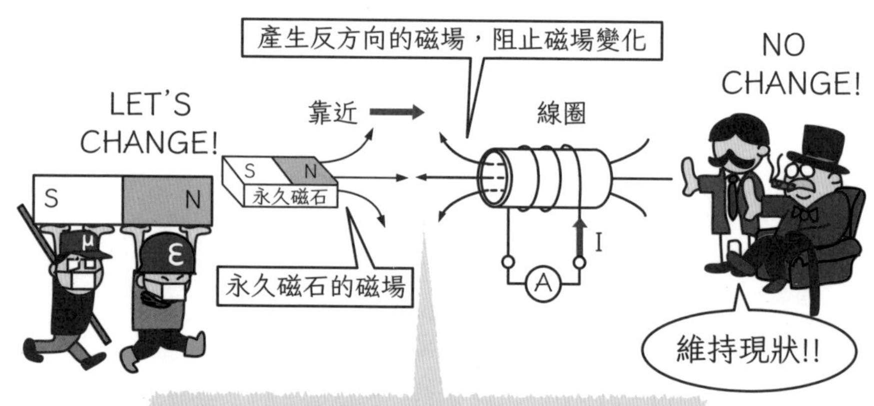

電磁感應

電磁感應（electromagnetic induction）…參考正文。
永久磁石（permanent magnet）…不需由外部提供能量，就能產生外部磁場的物體。電磁石是只有通電後才會產生磁場的磁石。

安培右手定則

- **安培右手定則**讓我們可以用右手，輕鬆說明電磁感應所產生之感應電動勢的方向。
- 如下圖所示，導體在磁場中移動時產生的感應電動勢方向，可以用握拳的右手手指方向表示。

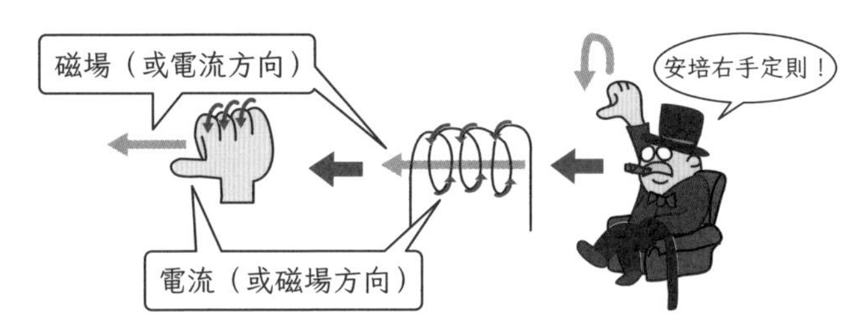

安培右手定則

捲越多圈，電動勢越大（磁鏈）

- 發生電磁感應時，線圈與磁場間存在**交鏈關係**（互相套住彼此）。
- 磁場變化速度越快、磁場越強，或者線圈纏繞數越多，電磁感應所產生的感應電動勢就越大。
- 即使不是由運動產生的磁場變化，只要磁場隨時間改變，就會產生感應電動勢。
- 交流電會一直改變電流方向，所以電磁感應現象會持續發生。
- 線圈圈數 N 乘上磁通量 ϕ 後得到的 $N\phi$，就叫做**磁鏈**。
- 感應電動勢 e 與線圈圈數、磁通量隨時間的變化成正比。由**法拉第電磁感應定律**可以知道，以下方程式成立。

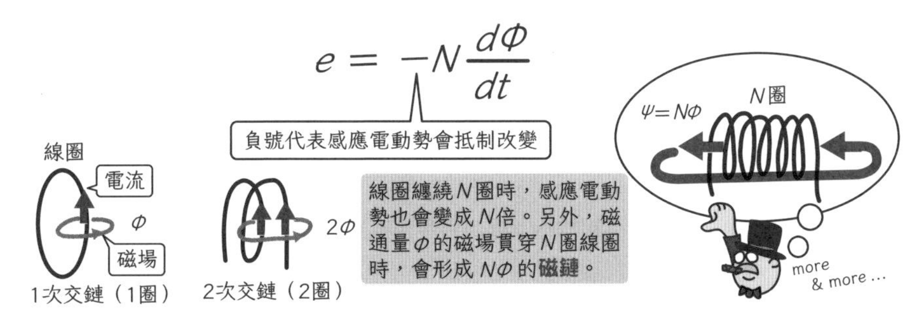

法拉第電磁感應定律

感應電動勢（induced electromotive force）⋯電磁感應所產生的電動勢。

電感

～表示感應電動勢的大小～

互感

■假設有一個連接電源的線圈A，與另一個沒有連接電源的線圈B彼此相鄰，如下圖。

①開啟開關，使電流通過線圈A。此時線圈A的電流會從0開始逐漸增加。隨著電流的增加，線圈A所產生的磁場也會跟著增加。

②此時，位於線圈A磁場內的線圈B，會產生抵制改變的磁場。

③在這些磁場的作用下，線圈B會產生感應電動勢（**電磁感應**）。

當線圈A的電流達到某個固定數值時，線圈A的磁場強度會固定下來，線圈B的電磁感應效果也跟著結束。因此，線圈B所產生的感應電動勢大小，會與電流變化率成正比，這種關係叫做**互感**。

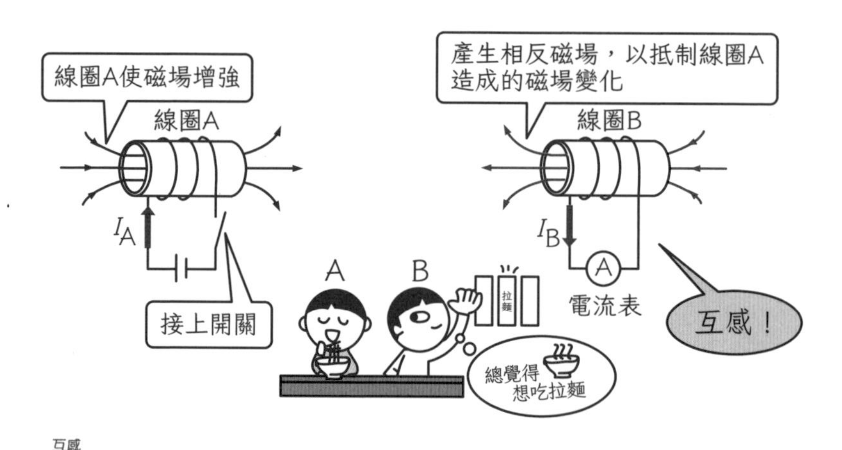

互感

■此時，線圈B所產生的感應電動勢大小e_B。e_B與電流對時間的變化率$\frac{dI_A}{dt}$（1秒內的電流變化），以及互感係數M的關係如下。其中M的單位為（H）（亨利）。

互感係數（mutual inductance）…表示該線圈的電流變化，能使其他線圈產生多大的感應電動勢的係數。若1秒內可產生1V的感應電動勢，則互感係數為1H。

$$e_B = -M\frac{dI_A}{dt}$$

$$= -\ \text{互感係數}\ M \times \text{線圈A的電流時間變化率}\ \frac{dI_A}{dt}$$

線圈B的電流改變時，線圈A也會產生感應電動勢，此時的M也是同一個數

互感電動勢

自感

■另外，即使只有一個線圈，線圈本身的電流變化也會產生電磁感應。

①在開關接通的瞬間，線圈中的電流會從0開始逐漸增加。線圈產生的磁場也會隨著電流的增加而跟著增加。

②在線圈產生磁場的同時，也會產生抵制這個磁場的磁場。

③因為有抵制的磁場，所以會產生與電源電流反方向的感應電動勢。

■當線圈的電流達到某個固定數值時，線圈的磁場強度會固定下來，線圈的電磁感應效果也跟著結束。因此，線圈本身的感應電動勢大小，會與電流時間變化率成正比。這個現象稱為**自感**。

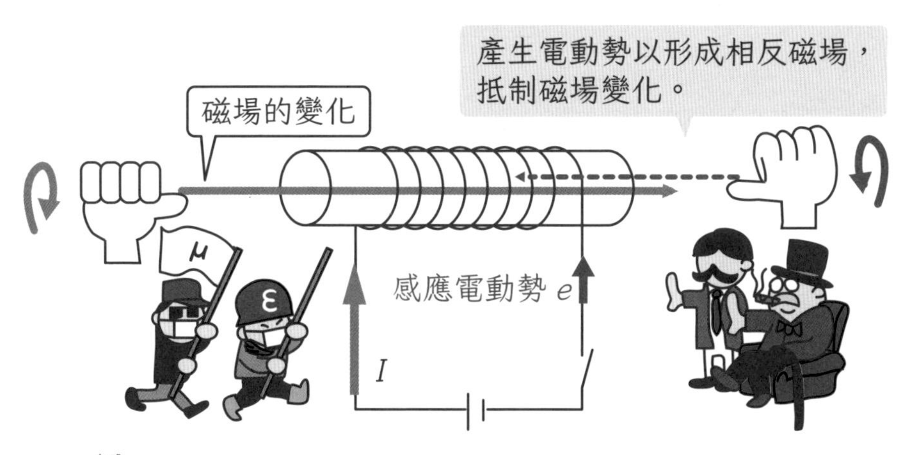

自感

自感係數（self-inductance）…表示該線圈的電流變化，能使同一線圈產生多大的感應電動勢的係數。若1秒內可產生1V的感應電動勢，則自感係數為1H。

- 電流通過線圈時，線圈本身的電磁感應會產生電動勢。此時「電流」×「感應電動勢」＝「電力」，故線圈可用於儲存電能。
- 設自感的感應電動勢的大小為e，**自感係數**為L，則兩者關係如下。L的單位與M相同（H）（亨利）。

$$e = -L\frac{dI}{dt}$$

$$= -\text{自感係數 } L \times \text{電流時間變化率 } \frac{dI}{dt}$$

〔自感係數〕×〔電流〕為線圈的磁鏈，可表示為Ψ。

$$\Psi = LI$$

自感的感應電動勢

- 電路中的線圈一般稱為**電感**零件。電感係數為電感強度的大小。

線圈儲存的能量

- 電流通過線圈時，線圈可儲存磁場能量。
- 此時，線圈儲存的能量大小與自感係數L成正比。另外，線圈儲存的能量與電流的平方成正比。上述關係可表示為以下式子。

$$U = \frac{1}{2}LI^2$$

U：能量（J）
L：自感係數（H）
I：電流（A）

- 也就是說，電流通過線圈時，線圈會開始累積能量（累積到最大能量時，就會保持最大能量的狀態）。不過，沒有電流通過時，線圈累積的能量為0（累積的能量會經由電路，以電流的形式釋出）。

ϕ與Ψ…一般而言，ϕ（phi）表示磁通量。Ψ（psi）表示磁鏈。雖然容易混淆，但這些符號已使用成習慣。

只有當線圈的電流改變時，才會有電壓

接上直流電源後，就會有電流通過線圈。在電流流過的期間內，在「電磁感應」的作用下，線圈會持續累積磁場能量。
因此即使電源斷開，線圈仍保有它累積的磁場能量。要是沒有放出這些能量，電流就不會歸零。要是不讓電流流到其他地方的話，這些能量就會轉變成火花或高壓電，強行脫離線圈。

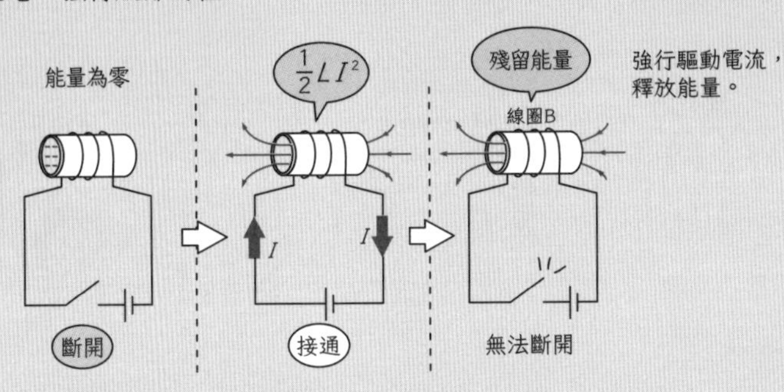

此時，線圈會用自身累積的能量，抑制電流的變化。

線圈累積的能量，就像壓縮彈簧時，賦予彈簧的彈力位能。

對彈簧的施力	電流
彈簧收縮	能量

此時，收縮的彈簧若沒有釋放出累積的能量，就不會恢復到原來的長度。而且，彈簧會為了釋放能量而伸長自身。

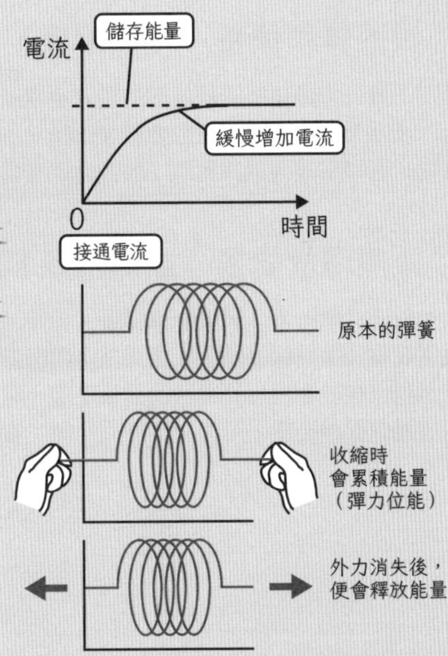

操控線圈的能量

～以 ON／OFF 使線圈累積／釋出能量～

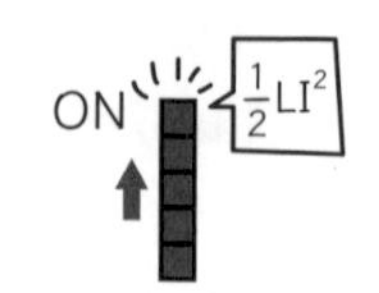

線圈可透過累積能量、放出能量，使電流緩慢增加或減少，抑制電流的變化。另外，線圈的可累積的能量，與自感成正比，也與電流平方成正比。

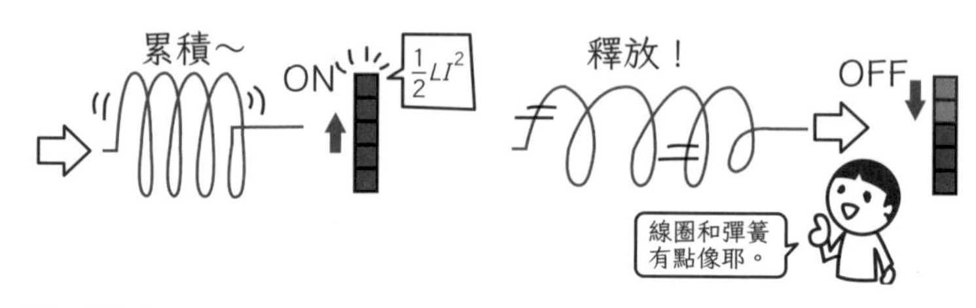

線圈可累積能量

線圈累積能量（接通電源）

- 線圈接上直流電源後，流經線圈的電流會逐漸增加。
- 此時，線圈累積的磁場能量也會跟著增加。
- 換言之，在有電流通過線圈時，線圈會逐漸累積能量。

線圈釋放能量（斷開電源）

- 在含有線圈的電路中，若要斷開開關，使電流歸零，必須先讓線圈的能量歸零才行。
- 因為當有電流通過線圈時，如果突然斷開開關，線圈內的能量會轉變成火花噴出。
- 也就是說，在線圈釋放完累積的能量之前，電流不會歸零（因為能量守恆定律成立）。
- 善用線圈儲存的能量，可以讓開關斷開時，電路仍有電流通過。

能量守恆定律（law of the conservation of energy）…即使能量從某個型態轉變成另一種型態，總能量仍不會改變。

RL串聯電路的暫態現象

RL串聯電路施以外加直流電壓時，電流變化如下式所示。

$$i(t)=\frac{E}{R}\left(1-e^{-\frac{R}{L}t}\right)$$

開關接通的瞬間（t＝0），電流斜率與$\frac{R}{L}$成正比。

經過充分的時間後（t＝∞），電流會保持在一個固定值$\frac{E}{R}$。

也就是說，在電流緩緩增加的過程中，L會逐漸累積磁場能量。
這可以用RL串聯電路的**暫態現象**來說明。

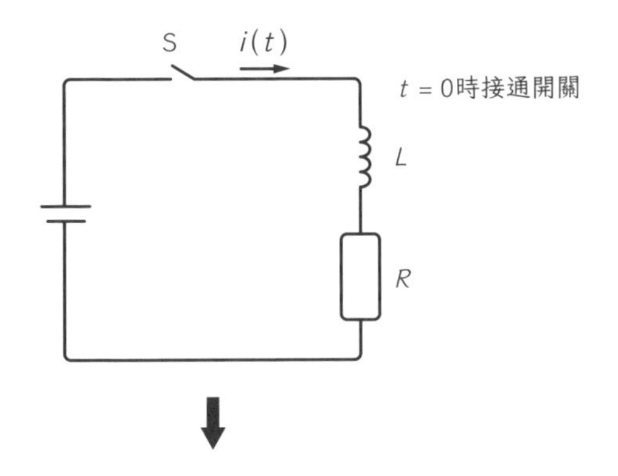

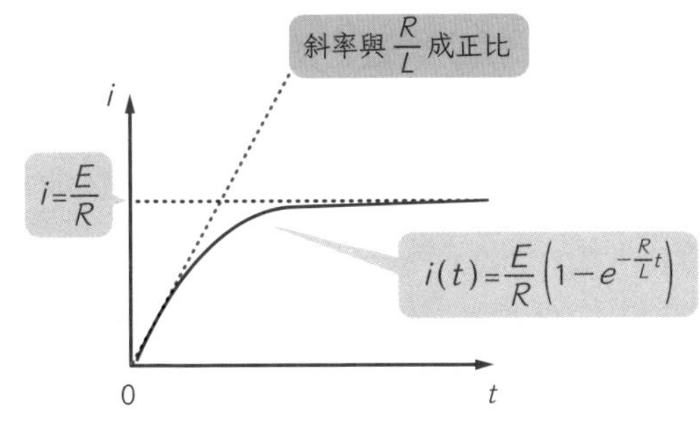

RL串聯電路的暫態現象

2-5

電容

～運用絕緣體製作巧妙的機關～

電容是利用靜電性質發揮功能的零件。電容內有阻止電流通過的絕緣體，擁有與靜電感應相反的性質。

電容與線圈類似，都可以儲存能量。最大的差別在於，即使在電流沒有接通的狀態，電容也能夠儲存能量。

靜電荷（靜止的電荷）

- 導體內部或絕緣體表面電荷分布不均時，會產生靜電荷。帶有靜電荷的物體，就叫做**帶電體**。
- **靜電荷**顧名思義，就是不會動的電荷。可以是正電或負電。

靜電感應

- 帶有靜電的帶電體靠近導體時，會使導體靠近帶電體的一面產生極性相反的電荷。帶電體遠離時，會恢復原本的狀態。這種現象就叫做**靜電感應**。
- 靜電感應產生的正電荷量與負電荷量永遠都相同，帶電體的電荷量越大，可以感應出越強的電荷。

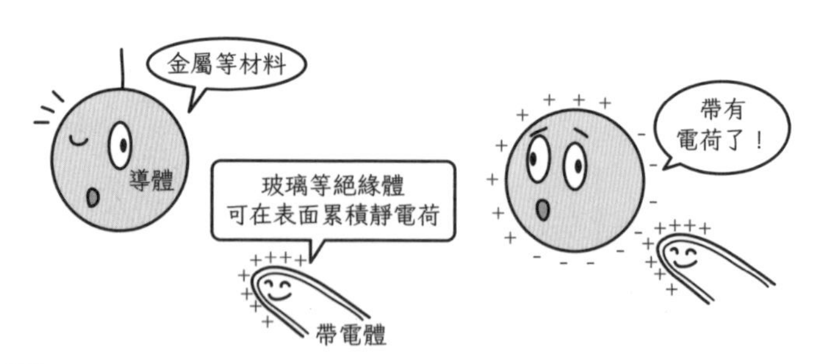

靜電感應

靜電荷（static electricity）…靜止於一處的電荷。因為不會移動，所以不會產生電流。可以是正電荷，也可以是負電荷。

靜電感應（electrostatic induction）…參考正文。

靜電力

■ 靜電可以讓兩個帶有不同電荷的物體彼此吸引，也會讓兩個帶有相同電荷的物體彼此排斥。這叫做**靜電力**。靜電力會因為電荷的正／負，而產生吸引力、排斥力，和磁力有些相似。

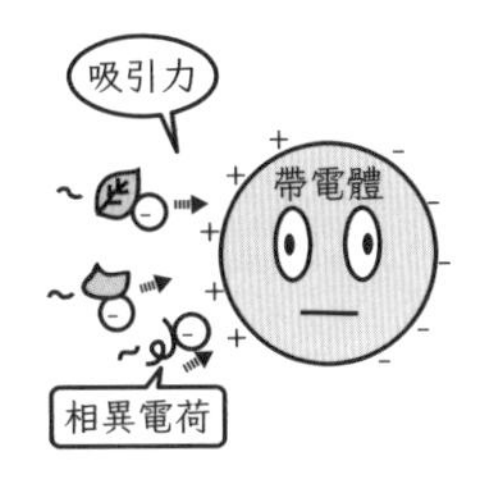

靜電力

電容

■ **電容**的結構是在兩片金屬板，中間夾著絕緣體。

■ 對這兩枚金屬板施加直流電壓後，會讓金屬板帶有正／負電荷，而被金屬板夾著的絕緣體內部則會產生靜電感應。

■ 所以絕緣體內部的正／負電荷會被吸引到靠近金屬板的地方。

■ 被吸引過來的電荷為靜電，因為在絕緣體內，所以會保持在固定位置而不移動。

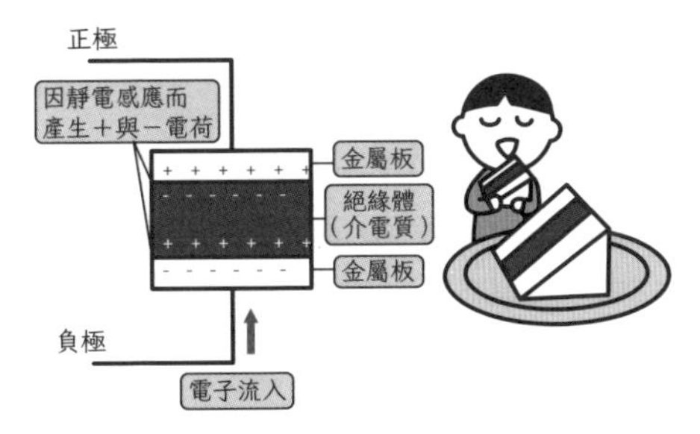

電容的運作機制

電容的性質

■ 對電容施加電壓時，可使其內部累積電荷。

■ 可累積的電荷量Q，與電容被施加的電壓V成正比。此時的比例常數C稱為**靜電容量**（**電容量**）。C的單位為（F）（**法拉**）。

電容（capacitor）…可儲存再釋放電荷的電子零件，是電路中的基本零件，有時也叫做**電容器**。

絕緣體（insulator）…電阻率很大的物質，直流電無法通過。

$$Q=CV$$

■電容所使用的絕緣體叫做**介電質**。一般會以**電容率**（表示累積電荷能力的係數）很大的絕緣體做為介電質。

■各種電容的靜電容量大小，可由以下關係式決定。

使用介電質的電容率：ε

介電質的厚度：d

使用金屬板（電極）的面積：S

$$C=\varepsilon\frac{S}{d}$$

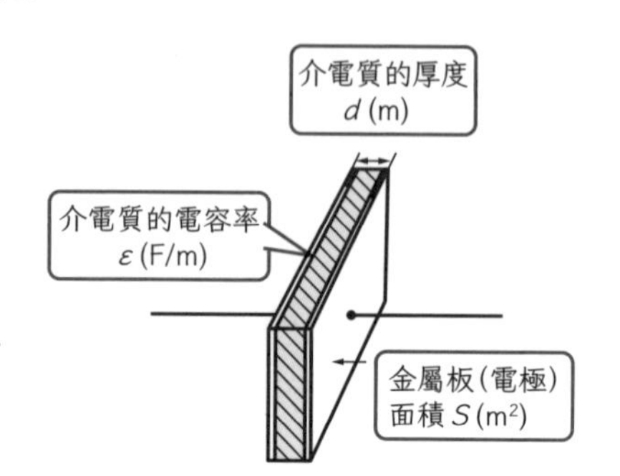

■電容器的靜電容量通常是非常小的數值。單位通常會用（μF）（**微法拉**）（$=10^{-6}$ F）、（pF）（**皮法拉**）（$=10^{-12}$ F）。

電容器儲存的能量

■對電容器施加電壓後，可在電容內部累積電荷。也就是說，施加電壓後，電容就會開始儲存靜電能量。

■不過，即使施加電壓，電容兩端的電壓也不會馬上增加。電容會花上一段時間儲存能量，這段期間內，電流會保持流動（請參考次頁專欄）。

■電容可儲存的能量，與電容的靜電容量大小成正比，如下所示。

$$U=\frac{1}{2}CV^2$$

■另一方面，電容儲存的靜電能量與線圈儲存的磁場能量不同。即使去除電壓，電容仍會保留它的靜電能量。這是因為電容內部仍保留電荷。也就是說，因為還留有電壓，所以有電池般的功能。

■在電容開始釋放出本身儲存的能量後，電容的電壓會逐漸下降。

■像這樣利用電容的性質，以蓄電為目的開發出來的大容量電容，可稱為**電容器**。

電容率（permittivity）…表示絕緣體內部電荷移動能力的係數。

電容量（capacitance）…電容的靜電容量。若1V的電壓可累積1C的電荷，則電容量為1F。

電容內部「含絕緣體，故即使施加電壓，也不會有電流通過」

……應該是這樣才對，但是！

接上直流電源後，因為「靜電感應」的關係，會有瞬間的電流通過，而在電流通過的期間，電容會累積電荷。

電流斷開後，電容內存在電壓（電位差），但因為電容內部「含有絕緣體，故不會有電流通過」，所以電荷無法流出，而是一直保持著電壓。在電路沒有接通的情況下，能量就會一直累積著。

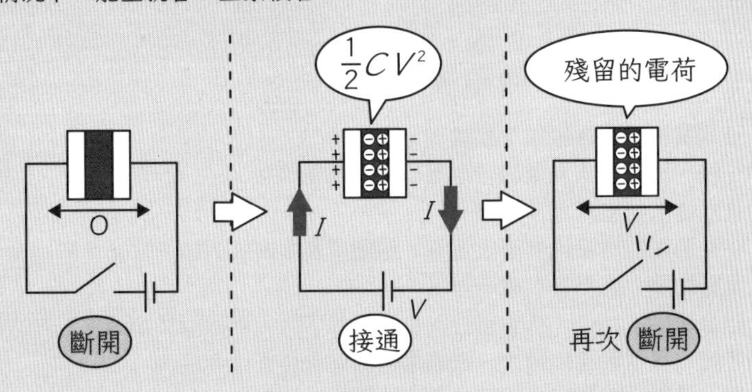

電容的性質

電容可藉由累積的能量，抑制電壓的變化。

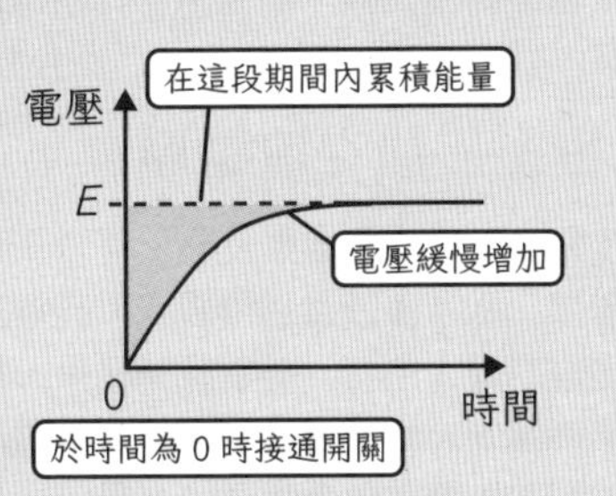

電容器的電壓及時間的關係

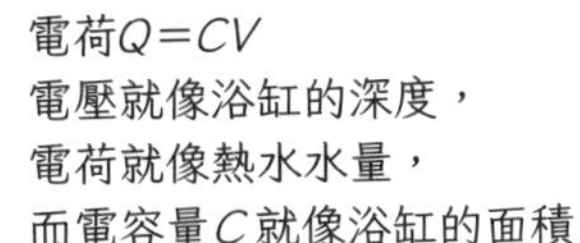

電容與浴缸

電容器（capacitor）…應用雙電層現象發揮功能的電容，靜電容量可達1F或2F，故可作為蓄電裝置使用。正確名稱為EDLC（Electric Double-Layer Capacitor），通常簡稱為capacitor。

於線圈與電容上施加交流電壓

～重點在電壓與電流方向的差異～

不管是線圈還是電容，施加交流電壓後，都會有交流電流通。
交流電壓會在正／負之間持續切換，線圈與電流也會跟著產生不同變化。
以下讓我們來看看線圈與電容對電流的反應有什麼不同吧。

在線圈上施加交流電壓

■線圈接上交流電後，會產生以下反應。

①電壓增加時，線圈會因為電磁感應而產生感應電動勢。
這會讓通過線圈的電流緩慢增加。

②不過，在交流電的電壓達到最大值時，線圈會產生與被施加之電壓方向相反、大小相同的感應電動勢，且不會有電流流通。

③接著，隨著電壓的減少，感應電動勢也會跟著下降，使線圈開始產生正向的電流。

④電壓歸零時，電流會達到最大，線圈累積的能量也會達到最大。

⑤在這之後，電壓轉為負向，線圈便會開始釋放出能量。

在電容上施加交流電壓

■電容接上交流電後，會產生以下反應。

①隨著電壓增加，電容會因為靜電感應，於電路產生電流，並緩慢累積電荷。

②交流電電壓達到最大值時，靜電感應結束，電容不再有電流通過。

③接著電壓開始減少，使電容緩慢釋放出累積的電荷，產生負向電流。

④電壓轉負的瞬間，電容電荷也釋放完畢。

⑤在電壓為負的期間，電容會累積負電荷，並產生與電壓為正時方向相反的電流。

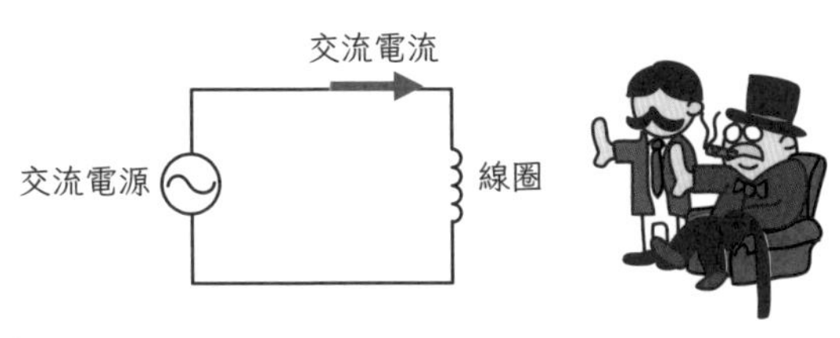

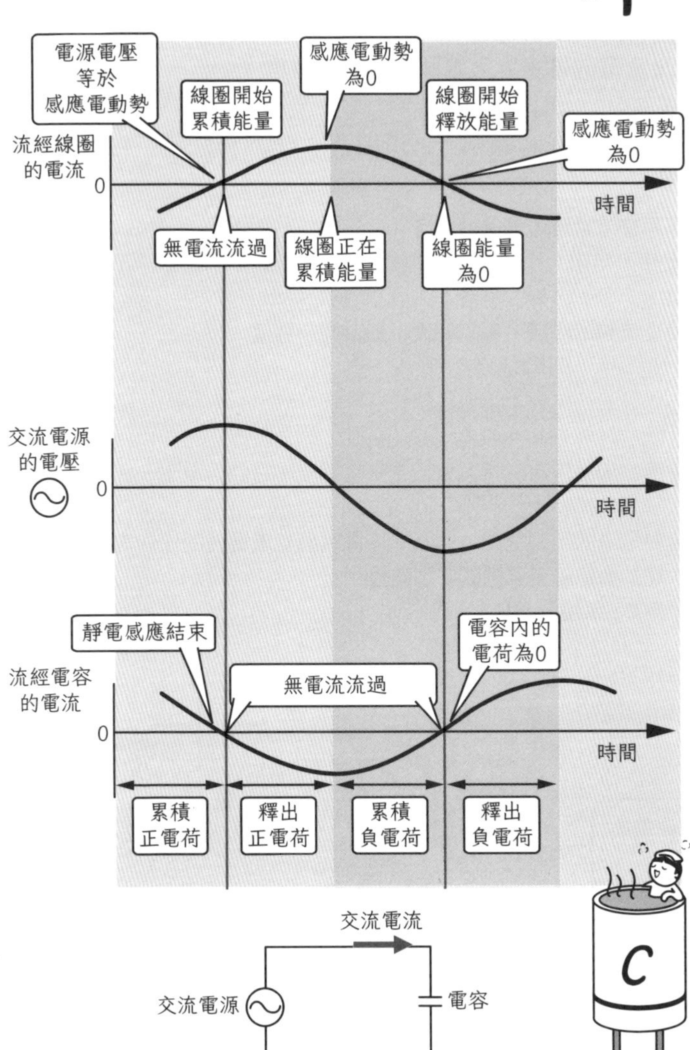

施加交流電壓（中央）後，線圈電流（上）與電容電流（下）的差異

2-7

電抗與阻抗

～以頻率改變電流流過的難度～

阻抗表示交流電壓與交流電流之間的關係，單位為（Ω）。阻抗是「電阻」與「電抗」組合而成的物理量。
電抗表示交流電的電流流過線圈或電容的難度。

電阻

- **電阻**亦可表示交流電電流通過的難度。
- 使用交流電時，電阻大小仍會服從歐姆定律，是電壓與電流的比例常數。
- 另外，即使交流頻率改變，電阻的大小仍為同一數值。

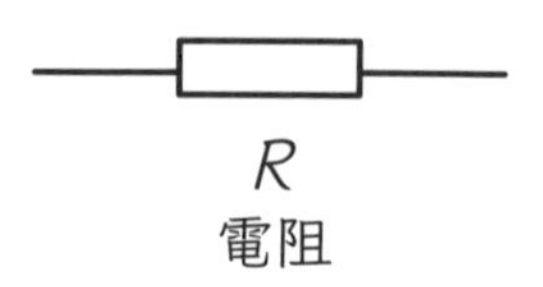

電阻的電路符號

電抗

- 對線圈或電容施加交流電壓時，會產生交流電流。它們與電阻一樣，會增加電流通過的難度。
- 線圈或電容對電流的阻礙程度，亦為交流電壓與交流電流的比例常數（相當於電阻），稱為電抗。**電抗**會隨著交流的頻率而改變。
- 電抗的符號為X，單位為〔Ω〕。

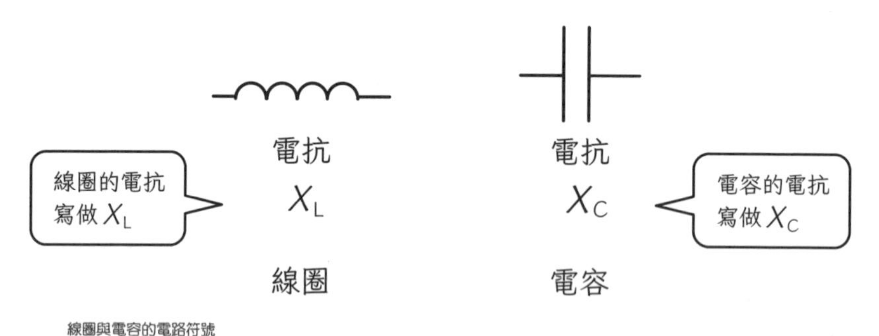

線圈與電容的電路符號

電抗（reactance）…在含有線圈或電容的交流電路中，電壓與電流的比。電抗的單位為（Ω）。不過電抗與電阻不同，不會消耗電力。

阻抗

- 如同我們在前一頁中說的，電阻值不會隨著電流頻率改變，電抗卻會隨著電流頻率改變。電阻與電抗可合稱為**阻抗**。
- 也就是說，交流電電壓與交流電電流的比例常數Z（Ω）就是阻抗。
- 阻抗的符號為Z，單位為（Ω）。
- 若使用阻抗的符號，在交流電的情況下也可寫出歐姆定律的關係式如下。

$$V = ZI$$

什麼是阻抗

公式可寫成

Z（阻抗）= R（電阻）+ X（電抗）

不過阻抗需從複數的觀點思考（參考次節），阻抗大小並非單純將「電阻數值」與「電抗數值」相加。
阻抗大小可用絕對值 $|Z|$ 表示，計算方式如下。

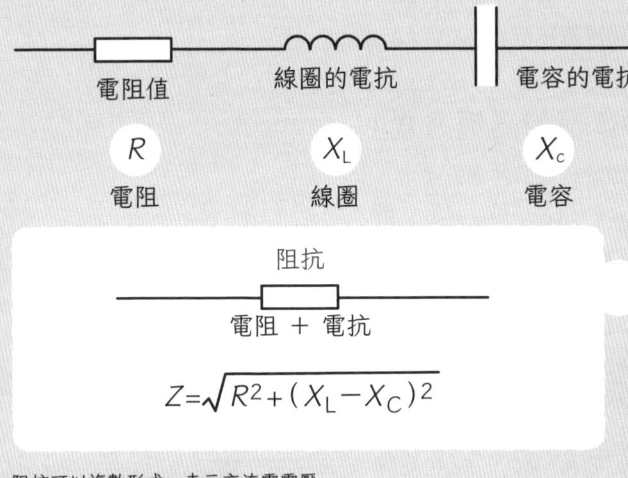

$$Z=\sqrt{R^2+(X_L-X_C)^2}$$

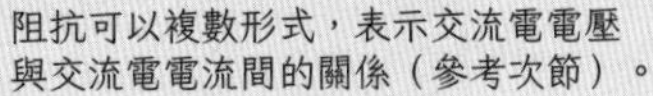

阻抗可以複數形式，表示交流電電壓
與交流電電流間的關係（參考次節）。

阻抗（impedance）…表示交流電電流通過的難度。交流電有所謂的相位，故阻抗需以複數表示。描述阻抗大小時，單位為（Ω）。

以阻抗表示交流電路

～用虛數表示會方便許多！～

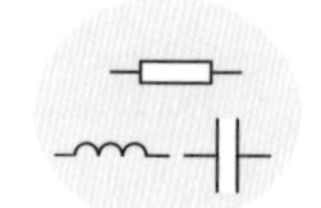

電源頻率不同時，線圈或電容的電抗也不一樣，故描述阻抗時，不能僅以實數表示。
不過，如果使用虛數，就能完美描述阻抗。

符號法

- 阻抗是一個比例常數，用以描述交流電電壓與交流電電流間的關係。
- 交流電路中，電壓與電流不只在大小上彼此相關，在相位上也彼此相關（至於什麼是相位，請參考第122頁的5-3節）。
  若要同時表示「電壓與相位」、「電流與相位」等兩種不同單位的物理量，需使用複數。這種方法也叫做**符號法**。
- 寫出複數時，需使用虛數單位j。

複數
（實部＋虛部）
○＋j△

虛數單位 $j^2=-1$

為了不要與電流的i搞混，所以這裡用j。

符號法中虛部的處理方式

- 符號法可用來表示線圈或電容的相位變化。
- 若相位提前$\frac{\pi}{2}$（90°），需多一個j。

  若相位延遲$\frac{\pi}{2}$（90°），需多一個$-j$。

電阻的阻抗就是該數值（直流電與交流電皆為相同數值）	電容的阻抗	線圈的阻抗
$\dot{Z}_R=R$	$\dot{Z}_C=\frac{1}{j\omega C}$	$\dot{Z}_L=j\omega L$

其中，$\omega=2\pi f$。
ω為角頻率，單位為（rad/s）。

電阻、電容與線圈的電抗

虛數（imaginary number）…平方後為負數的虛構數值。這些數不在由實數構成的數線上。在電學領域中會用i來描述電流，所以改用j來描述虛數單位。$j^2=-1$。

表示是複數的點

■我們可以用符號法，將正弦波的交流電壓寫成以下形式。

$$\dot{v}=\sqrt{2}\,V\sin\omega t=Ve^{-j\omega t}$$

若要顯示該變數為複數，可在變數上方加上一個點，寫成$\dot{V}$、$\dot{Z}_{\mathrm{L}}$、$\dot{I}$的樣子。

■**RLC串聯電路**（電阻、線圈、電容以串連方式連接的交流電路）中的電壓為

$$\dot{V}=\dot{V}_R+\dot{V}_L+\dot{V}_C=R\dot{I}+j\omega L\dot{I}+\frac{1}{j\omega C}\dot{I}$$

$$=R\dot{I}+j\left(\omega L-\frac{1}{\omega C}\right)\dot{I}$$

■此時電路的阻抗為

$$\dot{Z}=R+j\left(\omega L-\frac{1}{\omega C}\right)$$

■阻抗的大小為

$$|\dot{Z}|=\sqrt{R^2+\left(\omega L-\frac{1}{\omega C}\right)^2}$$

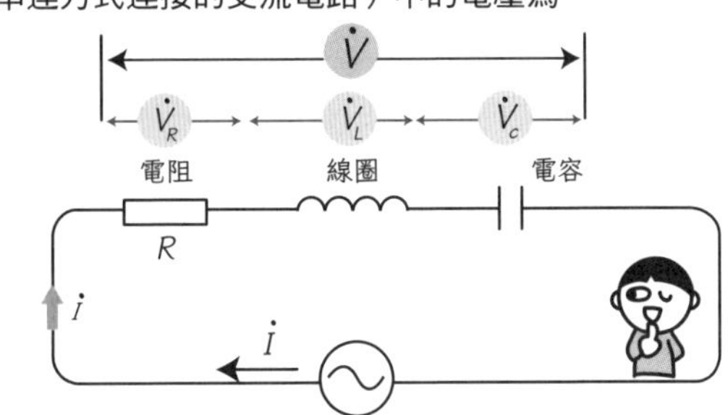

RLC 串聯電路的電壓

IH爐

IH爐的IH是Induction Heating（感應加熱）的首字母。IH爐可透過電磁感應，加熱金屬鍋（參考7-9節，第172頁）。

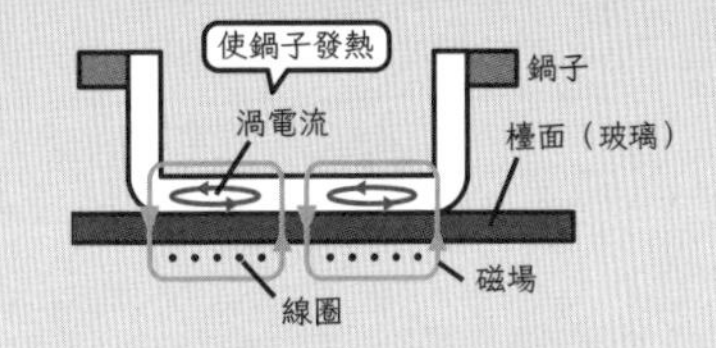

①線圈通以交流電時，電流產生的磁場方向會依照交流電的頻率，在N與S間反覆切換。

②若將鐵等磁性材料製成的鍋子放在線圈上，磁力線會穿過鍋子的金屬部分。

③這會讓鍋子內部發生電磁感應現象，產生感應電動勢。

④金屬鍋可導電，故感應電動勢可讓鍋子內部產生電流（電流會繞鍋子一圈，故稱為渦電流）。

⑤渦電流會產生焦耳熱，提高鍋子的溫度。

電磁感應產生的感應電動勢，與電流變化的速度成正比。

舉例來說，10kHz的高頻電流於1秒內可在正向與負向間切換1萬次。每切換一次，磁場方向就會改變一次。也就是說，電流頻率越高，感應電動勢就越大，發熱量也越大。

由以上原理可以知道，容易被磁化、導電度高的（鐵製）鍋子，較適合用IH爐加熱。

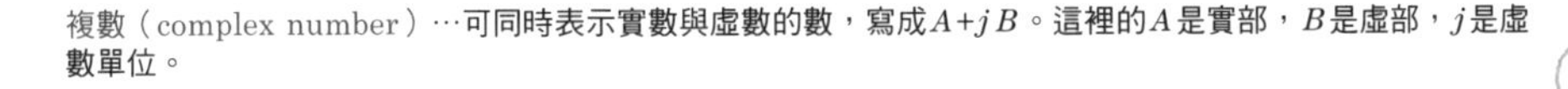

複數（complex number）…可同時表示實數與虛數的數，寫成$A+jB$。這裡的A是實部，B是虛部，j是虛數單位。

2-9

交流電的功率

～想知道真正的功率～

直流電中，電壓大小（V）乘上電流大小（A）後，便可得到功率（W）。另外，交流電的有效值大小可視為「可提供相同能量之直流電」。
不過交流電電壓的有效值，乘上交流電電流的有效值，並不會得到交流電的功率。
事實上，電容與線圈的作用會讓電壓及電流產生相位差，故計算功率時，需考慮到相位差才行。

瞬間功率

- 設交流電電壓與交流電電流皆為正弦波，相位差為 θ。若將每個瞬間的交流電電壓與交流電電流分別相乘，可以得到瞬間功率。**瞬間功率**並非定值，而是會隨著時間改變。
- 當交流電的電壓為正，電流為負時，瞬間功率為負。瞬間為負的功率，可以和其他瞬間的功率抵銷，抵銷後的結果可以視為交流電的有效功率。

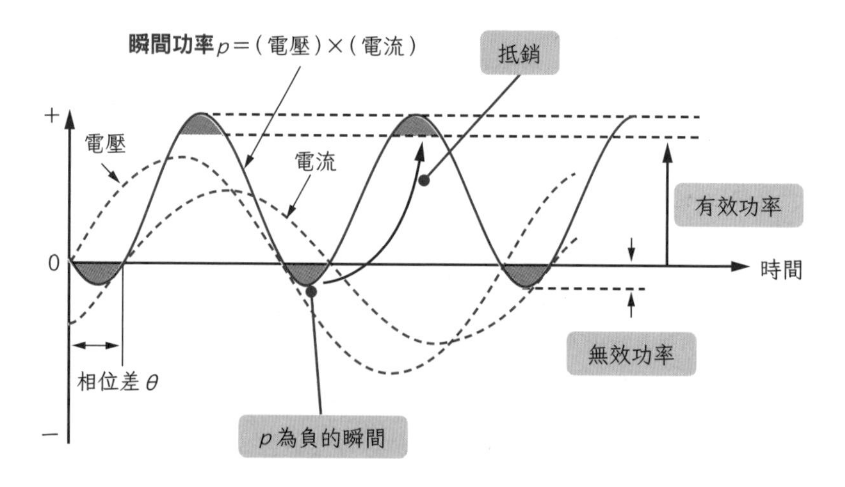

有效功率（active power）…參考正文。
無效功率（reactive power）…參考正文。

有效功率與無效功率、視功率

- 抵銷後得到的功率有效值，就叫做**有效功率**。這也是所謂的**消耗功率**。
- 負數值、抵銷用的功率稱為**無效功率**。
- 此外，電壓有效值與電流有效值的乘積，叫做**視功率**。
- 三者的符號、單位、單位讀法如下。

  有效功率：符號 P 、單位（W），讀做「瓦特」。

  無效功率：符號 Q 、單位（var），讀做「乏」。

  視功率：符號 S ，單位（VA），讀做「VA」。

交流電之三種功率間的關係（功率因數）

- 電壓與電流間的相位差會產生無效功率。相位差越大，有效功率就越小。另一方面，視功率僅由有效值決定，即使相位差改變，視功率仍不會有變化。
- 我們可以用**功率因數**來描述這些功率之間的關係。功率因數 PF 為有效功率 P 與視功率 S 的比例。

$$PF=\frac{P}{S}\times 100 \quad (\%)$$

- 當電壓、電流皆為正弦波時，設電壓與電流的有效值分別為 V 與 I，那麼三種功率可分別計算如下。

$$\text{無效功率}：\ Q=VI\sin\theta$$
$$\text{有效功率}：\ P=VI\cos\theta$$
$$\text{視功率}：\ S=VI$$

- 電壓、電流皆為正弦波時，功率因數為 $\cos\theta$，故有時也會直接將 $\cos\theta$ 稱為功率因數，而 θ 也叫做功率因數角。

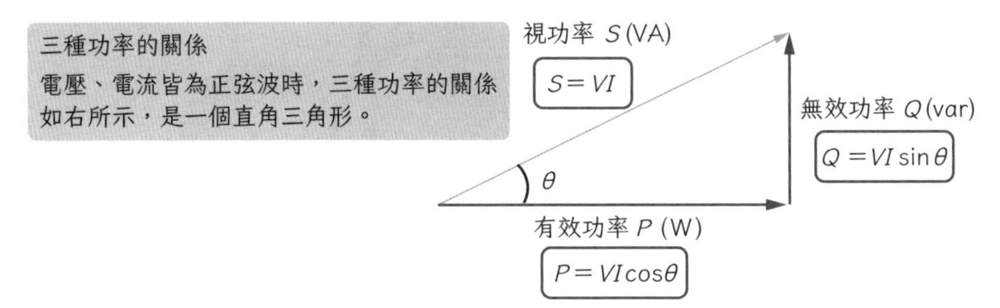

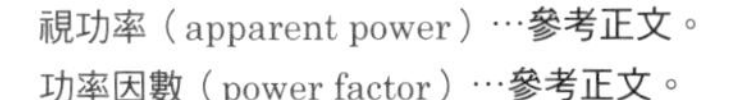
視功率（apparent power）…參考正文。
功率因數（power factor）…參考正文。

Switching.

第3章　電力電子的基礎

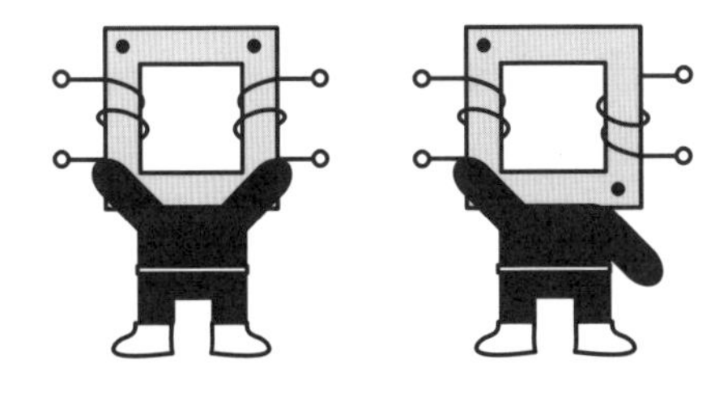

3-1

開關模式電源

～快速切換調整電壓～

電力電子裝置可藉由切換開關，改變電力種類。說到開關，可能會讓你聯想到「為控制通電或斷電，而有ON或OFF兩種狀態的裝置」，不過在電力電子的世界中，會因為其他原因而使用開關。

電力電子裝置中，會快速切換ON／OFF，這種裝置叫做開關模式電源。

平均電壓

- 試考慮一個直流電源與電阻間存在開關的電路。如下圖所示，在直流電壓下，電阻兩端存在電壓E（V）；斷開開關後電壓會變成0。
- 若快速且多次切換開關的ON／OFF，電阻兩端的電壓會在E與0之間持續變化，可視為有個平均電壓。
- 在電源電壓固定的情況下，**平均電壓**與ON／OFF的時間比例成正比。

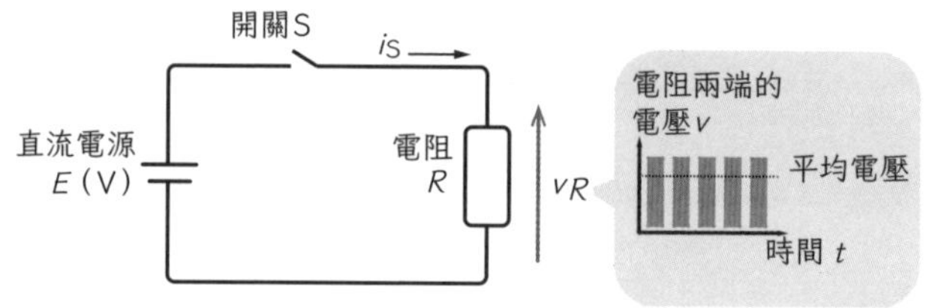

平均電壓

工作因數

- 開關以一定週期反覆在ON／OFF間切換時，電壓處於ON的時間比例稱為**工作因數**。
- 調節工作因數，就可以得到想要的平均電壓。

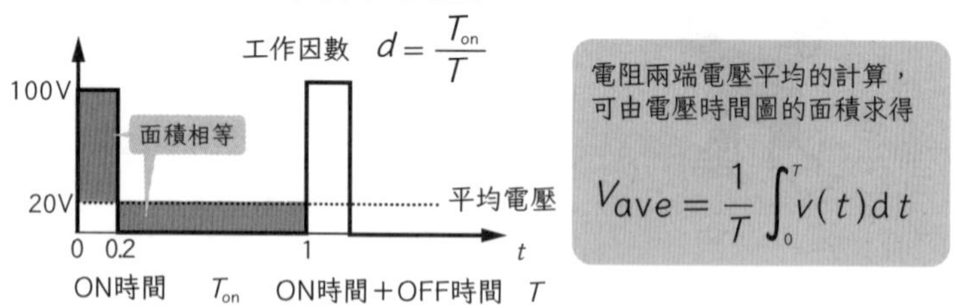

工作因數

平均電壓（average voltage）…平均電壓為縱軸電壓、橫軸時間之圖形的面積。**平均電流**也一樣。

工作因數（duty factor）…一個週期內的ON的比例。也叫做**工作比**、**導通比**。

開關模式電源下的平均電壓

- 舉例來說，設直流電源的電壓為100V。在開關接通時，電阻兩端電壓為100V；開關斷開時，電阻兩端電壓為0V。
- 若想讓10Ω 電阻的平均電壓為20V，工作因數應該要多少？讓我們來算算看吧。

工作因數 $d = \frac{T_{on}}{T}$

平均電壓 $V_{ave} = dE$ ，故工作因數為

$$d = \frac{（平均電壓）}{（電源電壓）} = \frac{20\ \text{V}}{100\ \text{V}} = 0.2$$

若希望平均電壓為20V，應準備工作因數為0.2的開關模式電源。

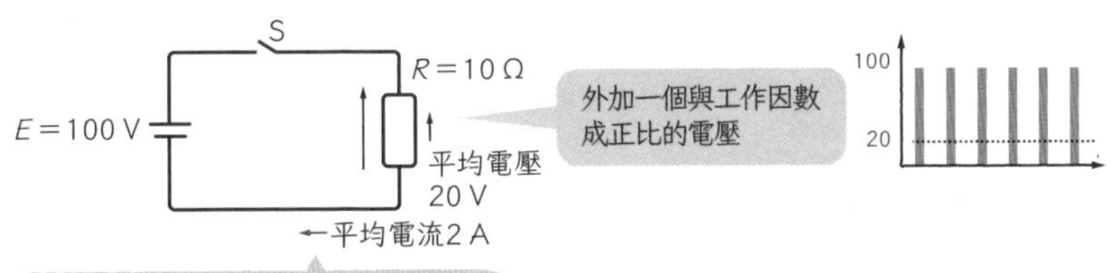

開關模式電源的頻率

- 單位時間（1秒）內，開關切換到ON的次數，叫做**開關頻率**。開關頻率的單位為（Hz）。
- 一般來說，控制電壓的開關頻率通常在每秒1000次以上（1000Hz＝1kHz）。
- 以這裡說明的方式控制電壓的方法或電路，稱為**截波器**（chopper，切肉刀）。

截波器

開關頻率（switching frequency）…開關ON的時間與OFF的時間之和（**開關週期**）的倒數，或是一秒內開關切換到ON的次數。

截波器（chopper）…因為會讓電壓變得斷斷續續，故稱為chopper（切肉刀）。

3-2

線圈的功能

～製造出平滑電路以防止電流中斷～

開關模式電源可以調節平均電壓，但是也會讓電壓與電流變得一段一段（斷續）。

為了避免電壓斷續，我們可以透過電力電子裝置，將電流平滑化。平滑化時使用的電路，就叫做平滑電路。

平滑電路

- 平滑電路可由電感L、二極體D、電容C構成。
- 僅由開關控制的平滑電路，需將電感L與二極體D配置如右圖。

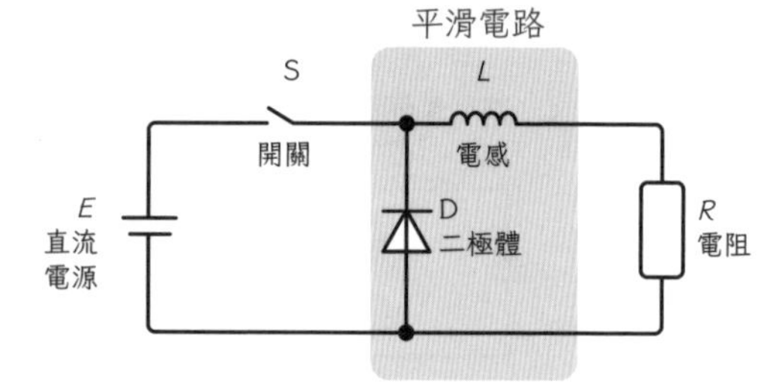

平滑電路（電感與二極體）

- 此時各部位的電壓、電流如下圖。

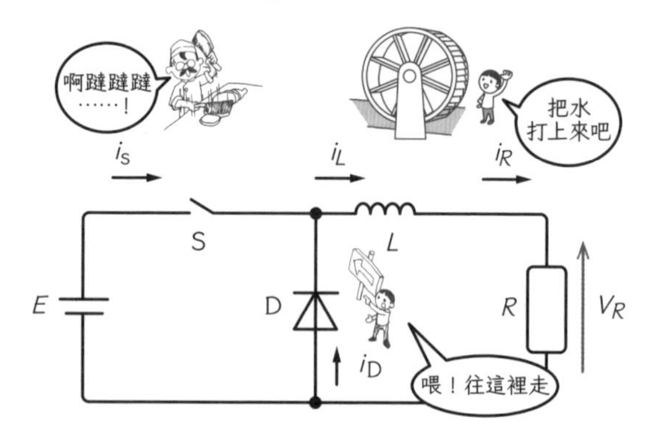

平滑電路的電壓、電流

開關ON時

- 流經開關的電流 i_S 的路徑如下圖所示，為
  【電源正極】→【電感L】→【電阻R】→【電源負極】。
- 電感D的外加電壓為反極性，故二極體（參考第4章）沒有導通（無電流流過）。
- 因此，各部位的電流大小相同$i_S=i_L=i_R$。

電感（inductor）…將線圈作為電子零件使用時，常稱為電感。

二極體（diode）…電力電子裝置的一種，可依照外加電壓的極性切換ON／OFF的狀態，請參考第4章。

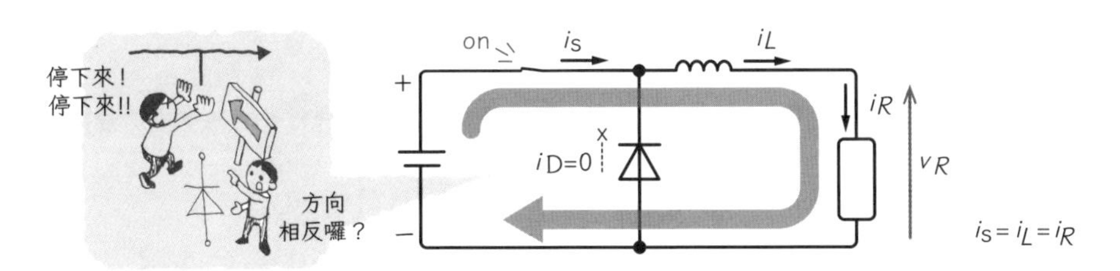

平滑電路的開關為 ON 時（二極體未導通）

■開關S接通時，電感L與承載電阻R所構成的RL串聯電路會產生**暫態現象**，使通過各部位的電流緩緩上升。

■開關S接通時，電感L有電流流過，電感累積的能量大小與電感成正比，可用以下式子表示。

$$U_m=\frac{1}{2}Li_L^2$$

開關OFF時 ①電感釋出能量

■開關S斷開時，電源就不再提供電流給電感。

■不過，電感本身已累積了能量，故電感的電流不會馬上歸零，而是如下圖般，將累積磁場能量轉變成電動勢，形成電流。

■就這樣，電感擁有「減少電流變化」的性質。也就是說，在開關斷開後，電感仍會持續產生朝同一方向流動的電流。

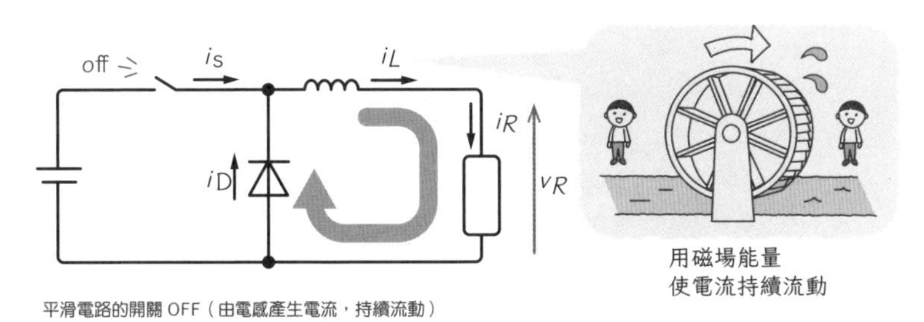

平滑電路的開關 OFF（由電感產生電流，持續流動）

平滑電路（smoothing circuit）…參考正文。

暫態現象（transient phenomenon）…從某個穩定狀態轉變到另一個穩定狀態的過程中，電壓與電流會隨著時間改變的現象。產生暫態現象的期間，叫做**暫態**。

開關OFF時 ②二極體的續流

- 如前頁所述，電感累積的磁場能量會轉變成電動勢，即電流的來源。這個電流流過電阻R後，可導通二極體D。這種現象叫做**續流**。
- 也就是說，開關斷開時，會產生電流i_D。此時$i_D=i_L=i_R$，且$i_S=0$。
- 此時流通的電流路徑為
  【電感L】→【電阻R】→【二極體D】→【電感L】。
- 不過，電感累積的磁場能量開始釋出後會越來越弱，所以這個環狀路徑的電流也會越來越小。

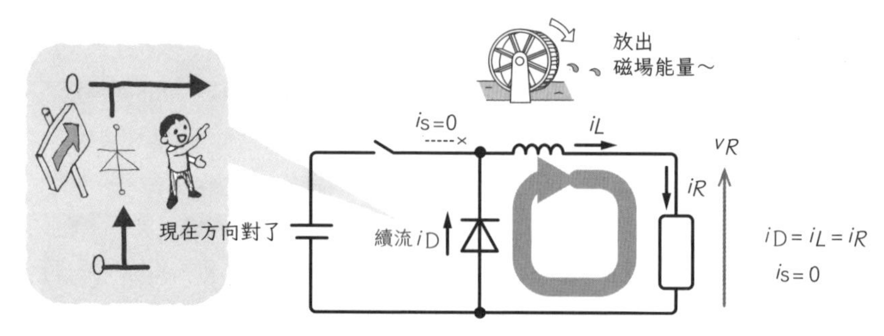

平滑電路的開關斷開時（二極體產生續流電流）

雖可防止電流斷斷續續，卻會造成電流變動（漣波）

- 以上述方式反覆切換開關，通過電阻R的電流會在i_S與i_D之間交互切換。
- 因此，電阻R的電流i_R的波形如下圖所示，開關ON時電流越來越大，OFF時電流越來越小。
- 所以說，平滑電路的電流不會斷斷續續，卻會持續變動。這種週期性的變動就叫做**漣波**。

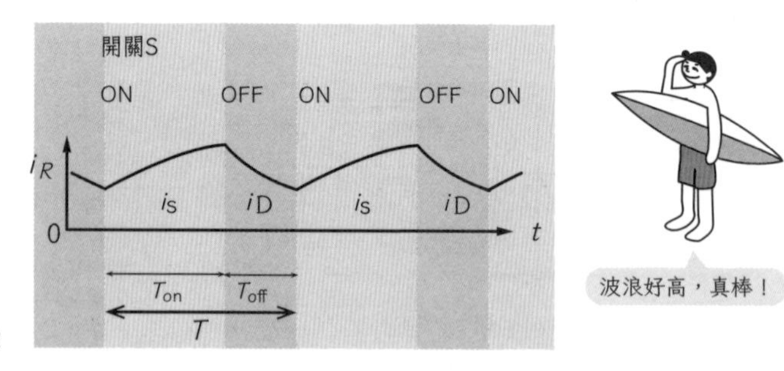

漣波

續流（free wheeling）…線圈釋放出的電動勢。以續流為目的而設置的二極體，稱為**續流二極體**。
漣波（ripple）…電流、電壓的脈動（週期性變動）。

電力變換

電力電子學是透過改變電力形式來運用電能的技術。改變電力形式的過程稱為**電力變換**。如果電力形式是直流電，那麼電壓和電流為固定值。但如果是交流電，那麼不只要知道電壓與電流的大小，還要知道頻率、相位、相數，才能確定電力的形式。

各種電力變換方式如圖所示。從圖中左上的交流電轉變成直流電的轉換，叫做**整流**。

而將直流電的電壓、電流，轉變成數值不同的電壓、電流時，稱為**直流變換**；將交流電轉變成頻率、電壓不同的交流電時，稱為**交流變換**。將直流電轉變成交流電的過程，稱為**逆變**。

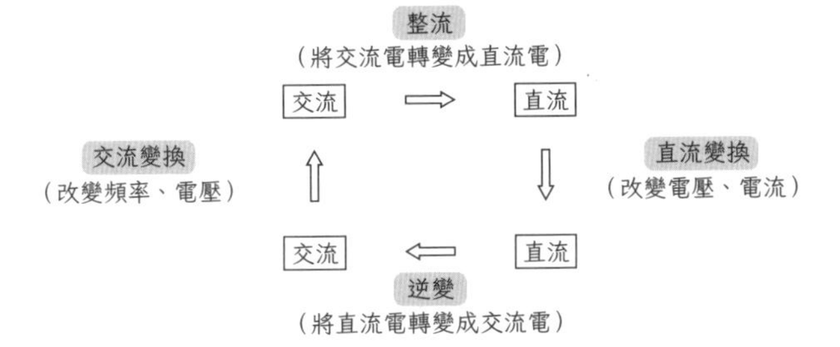

各種電力變換

這裡說明一下為什麼要叫做「逆」變。在電力電子學出現以前，人們使用發電機、真空管來轉換電力。當時只有直流馬達可以調整轉速。而要控制直流馬達時，需要將商用電源的交流電轉換成直流電才行。所以在過去很長的一段時間內，人們將交流電轉變成直流電的過程稱為電力變換。不過隨著電力電子學的出現，人們得以將直流電轉換成交流電，這是與過去的電力變換方向相反的轉換，所以被稱為逆變。相對於此，過去人們將交流電轉換成直流電的過程，就被稱為整流。逆變的英語叫做invert，所以將直流電轉變成交流電的電路或裝置，就叫做**逆變器**（inverter）。

如前所述，電力變換有很多種，不過本書會以電力電子機器中較常見的逆變器與**DC-DC變換器**（直流變換）為主要說明對象。

3-3

電容的功能

～降低電流的漣波～

如前節所述，使用電感與二極體的平滑電路，可讓電流不再斷斷續續，卻還是有漣波。

接下來，我們會設法減少漣波，而這裡會用到電容。

電容

■我們可以再追加電容，建構以下電路，以降低漣波。

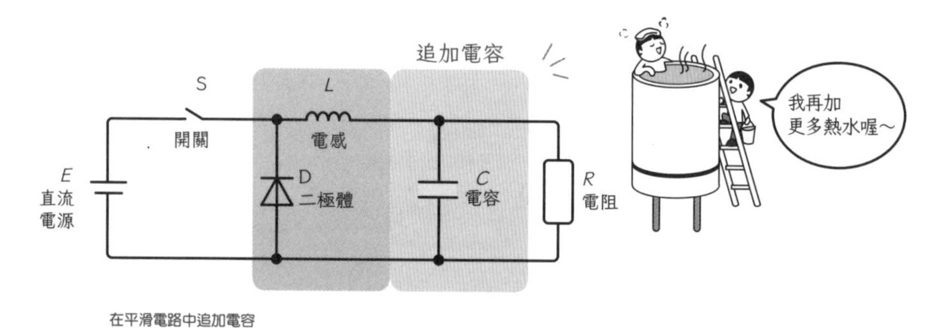

在平滑電路中追加電容

■如下圖所示，設電容的電壓為v_C、電流為i_C。

■電流i_C通過電容時，電容的電壓v_C會逐漸上升，讓電容開始累積靜電能量。這種現象也稱為電容**充電**。此時$v_C = v_R$。

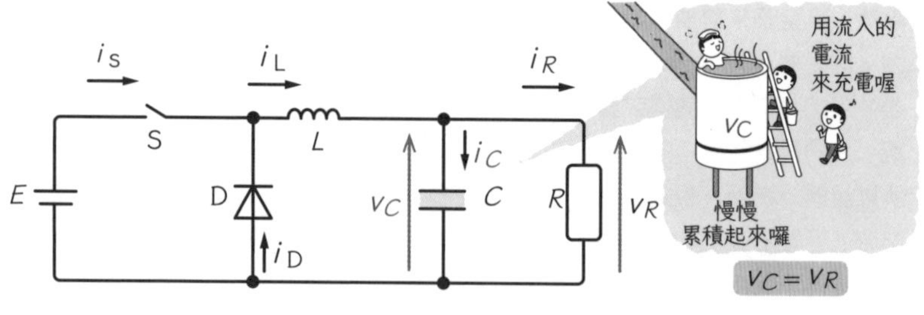

各部位的電壓與電流

充電（charge）…電容或電池累積能量的過程。電容充電時，會在內部累積電荷。

開關接通時（充電）

■開關接通期間，通過電阻的電流為i_R。同時，電容會開始充電。電容在這段期間內累積的能量可表示如下。

$$U_C=\frac{1}{2}C v_C^2$$

■這段期間內，為電容充電的電流i_C會持續流入電容，相對地，流入電阻的電流i_R就會減少。也就是說，流入電阻之電流i_R的上升情況會趨緩。

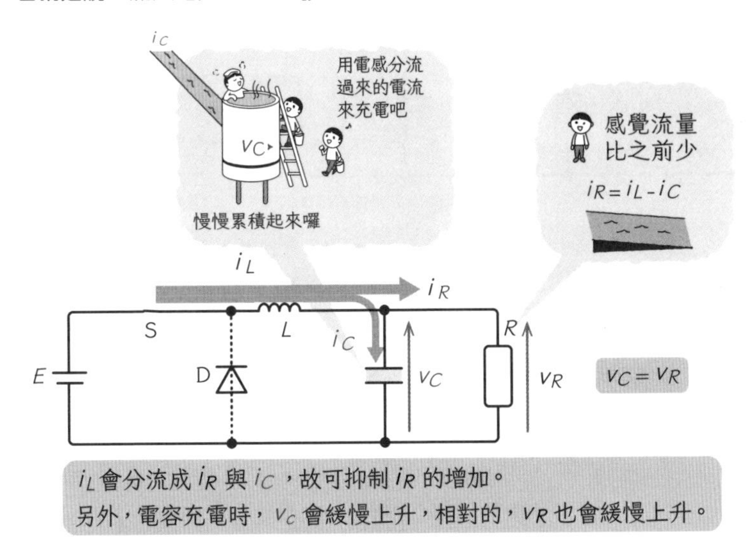

開關 ON 時，可為電容充電

■充電會一直持續到電容電壓v_C等於電源電壓E為止。

■充電結束後，不再有電流流向電容。此時$i_C=0$、$i_R=i_L$。也就是說，充電結束後，來自電感的電流i_L會全數通過電阻。此時，$v_C=E$。

充電結束，流過電容的電流也會停下

放電（discharge）…電容或電池放出能量的過程。氣體不再絕緣時，也會「放電」（譬如雷電），不過和這裡的放電意思不同。

平滑電容器（smoothing capacitor）…平滑電路時所使用的電容。

開關斷開時（放電）

- 開關斷開的期間（下圖），與電源斷開的電容會開始釋放累積的靜電能量，這個過程叫做**放電**。
- 放電時產生的能量為電流i_C，再加上電感的電流i_L，可以得到$i_R = i_L + i_C$，故會增加電阻的電流i_R。
- 因為會逐漸釋出能量，故電容的電壓v_C會逐漸下降。

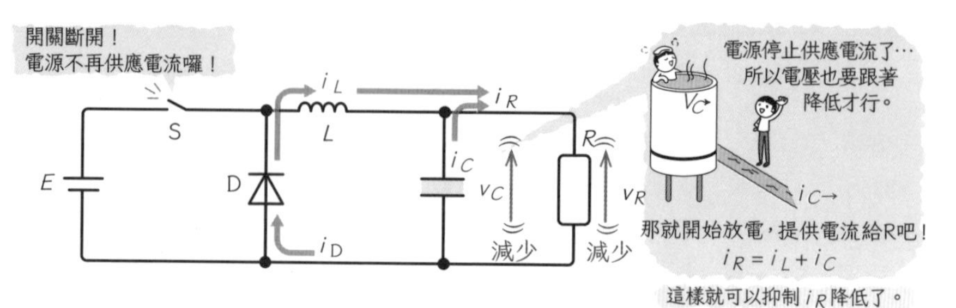

開關 OFF（電容放電）

- 如下圖所示，電容充電、放電時的電流，可減輕開關模式電源造成的電流漣波。
- 加入電容後，電壓的波形仍含有漣波，不過電感電動勢所產生的電壓漣波已被電容平滑化了，所以整體電流的漣波也會變小。

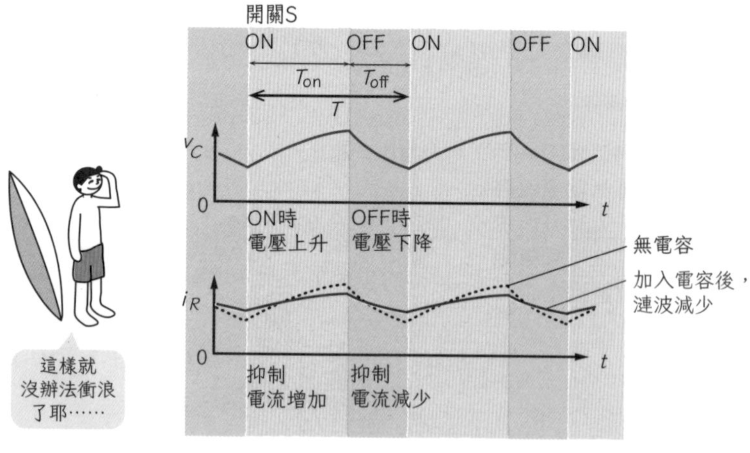

電容造成的漣波減少

平滑電容

- 如下圖所示，如果電容C的容量足夠大，電阻兩端的電壓v_R就會幾乎保持在一定數值V_R。
- 這時的電容就叫做**平滑電容器**。

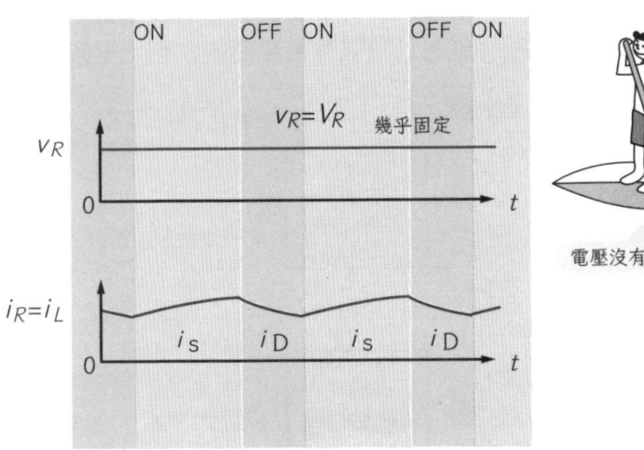

平滑電容器可降低電壓漣波

整理：控制電壓、電流

- 以開關模式電源控制平均電壓，再透過平滑電路將電壓平滑化之後，雖然還會留下一些漣波，不過這樣確實可以得到接近直流電的電壓與電流。
- 由歐姆定律，只要控制平均電壓，就可以控制流經電阻的平均電流大小了。
- 這裡要注意的是，電阻R的大小如果有變化，電壓或電流的漣波大小也會跟著改變。
- 平滑電路的電感L與電容C越大，就越能抑制漣波。不過就現實而言，要做出那麼大的電容並不容易，故一般會依照電阻R的大小，選擇適當的L與C搭配。

降壓截波器

～降低電壓的基本電路～

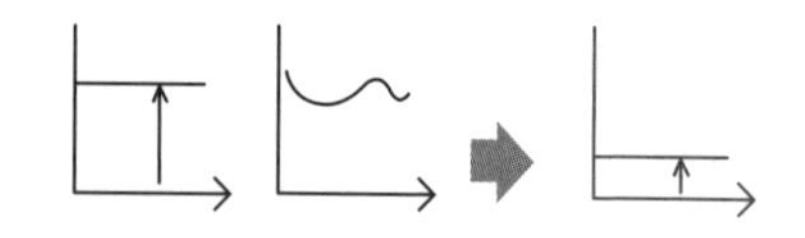

前一節中說明的平滑電路又叫做降壓截波器。
降壓截波器可以「將輸入的直流電，變換成電壓較低的直流電」。
調整降壓截波器的工作因數，就可以改變輸出電壓的大小，兩者成正比。

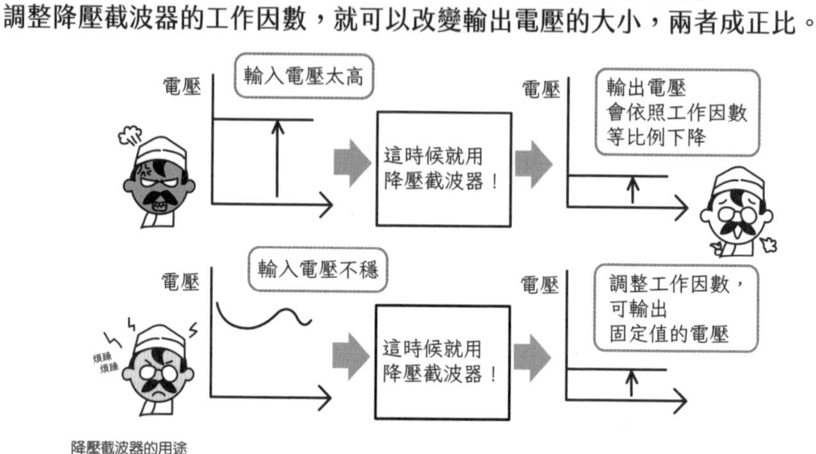

降壓截波器的用途

降壓截波器

■如上圖所示，**降壓截波器**不只能降低輸入電壓，當輸入電壓不穩定時，調整降壓截波器的工作因數，就可控制輸出電壓在一個固定的數值。故降壓截波器常用於將不穩定的輸入電壓，變換成穩定的輸出電壓上。

■以下電路可說明不使用平滑電容的降壓截波器如何穩定電壓。

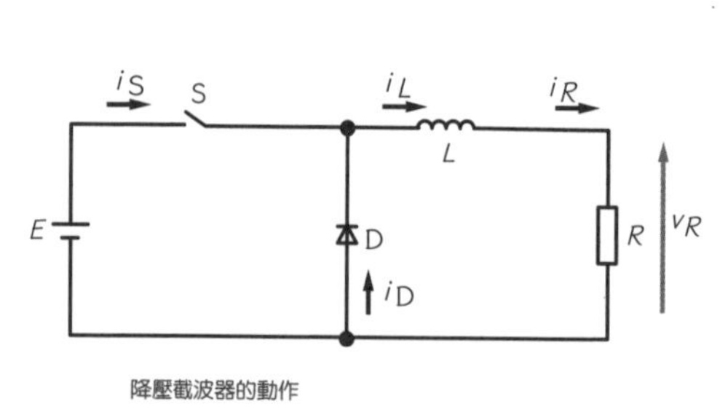

降壓截波器的動作

（1）開關S接通

電流沿著

【E】→【L】→【R】→【E】

的路徑流動。此時各部位的電流為

$i_{\mathrm{S}}=i_L=i_R$

（2）開關S斷開

電感釋出累積的能量，即使開關斷開，電流也不會馬上歸零，而是會沿著

【L】→【R】→【D】

的路徑流動（能量守恆定律）。此時各部位的電流為

$i_{\mathrm{D}}=i_L=i_R$

降壓截波器（step-down chopper, buck converter）…參考正文。

降壓截波器的電壓

- 接下來要說明降壓截波器電路中，各部位的電壓在ON／OFF切換時，會有甚麼樣的變化。
- 隨著ON／OFF的切換，輸出電壓v_R會在E與0之間變化。
- 輸出電壓可拆成兩個部分，分別是作為平均值的直流成分，以及隨時間變動的交流成分。輸出波形v_R可以用右圖中的式子表示。
- 其中，一段時間內的交流電電壓平均為0，故我們可以將v_R的平均值，也就是直流成分V_R，視為輸出電壓。

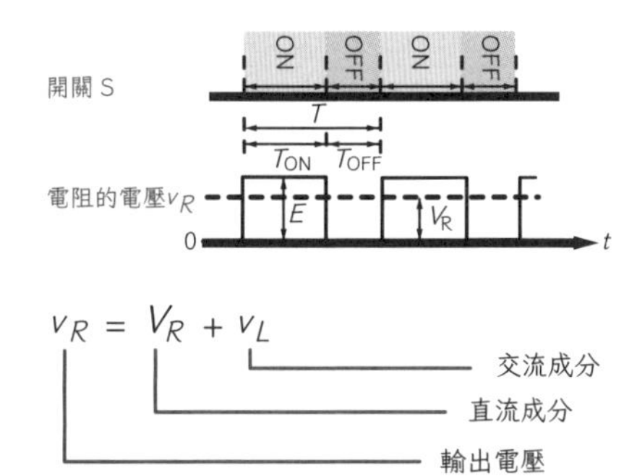

輸出電壓 v_R 的波形

電感兩端的電壓

- 電感的電壓會如右圖變化。
  開關ON期間：$v_L=E-V_R$
  （輸入與輸出的電壓差）
  開關OFF期間：$v_L=V_R$
  （沒有接通電源，故由電感提供輸出電壓）
- 電感累積的能量與釋放的能量相同（能量守恆定律）。
- 可想成「ON時的波形與OFF時的波形有相同面積」（面積相等就表示能量相等）。

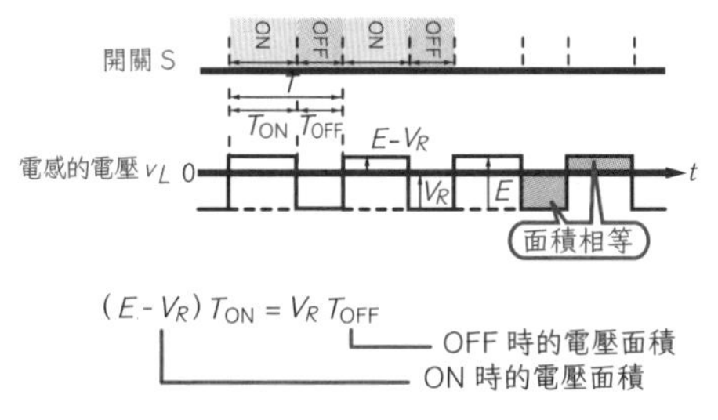

電感電壓 v_L 的波形

- 由這層關係，可以求得「輸出電壓平均值」與「工作因數」的關係，如下式所示。

$$V_R = \frac{T_{ON}}{T_{ON} + T_{OFF}} E = \frac{T_{ON}}{T} E = dE$$

V_R：輸出平均電壓　d：工作因數　E：電源電壓

降壓截波器的電流

■降壓截波器各部位的電流波形如下圖所示。電感電流i_L在開關ON的期間，會等於開關的電流i_S；在開關OFF的期間，會等於二極體i_D。

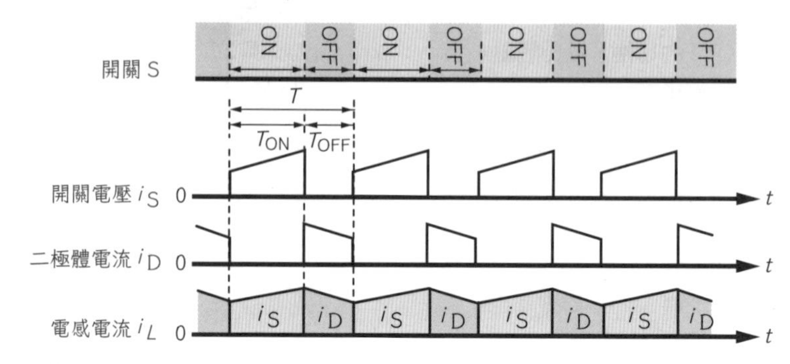

降壓截波器各部位的電流波形

開關ON的時候

■ON期間的開關電流i_S符合以下關係。

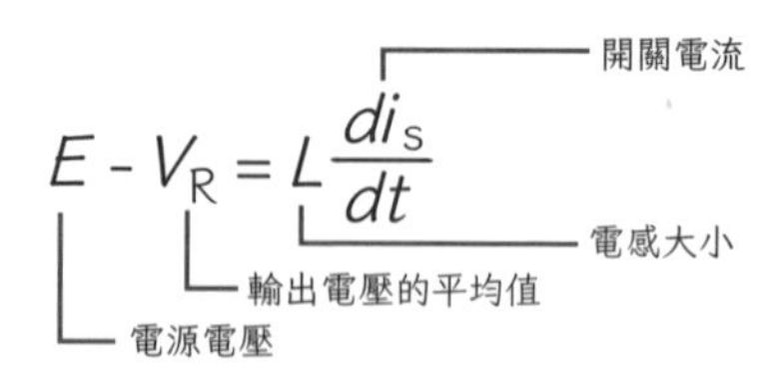

■等式左邊為固定值，故等式右邊開關電流對時間的變化率$\frac{di_S}{dt}$，與電感值L的乘積亦為固定值。

■也就是說，開關電流的每秒變化率（A/s）可視為斜率。不同的電感，電流就會以不同的斜率改變（增加）。

開關OFF的時候

■OFF期間的二極體電流i_D符合以下關係。

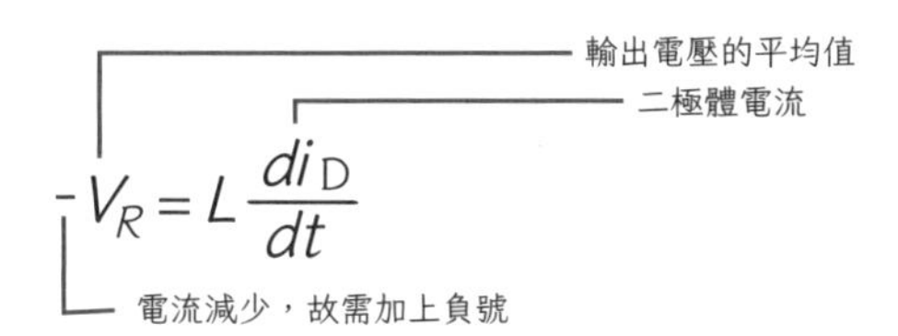

■與前式相同，等式左邊為固定值，所以等式右邊「二極體電流變化率 $\frac{di_D}{dt}$ 」與「電感 L 」的乘積也固定。$\frac{di_D}{dt}$ 為二極體電流i_D的每秒變化率（A/s），也就是圖中的斜率。

■也就是說，二極體的電流斜率可對應到電感數值。不同的電感，電流就會以不同的斜率改變（減少）。

■快速切換開關時，降壓截波器的輸出電流i_R由i_S與i_D輪流供應，故不會斷斷續續。

■另外，L同時是 $\frac{di_S}{dt}$ 、 $\frac{di_D}{dt}$ 的比例常數。L越大， $\frac{di_S}{dt}$ 、 $\frac{di_D}{dt}$ 的變化就會相對變小。

也就是說，電感越大，電阻電流i_R的變化就越和緩，使電流的漣波變小。

■總而言之，降壓截波器的輸出，就是供應電阻的電流，受電感的影響很大。

■另外，這種降壓截波器電路是基本的單位電路，常用於各種電力電子電路中。

升壓截波器

～提升電壓的基本電路～

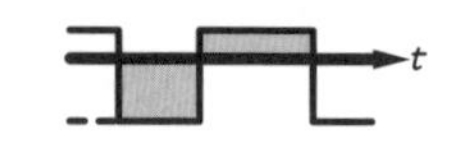

升壓截波器是另一個電力電子裝置的基本電路。
升壓截波器可以「將輸入的直流電，變換成電壓較高的直流電」。

升壓截波器

■**升壓截波器**的電路如下圖所示。需要的零件與降壓截波器相同，配置卻不一樣。

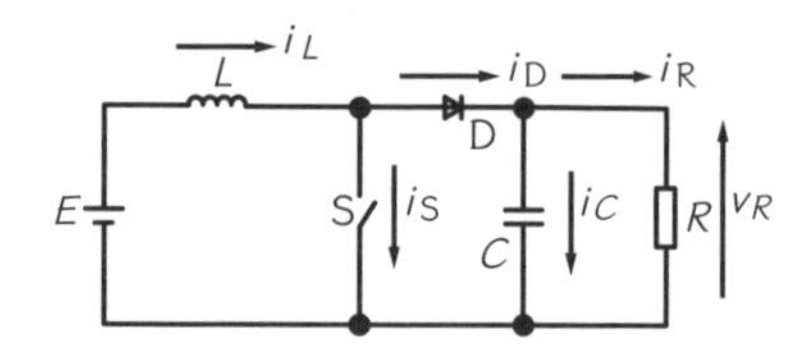

升壓截波器

開關ON時的電流

■升壓截波器在開關ON時，通過開關之電流i_S會經過以下途徑。

【電源正極】→【L】→【電源負極】

■此時，因為有電流流過電感L，故電感會開始累積磁場能量。
■另一方面，二極體D為逆極性，故不通電。通過電感的電流會全數流往開關。
■開關的電流i_S會流過電感，故會隨著時間經過而增加。

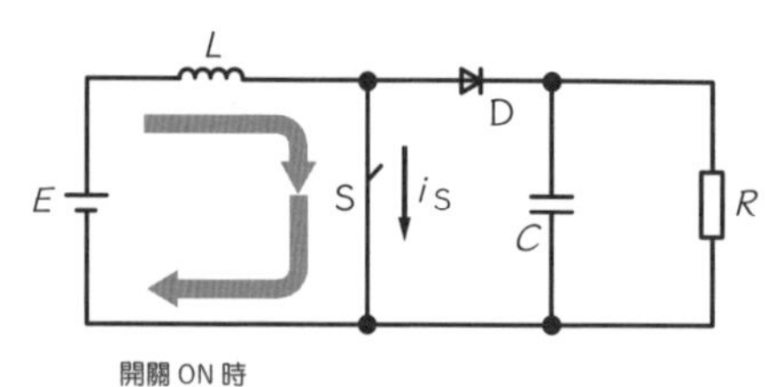

開關 ON 時

開關 ON 的期間中，電流會從電源流向電感，使電感逐漸累積的磁場能量。

$$U_m = \frac{1}{2} L i_L^2$$

升壓截波器（step-up chopper, boost converter）…參考正文。

開關OFF時的電流

■開關OFF時，通過升壓截波器開關的電流為零。不過，此時電感會開始釋放ON期間中累積的能量，在釋放完能量之前，電感的電流不會變成零（能量守恆定律）。

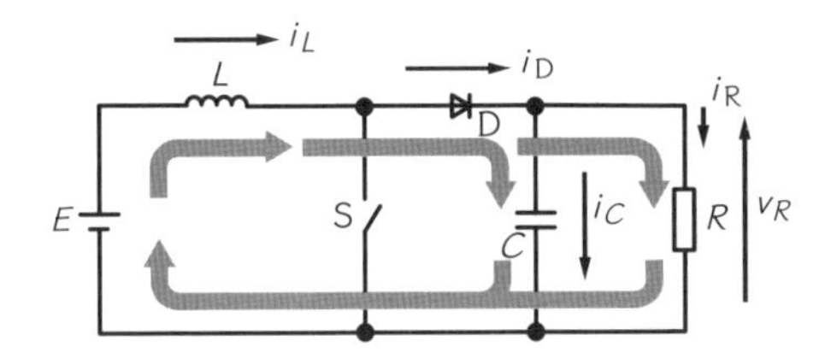

開關 OFF 的時候

■電感在開關ON期間累積的磁場能量會轉變成電動勢，加上電源E供應的電壓，可達到升壓的效果，此時電流會依照以下途徑流動。

【電源正極】→【L】→【D】→【R】→【電源負極】

■開關OFF期間，電阻R的電流為i_R，同時電容C的充電電流為i_C。
■就這樣，即使開關OFF，也會因為電感釋放出來的能量而達到升壓效果，所以電流不會馬上減少。雖然電感累積的能量逐漸減少，電流卻能持續流動而不會減少（能量守恆定律）。

電感的電壓

■接著讓我們來看看升壓截波器在ON／OFF的時候，電感電壓v_L的變化（要特別注意的是，電路圖中用以表示電壓方向的箭頭，與波形正負的對應）。
■電感的電壓在ON時的波形面積，與在OFF時的波形面積相同。

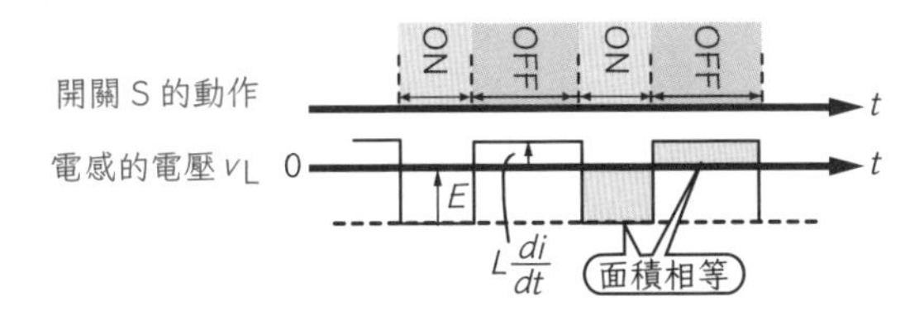

電感的電壓變化

開關ON時的電壓

■開關ON時，二極體為逆極性，故電流只會通過電感。
■因此，電感電壓v_L與電源電壓E相等，為定值。
■另外，電流變化率與電感L的乘積為定值。

$$v_L = E = L\frac{di_L}{dt}$$

開關OFF時的電壓

■開關OFF時，流過開關的電流i_S為零。電感則因為已累積了一定能量，所以通過電感的電流i_L不會馬上歸零，而是會有電流持續通過（能量守恆定律）。
■所謂「有電流通過」，換句話說就是「電感的電壓v_L比輸入電壓E還要高」的意思。
■而「電感產生的較高電壓」可導通二極體D。
■這使電感將能量釋放至二極體，產生電流i_D。
■由以上過程可以知道，在開關OFF期間，電感電壓v_L可以用以下算式表示。

$$v_L = E + L\frac{di_L}{dt}$$

■輸出電壓為電感放出的能量，再加上電源電壓E，所以可以得到比E還要高的電壓。
■另外，電感累積的能量與釋放的能量相等。
■電感兩端的電壓v_L中，ON波形與OFF波形的面積相等。

升壓截波器的升壓作用

■由以上動作可以知道，電感可釋放出磁場能量，產生電動勢，進一步造成升壓作用。
■而升壓後的電壓可為電容C充電。

電容的角色

- 假設之前開關已多次切換ON／OFF狀態。由於電容C已因為之前的開關切換，累積了一定的能量，所以在開關為ON的期間中，電容C可做為電源，提供電流給電阻R。
- 因此，開關為ON的期間中，其實存在兩個電流迴路，如下圖所示。

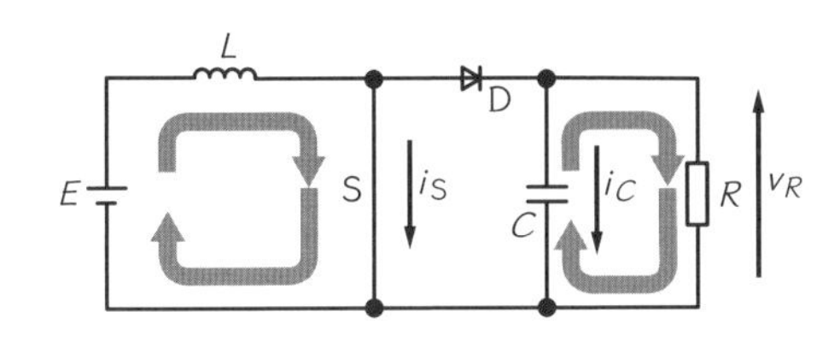

ON 時的電流

- 此時，開關兩端的電壓v_S會比電源電壓還要高。另外，電阻R的電壓也會比電源電壓還要高。如果電容夠大，那麼電阻R的電壓就會趨於定值。就結果而言，可得到較高的電壓。

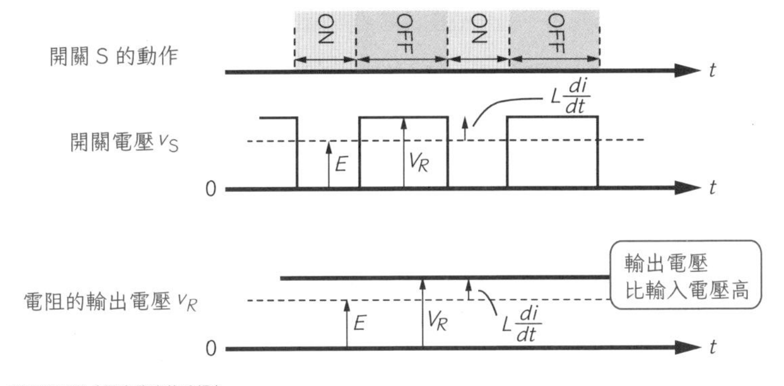

各部位電壓（電容夠大的時候）

升壓截波器的電流

■接著要介紹的是升壓截波器各部位的電流。

■從電源的角度看來，二極體為逆極性，所以在ON期間內，電流不會通過二極體，以下等式成立。

$$i_S = i_L$$

■流過開關之電流i_S的時間變化率，會隨著電感L改變，如下式所示。L越大，變化速度越慢。

$$E = L\frac{di_S}{dt}$$

■另一方面，開關OFF時，電感累積的能量會轉變成電動勢，導通二極體，使電流i_D開始流動。不過，隨著電感累積的能量越來越少，這股電流也會越來越小。

■電容會在OFF期間充電，故電流的關係如下所示。

$$i_D = i_C + i_R$$

■另一方面，ON期間i_D為零，不過已充電的電容擁有能量，可提供電流給電阻。

$$i_R = i_C$$

■設工作因數為d，則升壓截波器的輸出電壓平均值可表示如下。

$$V_R = \frac{1}{1-d}E$$

■分母為$1-d$，故工作因數越大，可以得到越高的電壓。

■不過，只有在能瞬間切換的理想開關中，這個式子才會成立，實際電路的升壓仍有其極限。

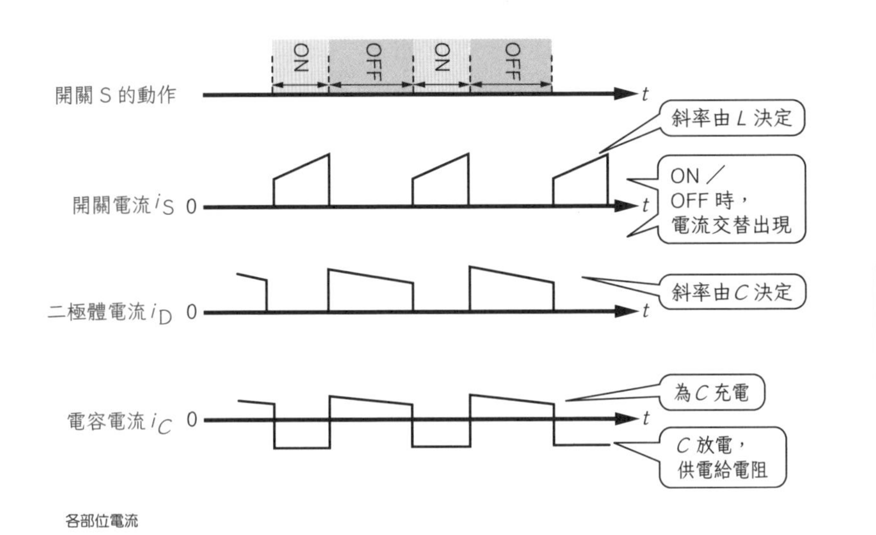

各部位電流

本節說明的升壓截波器為電力電子學的一種基本電路。
即使是複雜的電力電子電路，若詳細分析各個開關的動作，仍可用降壓截波器或升壓截波器來解釋每個開關的功能。

DC-DC變換器

～改變直流電電壓～

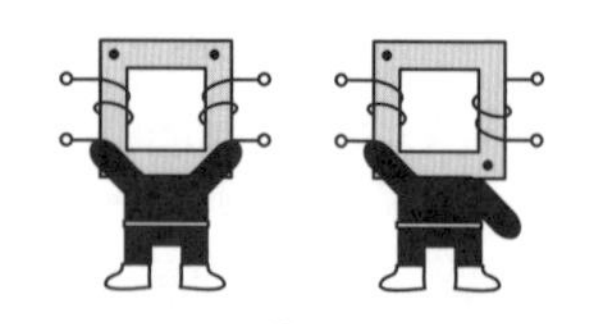

DC-DC變換器可以將直流電轉變成電壓、電流大小不同的直流電。DC-DC變換器可分為非絕緣型與絕緣型兩種。以下將以實際的電路，說明DC-DC變換器的運作機制。

非絕緣型

- 之前描述的降壓截波器、升壓截波器等將直流電變換成直流電的電路，皆屬於**DC-DC變換器**。
- 而在各種DC-DC變換器中，截波器又被叫做**非絕緣型DC-DC變換器**。
- 截波器的電路中，輸入與輸出的負極彼此相連，共用同一個電路。

絕緣型

- 相對於此，**絕緣型DC-DC變換器**則是輸入與輸出電路彼此絕緣的變壓器。
- 這種變換器中，輸入與輸出不會直接相連。這種絕緣型DC-DC變換器多會使用一種叫做**開關式調節器**的固定電壓電源。

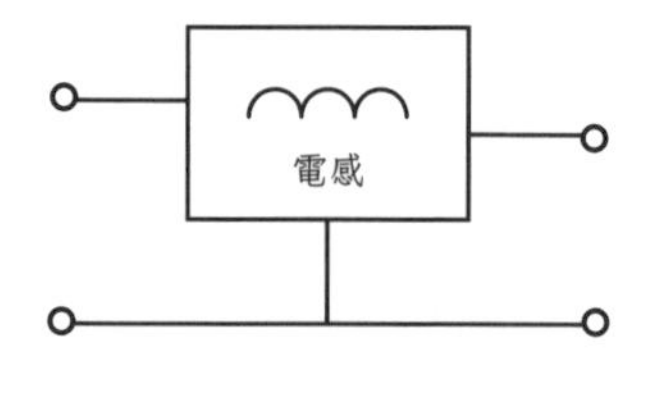

非絕緣型

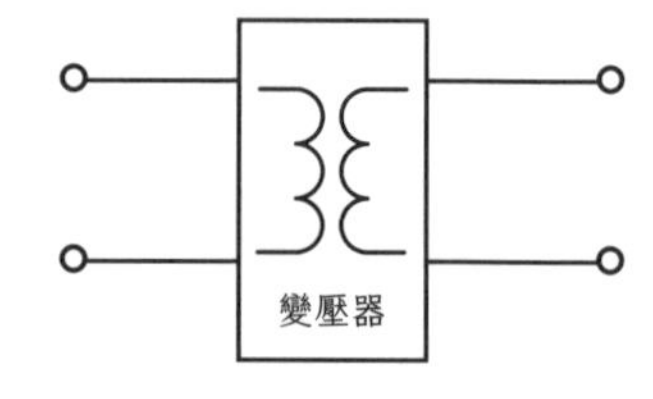

絕緣型

絕緣型與非絕緣型的差異

調節器（regulator）…控制電壓、電流保持一定的控制器。除了電路之外，機械、軟體領域中也有叫做這個名稱的東西。

順向式變換器

順向式變換器的電路可以想成是「把降壓截波器的電感換成變壓器」後得到的電路。請注意到，右圖的變壓器線圈中，以「・」標示線圈開始捲的位置。

順向式變換器所使用的變壓器中，線圈的捲法會使同一側的電壓有相同極性。

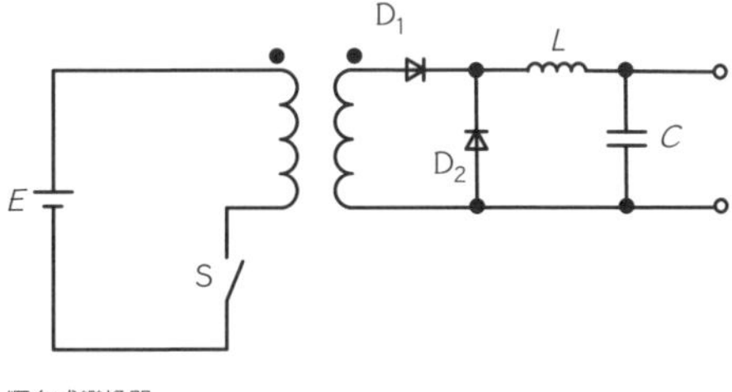

①開關ON時

- 變壓器的一次線圈（輸入側線圈）的電感，可讓電流i_1緩慢上升。
- 雖說是緩慢上升，不過變壓器一次線圈內的電流確實有在變化，所以會產生電磁感應現象，使二次線圈（輸出側線圈）產生同極性的電壓。
  就這樣，變壓器一次線圈的電流變化，可透過電磁感應使二次線圈產生感應電動勢。一般人會有「變壓器只能用於交流電」的印象，不過直流電只要加上開關模式電源，就可以用變壓器變壓了。

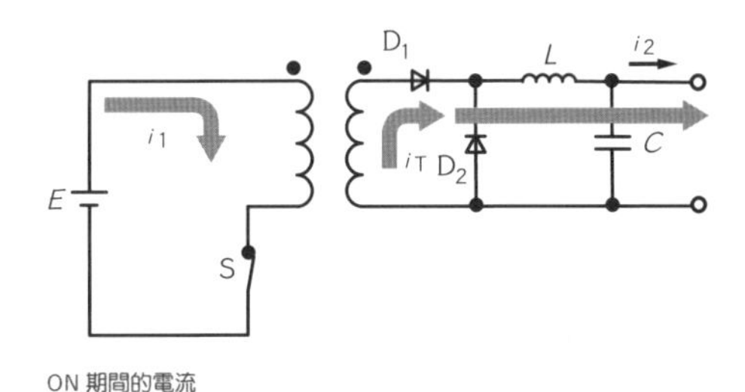

ON 期間的電流

- 二次線圈端所產生的感應電動勢，可導通二極體D_1，使二次線圈的電路產生與一次線圈波形相同的電流i_T。而$i_T = i_2$。

②開關OFF時

- 開關OFF時，二極體D_1未導通，故i_T為零。
- 不過，ON的期間中，電感累積的能量會轉變成電動勢，導通二極體D_2，產生電流i_D。
- 因此$i_D = i_2$。也就是說，ON與OFF所產生的輸出電流i_2，是由i_T與i_D來輪流提供。

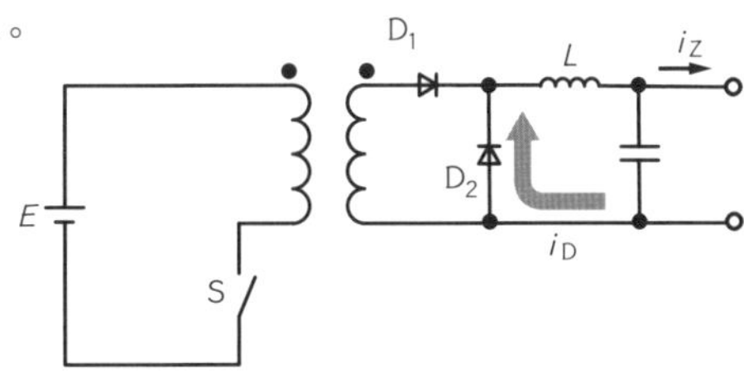

OFF 期間的電流

順向式變換器（forward converter）…參考正文。

③順向式變換器的電流變化

- ON時，一次線圈（輸入側）與二次線圈（輸出側）同時有電流流通。
- OFF時，兩者都沒有電流流通。
- 順向式變換器有用到變壓器，一次線圈與二次線圈的線圈數比，可決定輸出電壓。
- 再控制工作因數，就可以精密地調整電壓數值了。

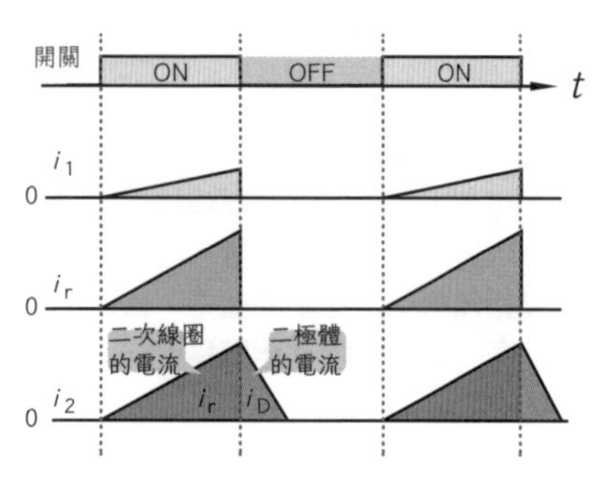

順向式變換器各部位的電流變化

返馳式變換器

返馳式變換器使用的是逆極性變壓器。變壓器的一次線圈、二次線圈捲的方向相反，所以「・」的位置也相反。將升壓截波器的電感部分換成變壓器，就可以得到返馳式變換器了。

①開關ON時

- 開關ON時，一次線圈有電流i_1流過。
- 反向配置會造成逆極性，故二極體D無法導通，二次線圈不會有電流流過。
- 開關ON時，一次線圈的電感會逐漸累積能量。

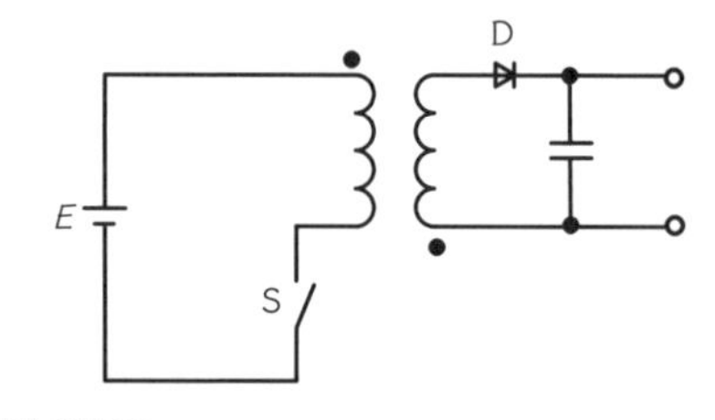

返馳式變換器

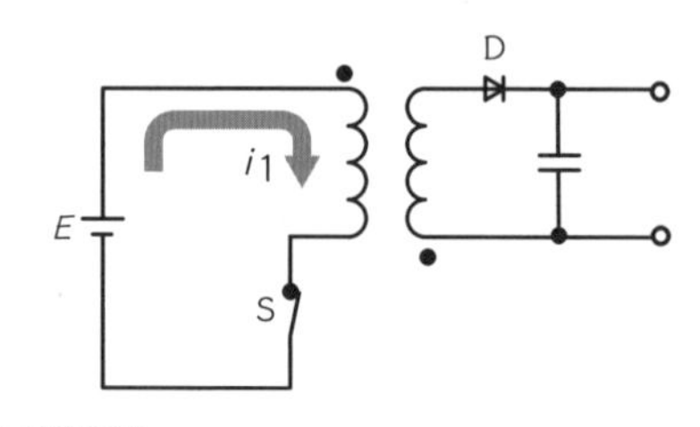

ON 時的電流

返馳式變換器（flyback converter）…參考正文。

②開關OFF時

- 開關OFF時，一次線圈不會有電流流過。
- 不過一次線圈的電感所累積的能量會轉變成電動勢，導通二極體D。
- 變壓器的一次線圈釋放出先前累積能量時，二次線圈會產生電流i_2。

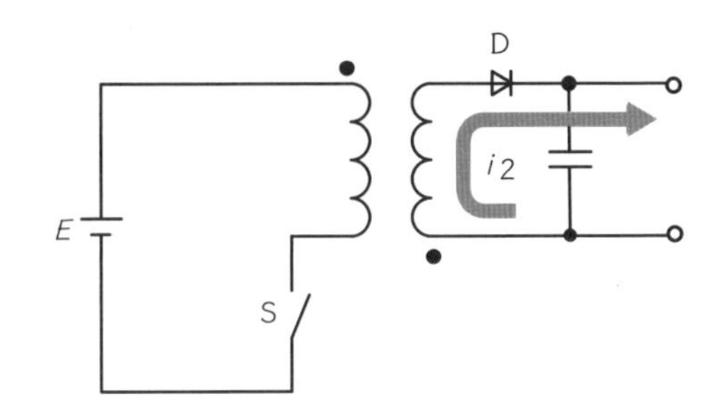

OFF 時的電流

③返馳式變換器運作時的電流變化

- 開關ON的期間，一次線圈有電流i_1通過。
- 開關OFF的期間，二次線圈有電流i_2通過。
- 變壓器在ON期間累積的能量，會在OFF期間釋放出來。
- 返馳式變換器會暫時將輸入的電力完全儲存在變壓器內，所以不適合用在大電流通過的大容量電路。不過，因為電路構成很簡單，所以常用在數百W以下的電源電路。

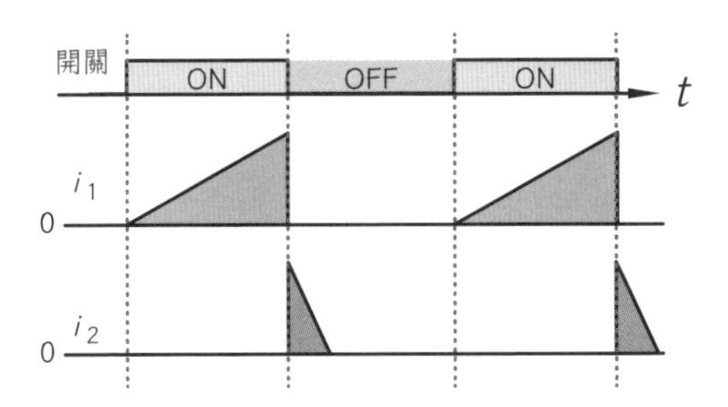

各部位的電流變化

除了以上介紹的裝置外，DC-DC變換器的電路還有很多種，每種變換器的輸出、用途各有不同。

變壓器的極性

- 變壓器一般用於交流電，比較不會有極性的問題。
- 不過，在使用開關模式電源控制直流電的電力電子電路中，就必須注意變壓器的極性。
- 這裡說的**變壓器極性**，取決於變壓器線圈的纏繞方式。
- 下圖中，線圈端點的「・」（dot）表示線圈纏繞的方向。線圈從有「・」的一端開始纏繞，而一次線圈、二次線圈電壓的正／負方向應一致。

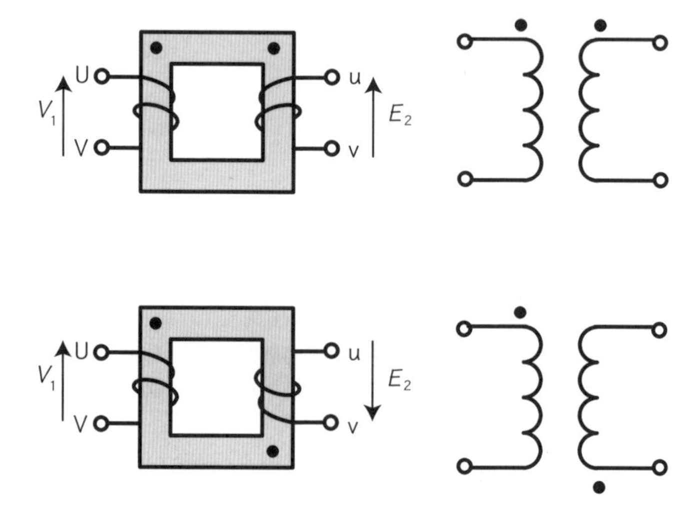

變壓器的極性

開關切換頻率與耳朵

電力電子學中，開關模式電源是基礎中的基礎。由半導體的功率元件特性可以知道，開關頻率越低，電力損失越少，進而提高電路的效率。

不過，近年來的電力電子產品中，頻率最低也有8kHz（每秒切換8000次），多數產品都使用切換頻率相當高的開關。

那麼，我們在決定開關頻率時要注意什麼呢？答案是人的耳朵。人耳可以聽到的頻率（聽覺頻率範圍）為20Hz～20kHz。不過隨著年紀的增長，聽覺頻率範圍會逐漸下降。大人最高只能聽到15kHz左右的音高。

那和開關的頻率有什麼關係呢？電力電子電路中一定有線圈（電感）。在開關ON／OFF的時候，線圈也會「咚」的一聲改變電壓。此時線圈會產生機械力（電磁力），開始運動。

也就是說，在ON與OFF的同時，線圈會受力，這種力又叫做**電磁共振力**。在電磁共振力的作用下，線圈本身，以至於周圍的零件都會開始振動，發出聲音，和揚聲器的原理相同。所以說，開關模式電源會產生噪音。

為了不讓人們聽到噪音，需將開關模式電源設定在適當的頻率。如果頻率是2～3kHz，我們人類就會聽到「嗶一」、「咻一」的聲音。過去某些電車會使用**DoReMiFa逆變器**，那個就是刻意將開關電源時產生的聲音音高，對上我們熟悉的音階。

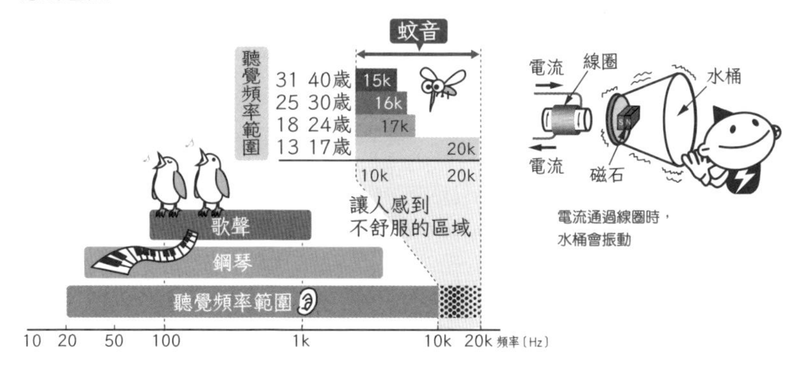

逆變器

～將直流電轉換成交流電～

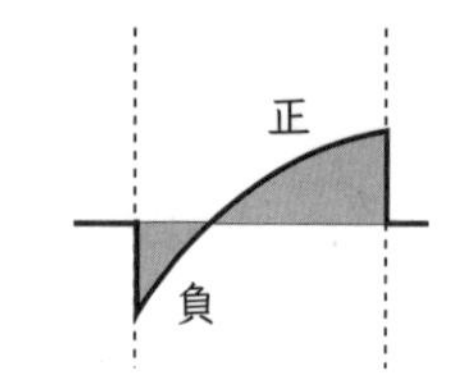

逆變器可以將直流電轉變成交流電。
該如何做到這件事呢？首先來說明逆變器的原理。

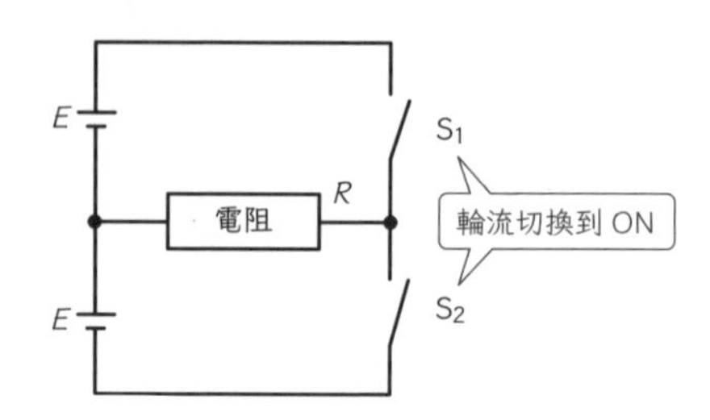

半橋式逆變器電路

半橋式逆變器

- 若要說明逆變器的原理，得先從半橋式逆變器開始說起。**半橋式逆變器**可以將直流電轉變成交流電。
- 如上圖所示，考慮由兩個直流電源與兩個開關構成的電路。兩個開關中，當S_1為ON時，S_2為OFF；當S_1為OFF時，S_2為ON。
- 也就是說，這兩個開關會輪流處於ON／OFF的階段（這種輪流輸出的方式，叫做**互補性輸出**）。

半橋式逆變器的電流

- 當半橋式逆變器的S_1為ON時，電阻R會產生由「右」到「左」的電流。
- 當半橋式逆變器的S_1為OFF、S_2為ON，電阻R會產生由「左」到「右」的電流。

半橋式逆變器（half bridge inverter）…參考正文。

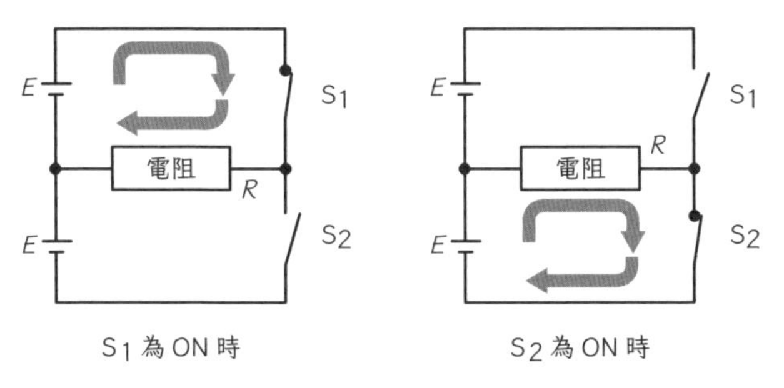

半橋式逆變器電路的運作

- 半橋式逆變器運作時，S_1為ON時，電阻的電流方向，與S_2為ON時相反。
- 因此，當S_1與S_2輪流為ON，並反覆切換，電阻R的電流就會反覆反轉極性。
- 也就是說，電阻的電流會是交流電。

半橋式逆變器的電壓與電流

- 半橋式逆變器運作時，電阻兩端的電壓會隨著開關的反覆切換，而在$+E$與$-E$間變來變去。
- 電阻兩端的電壓與電流波形如下圖所示。這種波形叫做方波。雖然不是正弦波，不過**方波**也是一種交流電。
- 此時，通過電阻的電流大小，由電阻R、電壓E，以及歐姆定律$\left(I=\frac{E}{R}\right)$決定。
- 不過，如果要用半橋式逆變器來產生交流電，S_1為ON的時間需與S_2為ON的時間相等，且必須保持定值。

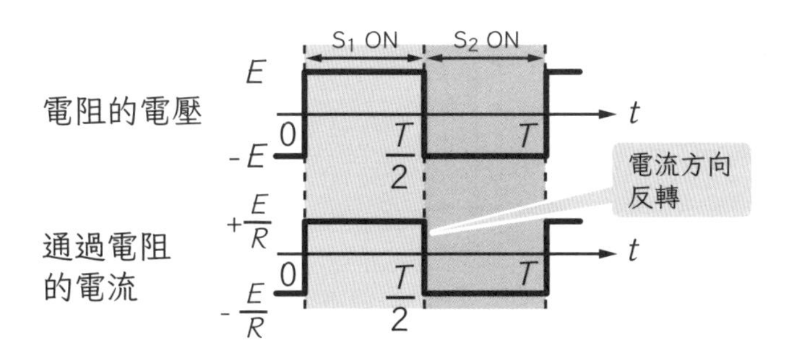

半橋式逆變器電路運作時的波形

■也就是說，ON／OFF各一次的時間（週期）為交流電的週期。調整這個週期，就可以得到特定頻率的交流電。

■半橋式逆變器很適合用來理解逆變器的原理，不過應用在實際電路上時，仍須注意以下幾點。

首先，需要兩個直流電源。兩個電源就意味著，輸入電壓必須為輸出電壓的2倍。換句話說，輸入的直流電源電壓為2倍的$2E$，輸出的交流電壓振幅卻只有E。

也就是說，交流電壓會是電源電壓的一半。而且兩個直流電源E需輪流使用，相當於只有利用到一半的時間，可以說是相當浪費時間的做法。

■總之，不管從電壓的角度來看，還是從時間的角度來看，半橋式逆變器的電源利用效率都相當差。

全橋式逆變器

■**全橋式逆變器**的動作與半橋式逆變器相同，不過只需要一個直流電源E，就能完成逆變工作。

■全橋式逆變器並非快速切換開關的ON／OFF，而是切換電源正負極的方向。

■因此，開關S_1與S_2必須同時動作。這種電路在電阻兩端產生的電壓與電流一樣是方波。

全橋式逆變器可以將一個直流電壓E，轉變成振幅為E的交流電壓，可完全使用輸入電壓而不浪費。而且，因為會一直用到電源E，沒有休息的時間，所以也不會有時間上的浪費。因此，一般會使用全橋式逆變器。

■全橋式逆變器電路中，必須以開關反覆切換電路中的電流途徑。不過，半導體開關只能切換ON／OFF（通路或斷路），故用半導體製作全橋式逆變器時，需另費一番工夫。

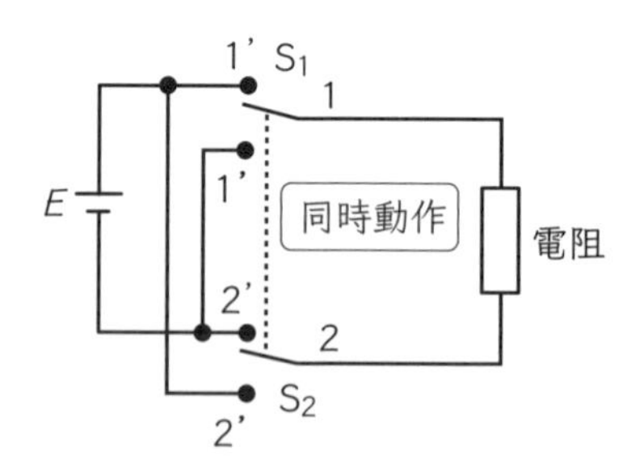

全橋式逆變器的電路

全橋式逆變器（full-bridge inverter）…參考正文。

H橋電路

■欲實現半導體開關，需使用下圖般的電路。

■切換開關時，需讓開關兩個兩個一組連動，輪流接通一組開關。這種電路形式叫做**H橋電路**。

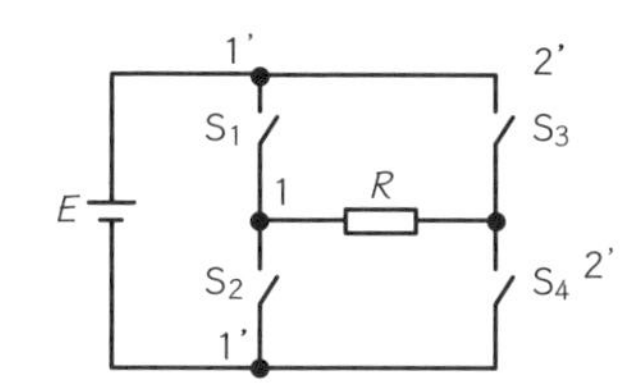

H 橋電路

H橋電路的機制

■H橋電路可以依下圖切換正負極。電源的正極與開關S_1、S_3連接，電源的負極與開關S_2、S_4連接。

■也就是說，共使用四個開關。當S_1與S_4為ON時，S_2與S_3為OFF；當S_2與S_3為ON時，S_1與S_4為OFF。

■這麼一來，就可以實現與全橋式逆變器動作完全相同的電路了。

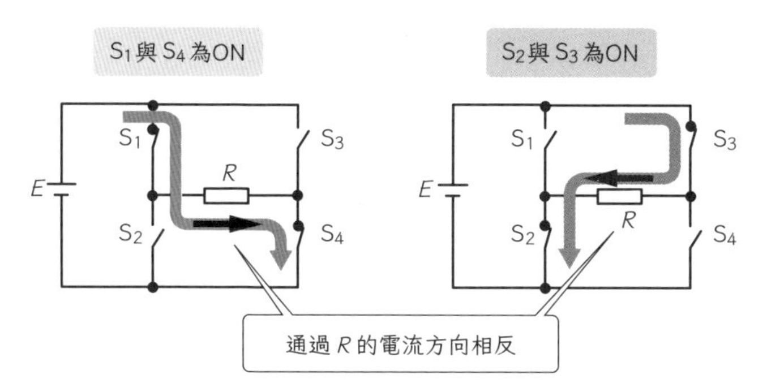

H 橋電路的動作

H橋電路（H bridge circuit）…因為電路圖的形狀而得到這個名字。

逆變器的實際運作

■前面關於逆變器的說明中，輸出都是電阻。接下來要討論的是，把電阻換成RL串聯電路時的情況。

■如同我們在H橋電路中的說明一樣，這個電路的S_1與S_4為為一組、S_2與S_3為一組，輪流切換成ON與OFF。

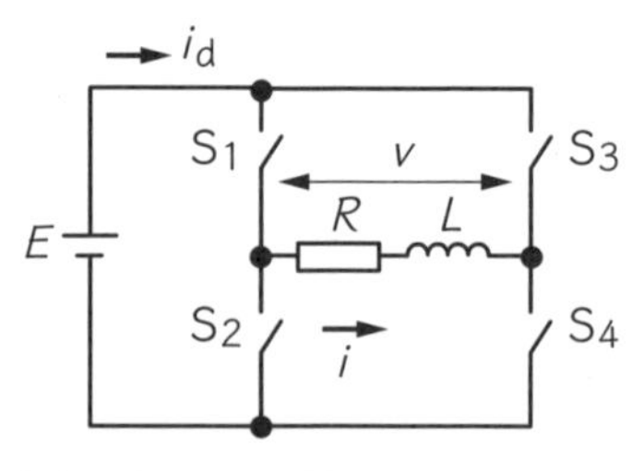

接上 RL 串聯電路的全橋式逆變器

RL串聯電路兩端的電壓與電流

■RL串聯電路兩端的電壓波形，與之前介紹的「負載中只有電阻」的電路相同，都是方波。

■不過，通過RL串聯電路的電流i會受到負載中的電感L的影響，電壓不會是方波。也就是說，因為有電感，所以就算外加一個階梯狀的電壓，電流與電壓也不會呈階梯狀。

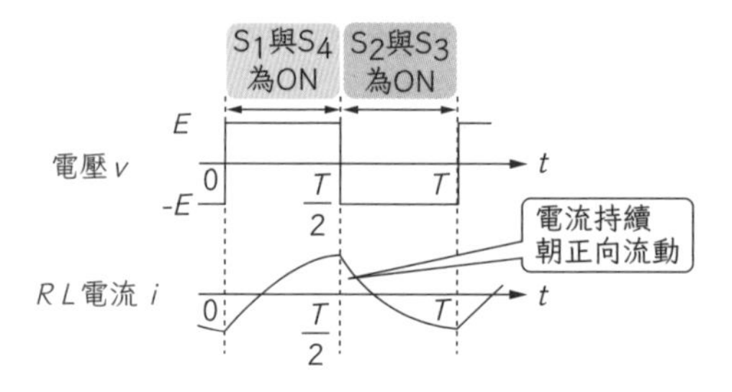

RL 負載的電壓與電流的波形

■因為電感會將部分能量儲存起來，所以電流會緩慢增加。另一方面，當開關切換時，電壓正負極交換，但因為電感累積的能量會產生電動勢，所以在一段期間內，電感會釋放出能量，使電流保持在相同的方向。

■電流波形的變化速度比電壓波形還要慢，所以電流的相位會比電壓延遲一些。

■此時，比較電源提供的電流i_d，以及通過RL負載的電流。電流在0～t' 時為負，t'～T＝2時為正。電源的電流i_d為負，表示「電流從負載流向電源」。也就是說，這段期間內，負載的電感L釋出能量，提供電流給電源。

■在這段期間內，通過開關的電流如下圖所示。各開關的電流可能為負，此時開關的電流由下往上流動。也就是說，開關的電流可能正向也可能負向。

■這種ON／OFF的開關模式電源，會讓電流時常改變流向。在實際的逆變器中，很常出現這樣的電路。

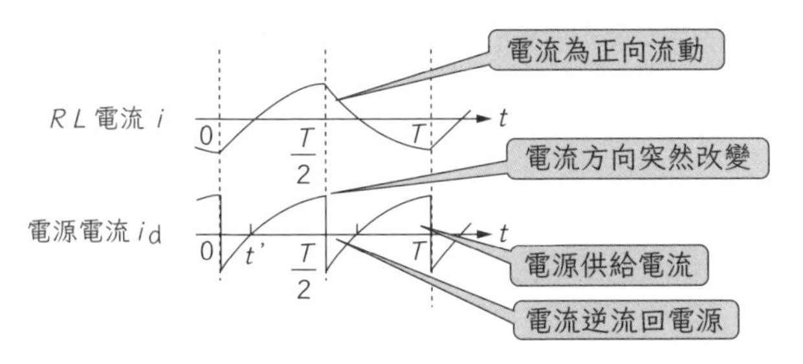

電流的波形

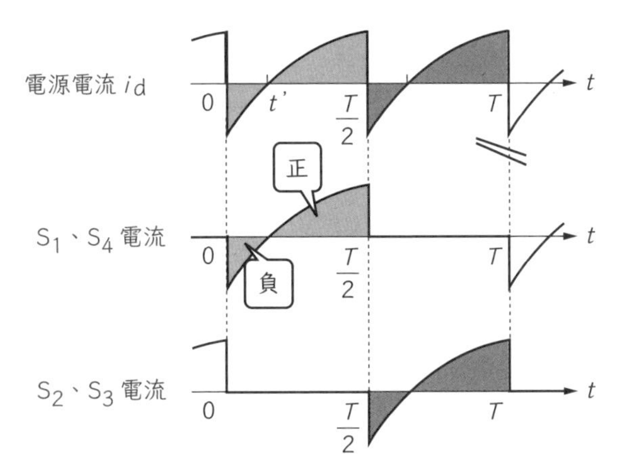

流過開關的電流波形

Switch On!

第 4 章　功率元件的運作機制

4-1 理想開關與半導體開關

～理想與現實的差異～

〔理想開關〕

①開關為OFF時，電路中的電流為0。
②開關為ON時，開關兩端的電壓為0。
③開關在ON與OFF之間的切換，可在瞬間完成。
④快速且長時間切換ON與OFF時，不會損壞開關。

什麼是理想開關

- **理想開關**在ON的時候電阻為0，OFF的時候電阻為無限大。而且從ON切換成OFF，或者從OFF切換成ON時，花費的時間為0，是理想情況下的開關。
- 另一方面，現實中的機械式開關是透過接觸點的開閉來切換，幾乎可以滿足①②的性質，但因為需要動作時間，以及有一定壽命，所以無法滿足③④。
- 半導體開關可以滿足③④，是實際存在的開關中，最接近理想開關者。

理想開關（ideal switch）…參考正文。
導通狀態電壓（on-state voltage）…開關ON時，開關兩端的電壓。功率元件中，有時會用ON電阻表示。

半導體開關需要哪些條件

現在的半導體開關需滿足以下條件。

①ON時的電壓 v_{on}

ON／OFF的電壓比，也就是 v_{on}/E_s 越小越好。

②OFF時的電流 i_{off}

ON／OFF的電流比，也就是 i_{off}/I_s 越小越好。

③短暫的切換時間 t_{on}、t_{off}

相對於切換週期 T，t_{on}/T、t_{off}/T 越小越好。

④較小的ON／OFF訊號

ON／OFF訊號的電壓、電流越小越好。

⑤半永久的壽命、小而輕、便宜

實際的半導體開關

- 不過，實際的**半導體開關**中，導通狀態電壓 v_{on} 與動作時間 t_{on}、 t_{off} 都不是0，所以不是理想開關。
- 另一方面，OFF狀態下雖然也有電流，不過這種漏電流 i_{off} 一般來說都非常小，通常可無視。

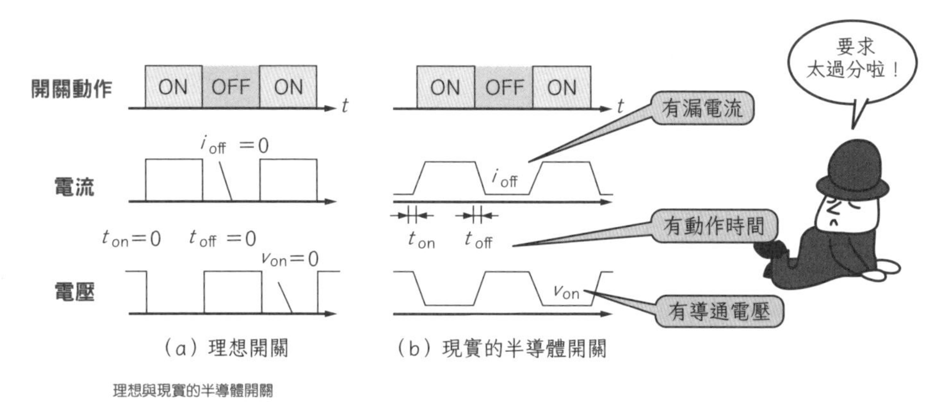

理想與現實的半導體開關

半導體開關（semiconductor switch）…參考正文。

漏電流（leakage current）…開關OFF時，通過開關的些微電流。在雙極性電晶體或IGBT中，也叫做**集極截止電流**。

功率元件是什麼

～以小控制大～

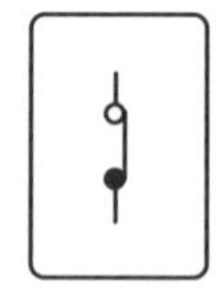

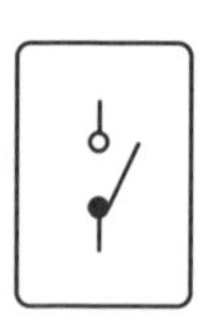

用低電力的控制訊號，控制高電壓、大電流的半導體，叫做功率元件。
依照控制的項目，可以將功率元件分成三大類，分別是以電壓極性（正、負）控制開關的功率元件、以電流作為控制訊號的功率元件，以及以電壓作為控制訊號的功率元件。

什麼是功率元件

- **功率元件**是控制電力用的半導體元件，也叫做**功率半導體元件**。如果額定電流在1A以上，就會被劃分為功率元件。
- 功率元件與一般半導體元件的基本動作原理相同。
- 一般的半導體元件（用於CPU、記憶體的LSI或IC）在低電力、低電壓的環境下動作，負責演算與記憶等功能。
- 相對的，功率元件指的是處理高電壓、大電流的半導體元件。
- 通常我們會透過低電力控制訊號的ON／OFF，控制高電壓、大電流電力的ON／OFF動作。

以訊號控制

- 功率元件會依照控制訊號的不同，執行ON／OFF的動作。

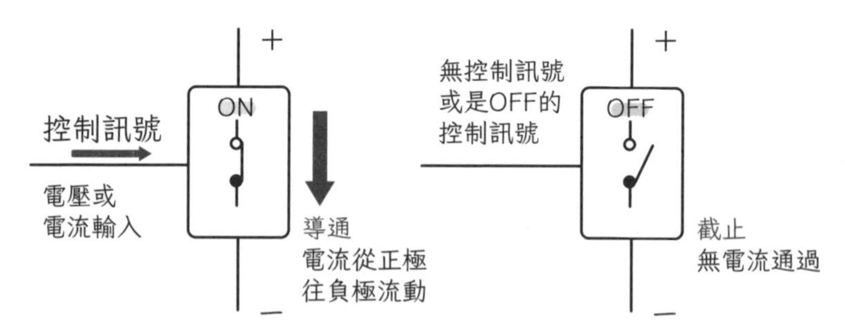

導通狀態與截止狀態

功率元件（power device）…參考正文。　　額定值（rating）…指定條件下的使用限度。
GTO（Gate Turn-Off thyristor）…閘流體原本只能控制ON（turn on），經改良後，可以由訊號控制OFF，GTO就屬於這種功率元件。

三種功率元件

■依照控制ON／OFF的方式，可以將功率元件分成三大類。分別是不由訊號控制，而是由施加在功率元件上的電壓極性（正、負）來控制ON／OFF的功率元件、由控制訊號為電壓的功率元件，以及控制訊號為電流的控制元件。

・**以極性控制開關**

依照自身電壓的極性控制開關的兩端子元件。

〔例〕二極體

・**控制訊號為電流**

以電流控制開關的元件。

〔例〕閘流體、GTO、雙極性電晶體

・**控制訊號為電壓**

以電壓控制開關的元件。

〔例〕功率MOSFET、IGBT

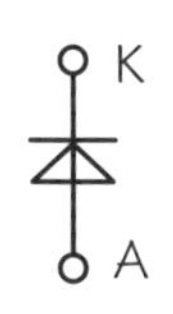

二極體
以極性控制開關

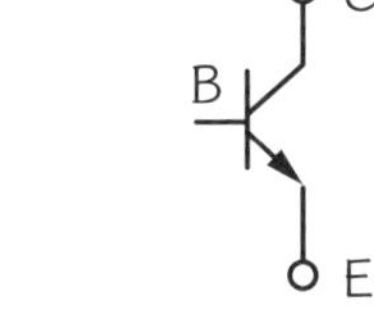

雙極性電晶體
以電流控制開關

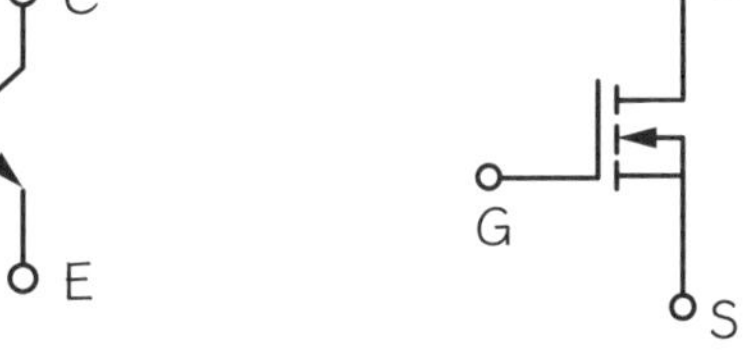

……等

功率元件的例子

閘流體（thyristor）…也叫做SCR（Silicon Controlled Rectifier，**矽控整流器**）。

雙極性電晶體（bipolar junction transistor）…講到「電晶體」時，通常就是指雙極性電晶體，也叫做**功率電晶體**。

4-3 二極體與閘流體
～使電流單向通行的方法～

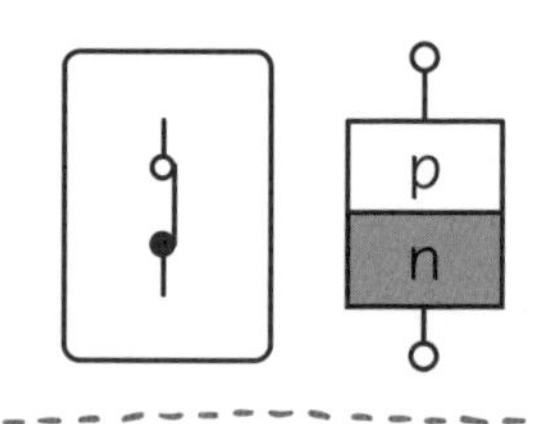

二極體會「擋下」與預設之電流方向相反的電流。
這種防止逆流的機制，可以控制、保護各種機器。
閘流體、GTO為追加了控制端子（閘極）的二極體。閘流體僅可控制ON（使電流導通），GTO則可控制ON及OFF。

二極體的運作機制

- **二極體**是由性質相異的p型半導體與n型半導體結合成雙層結構的元件。電流可以從p流向n，卻無法反向流動。
- 所以，二極體的端子僅有**陽極**（p側）與**陰極**（n側）兩個，沒有其他控制端子。由電壓施加在哪個端子，控制電流是否導通。
- 由當時的電路條件決定ON或OFF，無法由外部控制。

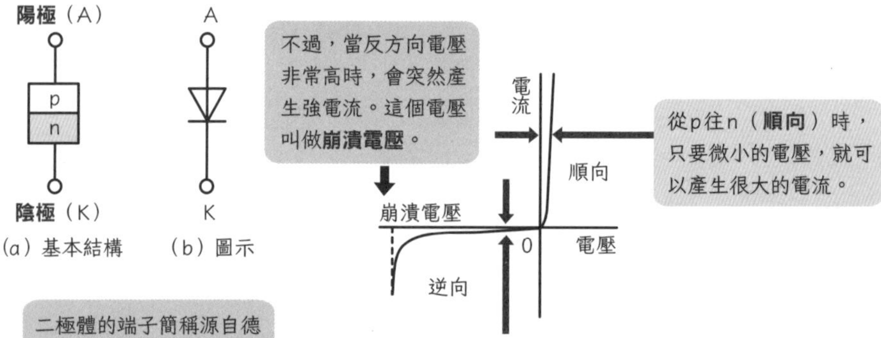

二極體

p型半導體（p-type semiconductor）…擁有帶正電荷之電洞的半導體，名稱源自「positive」。
n型半導體（n-type semiconductor）…擁有帶負電荷之電子的半導體，名稱源自「negative」。
GTO（Gate Turn Off）…參考正文。

閘流體、GTO的運作機制

- **閘流體**是二極體追加了控制端子後的功率元件，可以從外部控制其動作。GTO則是改良後的閘流體，也叫做GTO**閘流體**。
- 閘流體為p-n-p-n四層結構，中間的p層可連接控制端子的**閘極**（G）。
- 閘極有電流通過時，閘流體為ON，此時電流可從陽極（A）流向陰極（K）（也叫做turn on）。不過，如果這時將閘極電流歸零，閘流體也不會變回OFF。在陰極（K）的電壓變為正以前，閘流體都會一直保持ON的狀態。也就是說，閘流體這種功率元件可以從外部控制其轉為ON。要轉為OFF時，則與操作二極體時的情況相同。
- 相對的，GTO在閘極電流為**逆向**（負電流）時，就會OFF（也叫做turn off）。因此，GTO的ON或OFF都可以由外部控制。

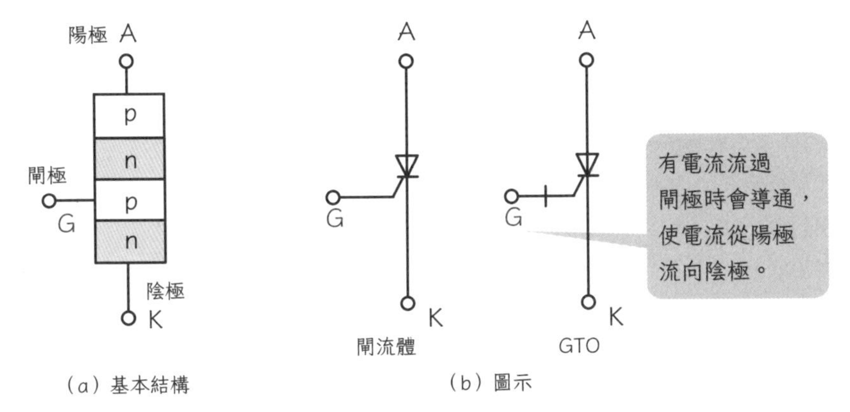

閘流體與 GTO

閘極（gate terminal）…輸入訊號的端子。

MOSFET（Metal-Oxide-Semiconductor Field-Effect Transistor）…**場效電晶體**的一種。除了MOS之外，FET還有接面場效電晶體（JFET）、金屬半導體場效電晶體（MESFET）等種類，不過這些場效電晶體不會用於功率元件。

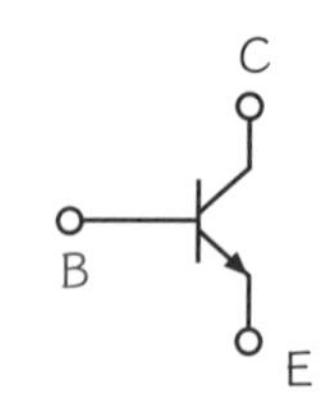

雙極性電晶體

～關鍵在三層結構與基極～

在電力電子領域中，提到電晶體時，指的通常是雙極性電晶體。這種電晶體也叫做功率電晶體。一般來説，電晶體為n-p-n或p-n-p等三層結構，有一個基極作為控制端子，由基極的電流控制電晶體。
在電力電子領域中，大部分情況下都是使用n-p-n電晶體。

電晶體

- **電晶體**為電流控制元件，可用電流訊號控制其ON／OFF狀態。
- 透過ON／OFF等控制訊號，可將電晶體做為高電壓、大電流的開關使用。
- 電晶體的控制端子叫做**基極**。也就是說，讓電流通過基極，便可導通電晶體，使電流從集極往射極流動。

可能為n-p-n或p-n-p等三層結構。除了集極與射極之外，還有控制用的基極。

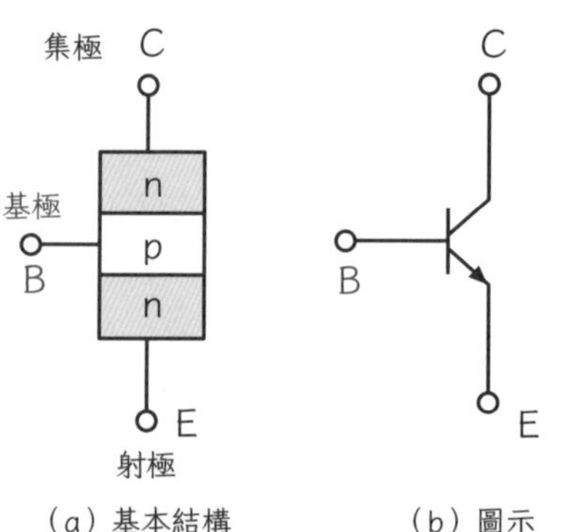

（a）基本結構　　（b）圖示

雙極性的由來：電子（負電）與電洞（正電）皆為載子（carrier），而電晶體同時擁有正電與負電載子，故稱其為雙極性。

電力電子領域中，多使用n-p-n電晶體。

雙極性電晶體

電洞（hole）…缺乏電子的地方。　　載子（carrier）…承載著電荷的粒子。
飽和區（saturation area）…基極電流夠大，故集極電流在集極—射極間電壓很低時，就已達到定值飽和。

雙極性電晶體的特性

- 可透過「集極－射極間電壓」與「集極電流」之間的關係，瞭解雙極性電晶體的特性。
  ON時：只要小小的導通電壓，集極就會有電流通過。
  OFF時：即使集極－射極間電壓很大，仍只有極少量的漏電流通過集極。
- 而在ON與OFF之間的區域，基極電流的大小會影響集極電流的大小。這個區域稱為**線性區**，集極電流可視為基極電流的增幅。

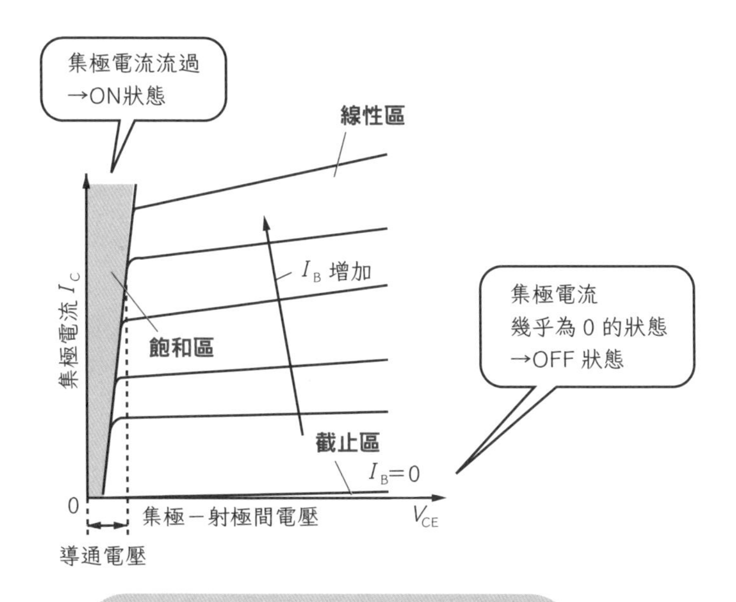

雙極性電晶體可用電流控制開關

基極電流夠大時為ON（**飽和區**）。
基極沒有電流時為OFF（**截止區**）。
使電晶體在這兩個區域間切換，
就可達到開關的操作（ON／OFF）。

飽和區、截止區、線性區

截止區（cut-off area）…基極電流為零，集極幾乎沒有電流通過。
基極（base）…最早發明的電晶體，是由兩條導線插在作為基極的半導體上，故名為基極。

功率MOSFET

～以電壓控制電路～

MOS
FET

MOSFET是以電壓控制的功率元件。
雖然MOSFET是電晶體的一種，但不知為何，MOSFET成了正式名稱。

- **MOSFET**是由電壓控制ON／OFF的電壓控制元件。其中，控制大電力的MOSFET又叫做**功率MOSFET**。
- 在MOSFET的閘極施加電壓，產生電場，此時鄰接閘極的部分會產生逆極性的電荷，並成為電子的**通道**。
- 功率MOSFET是靠電壓來切換ON／OFF。與靠電流切換ON／OFF的雙極性電晶體相比，MOSFET的切換速度快得多，不過源極—汲極間需要的電壓（導通電壓）卻比雙極性電晶體高。

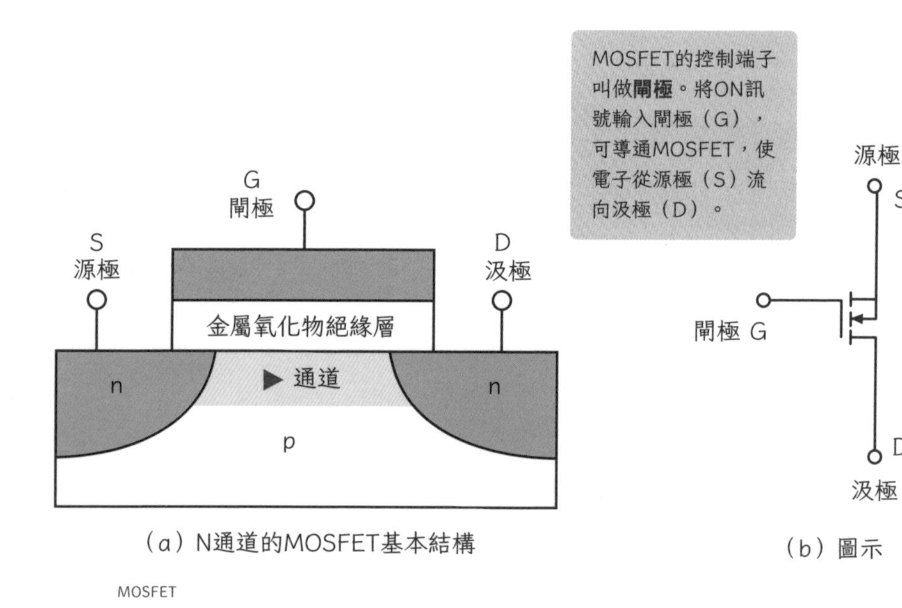

（a）N通道的MOSFET基本結構

（b）圖示

MOSFET

集極（collector）⋯在點接觸電晶體中，是收集電子的部分，故名為集極。
線性區（linear area）⋯基極電流大小與集極電流大小成正比，故可讓基極電流增幅，也叫做**主動區**（active area）。

半導體是什麼

事實上，半導體的定義相當寬鬆。

半導體指的是「電阻率在導體與絕緣體之間的物質」。一般來說，電阻率在 10^{-2}～10^{-4}Ω・cm之間的物質，都可以叫做半導體。代表性的半導體材料包括矽與鍺，兩者都是電阻率在這個區間內的物質。

而半導體的性質中最重要的是，隨著溫度上升，半導體的電阻會下降。一般金屬的電阻率會隨著溫度上升而上升，半導體則剛好相反。

	二極體	GTO	雙極性電晶體	MOSFET	IGBT
電路圖	A, K	A, G, K	C, B, E	S, G, D	C, G, E
端子	A（陽極） K（陰極）	A（陽極） G（閘極） K（陰極）	C（集極） B（基極） E（射極）	S（源極） G（閘極） D（汲極）	C（集極） G（閘極） E（射極）
ON／OFF	由電壓極性決定ON／OFF。	由閘極電流控制ON／OFF。	由基極電流控制ON／OFF。	由閘極電壓控制ON／OFF。	由閘極電壓控制ON／OFF。
特徵	・電流為單向通行 ・無法由外部控制電流方向	・用於大容量電路	・20世紀的主流功率元件	・由電壓驅動 ・消耗電力小 ・開關切換時間短	・結合了雙極性電晶體的優點與MOSFET優點的複合元件

功率元件的種類

射極（emitter）…點接觸電晶體中，釋放出電子的部分。

通道（channel）…FET中汲極－源極間的電流通道。可分為n型通道與p型通道兩種。

4-6

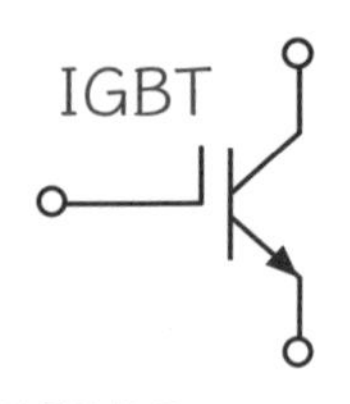

IGBT
～最常看到的功率元件的運作機制～

IGBT也是電壓控制元件，是MOSFET再追加一層半導體後的結構。

- IGBT也是由電壓控制ON／OFF的電壓控制元件，是在n通道MOSFET的汲極再追加n層的結構。
- IGBT同時具備了MOSFET與雙極性電晶體的優點，動作比雙極性電晶體快，且導通電壓相當低，與雙極性電晶體相仿。

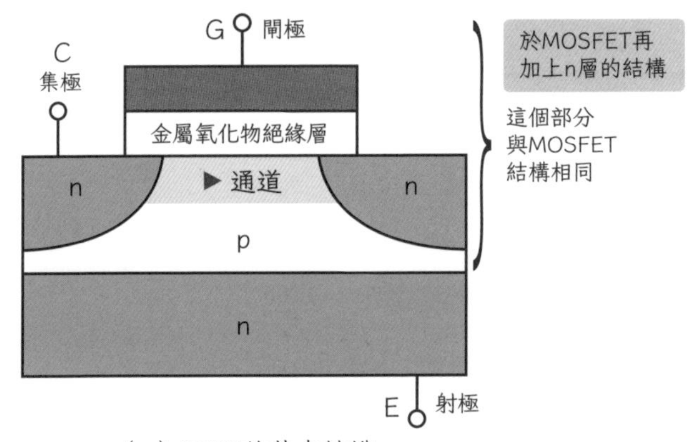

（a）IGBT的基本結構

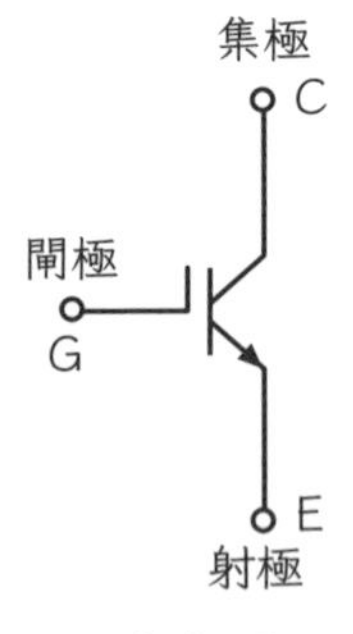

（b）圖示

IGBT

汲極（drain）…英語為「排水溝」的意思。據說是半導體開發者的Schokley開始使用。
源極（source）…英語為「水源」的意思，與汲極對應。水源與排水溝間有閘門（水門），故以此命名。

IGBT的運作與等價電路

- IGBT可視為p-n-p型雙極性電晶體的基極端子接上MOSFET的電路，也就是IGBT的**等價電路**。
- 因此，在IGBT的閘極—射極間施加電壓時，相當於在MOSFET的閘極施加電壓，可導通MOSFET。
- 於是，電流會從IGBT的p-n-p電晶體的基極，流向MOSFET的源極S，導通p-n-p電晶體。
- 如此一來，電流便可從集極流向射極。

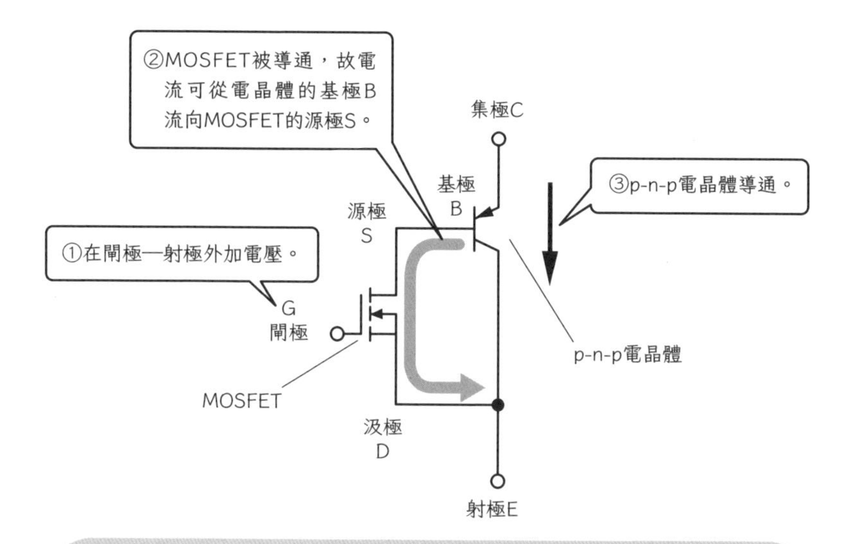

IGBT的特性介於雙極性電晶體與MOSFET之間。
IGBT的導通電壓略高於雙極性電晶體，開關切換時間略慢於MOSFET。
這樣的特性很適合多種用途，故IGBT已廣泛用於許多電力電子電路的開關元件。

IGBT 的等價電路

IGBT（Insulated Gate Bipolar Transistor）…**絕緣閘雙極電晶體**的簡稱。

等價電路（equivalent circuit）…若兩個電路的特性、對動作產生的反應相同，則稱兩種電路**等價**，兩者互為等價電路。

4-7

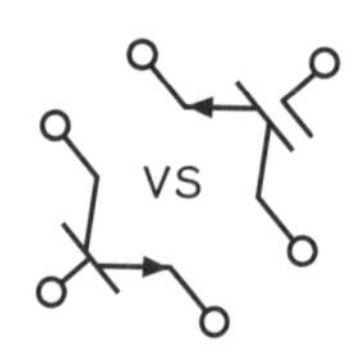

不同功率元件的用途

～分別用於控制電壓、電流、動作速度～

各種功率元件的輸出、動作速度

■不同的功率元件，輸出（電壓 × 電流）、動作速度（開關頻率）各不相同，所以用途也各不相同。

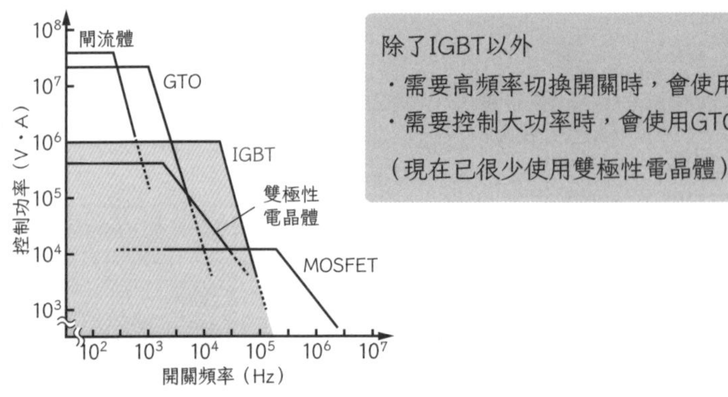

各種功率元件的用途（底色部分為可使用 IGBT 的範圍）

除了IGBT以外

・需要高頻率切換開關時，會使用MOSFET

・需要控制大功率時，會使用GTO、閘流體

（現在已很少使用雙極性電晶體）

實際例子

■實際的應用如下圖所示

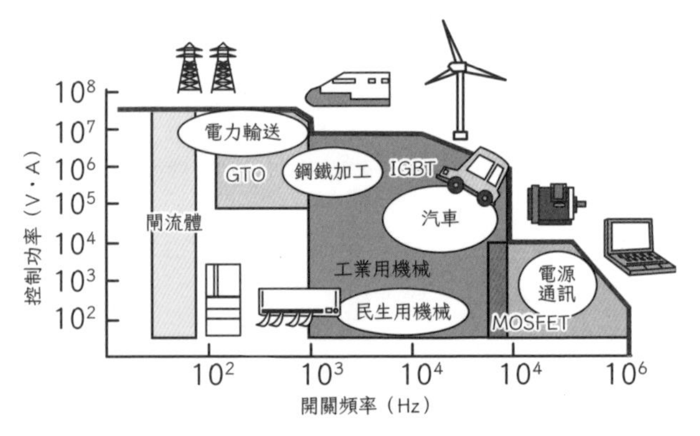

負載容量、動作頻率不同時，會使用不同的功率半導體的範例

p-n接面（p-n junction）…p型半導體與n型半導體的接觸面。接觸後，接觸面附近的電洞與電子會彼此結合消失，使接觸面附近成為空乏區，就像絕緣體一樣。

功率模組

- 由半導體晶片構成的功率元件，會封裝在一個外殼內。
- 將半導體晶片封裝在絕緣外殼內，可得到**功率模組**。
- 功率模組的一個外殼內通常裝有多個半導體晶片。

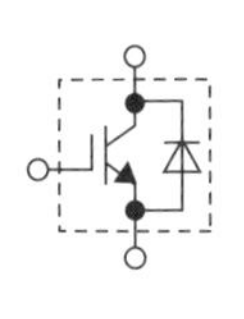

(a) IGBT 模組

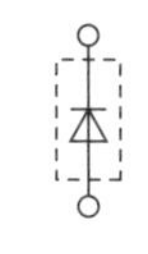

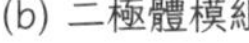

(b) 二極體模組

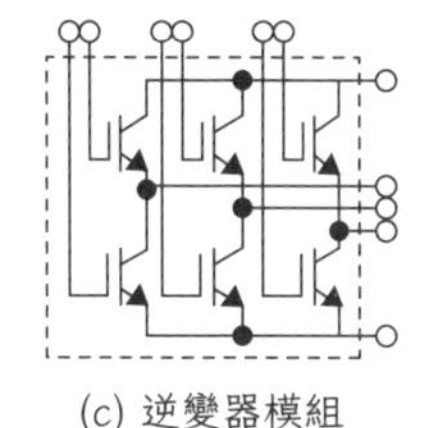

(c) 逆變器模組

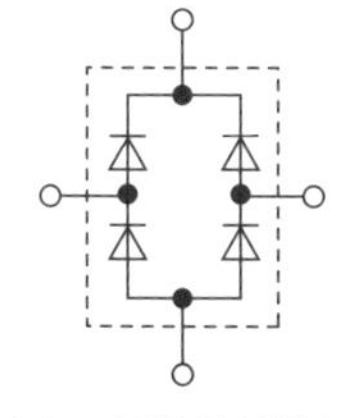

(d) 二極體電橋模組

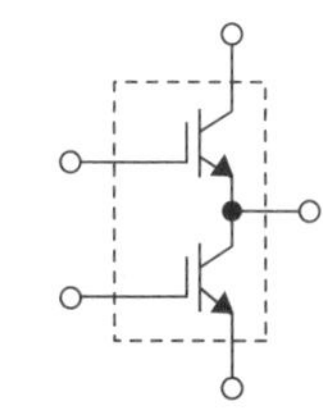

(e) 臂模組

各種功率模組

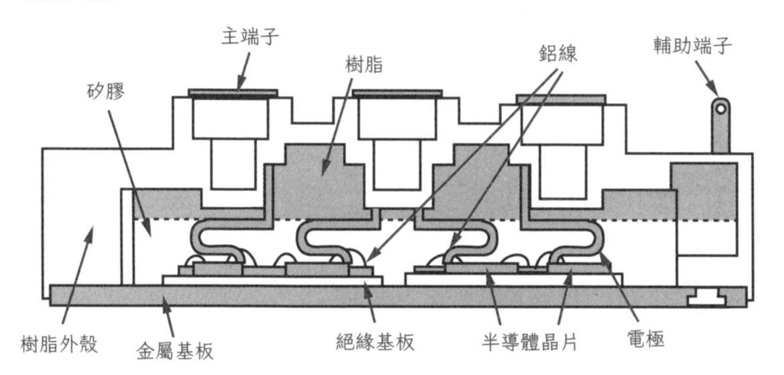

半導體晶片與金屬基板之間有絕緣基板隔開。
配線由模組上方的端子接到半導體。
模組內有封入樹脂（為了絕緣、散熱）。

功率元件的結構

功率元件（power module）…參考正文。

半導體晶片（semiconductor chip）…在晶圓這個大型基板上製造的半導體。最後將晶圓切成許多小塊，就可得到晶片。

4-8

功率元件的冷卻

～若不冷卻就無法繼續使用～

功率元件在ON／OFF間切換時，會損失能量，產生熱。而熱會讓半導體的p-n接面失去功能。
為了維持p-n接面的功能，不讓半導體的溫度超過上限，冷卻為必要工作。

上限溫度

- 半導體正常運作的上限溫度因半導體材質而異，矽製半導體的上限溫度約為175℃。
- 考慮到壽命，各種元件的實際上限溫度各有不同的設定，一般來說約為125～150℃。

發熱的原因

- 因為功率元件不是理想開關，所以會發熱。
- ON期間中的**損耗功率**可由以下公式求出。
  （導通電壓）×（導通期間通過的電流）＝（導通損耗）
- 另外，切換開關時需要動作時間，這段期間內的（電壓）×（電流）＝（開關損耗）也屬於損耗功率。

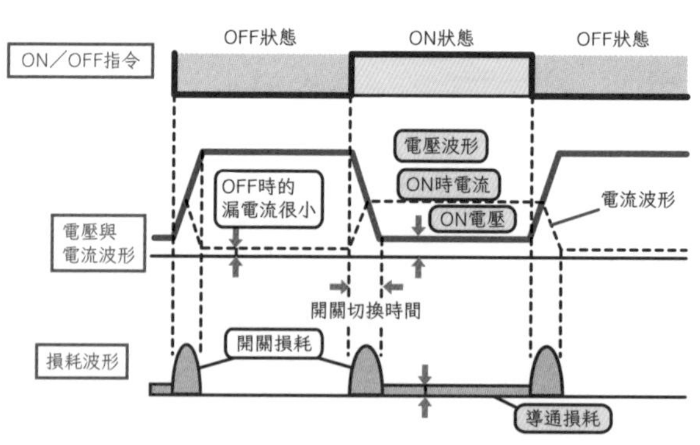

（損耗功率）＝（電壓）×（電流）

導通損耗於導通（ON）期間內發生，由元件的導通電壓決定（與開關頻率無關）。

開關損耗於ON及OFF時皆會發生，與開關頻率（開關次數）成正比。

會產生多少熱

■假設有個輸出功率為1kW的電力電子機器，效率為90%，那麼損耗功率就是100W。也就是說，這個機器會持續產生100W的熱。假設以100W的功率持續輸出5分鐘，就會產生的熱能為：

$$100\times60\times5=30000\,(\mathrm{Ws})=30\,(\mathrm{kJ})$$

如果將這些熱能用來加熱20℃的水100g，可以由以下關係式求出水最後的溫度。

$$加熱熱能=\Delta T\,(溫度差)\times水的比熱\,(\approx4.2\ \mathrm{J/(g\cdot K)})\times水量\,(\mathrm{g})$$

■由這個式子的計算，可以得到 ΔT（溫度差）為71.4℃，在5分鐘內就可以將水加熱到90℃以上，接近沸點。

■如果不持續冷卻功率元件、不將產生的熱往外移動，功率元件的溫度就會一直上升。

功率元件的冷卻方式

■以傳導（熱的移動）去除產生的熱的過程叫做**冷卻**（**散熱**）。

■功率元件的冷卻方式包括熱傳導與熱對流。

■會用**散熱器**來冷卻功率元件。

■**熱傳導**（從功率元件移動到散熱器）為熱在固態物體之間的移動。

■**熱對流**（從散熱器往外部放熱）則是熱在其他物質（水、空氣）間的移動。

（例）氣冷：自然對流（煙囪效應）、強制對流（風扇）
　　　水冷：泵、水箱散熱器（水的再冷卻裝置）
　　　其他：油冷、沸騰冷卻等

散熱器（heat sink）…有放熱、冷卻功能的散熱板。
另外，為了增加表面積而設置的突起結構，稱為**散熱片**。
半導體（semiconductor）…請參考第103頁

Tick - Tock.

第5章　電力電子學的主角「逆變器」

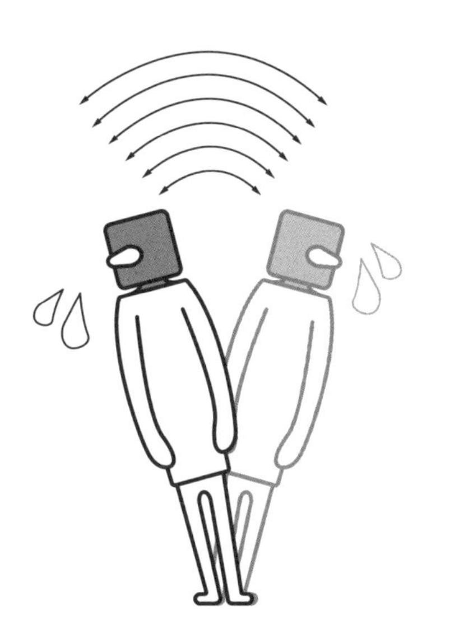

二極體與電容

～瞭解逆變器的電路～

我們在3-7節（第86頁）中説明了全橋式逆變器的原理。
這裡再次説明各開關（S_1～S_4）的電流與電源電流 i_d 的波形。
若要在實際電路中實現這樣的動作，會碰到以下幾個問題。

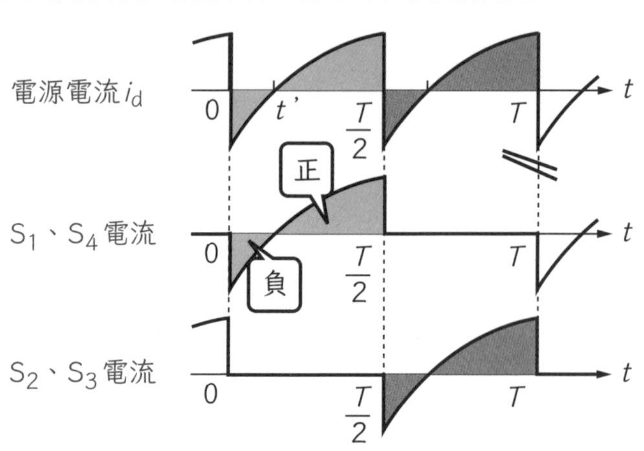

理想波形

現實逆變器的必要條件

- 若要用現實電路實現全橋式逆變器，必須使用電流可雙向流通的開關。
- 這是因為，流經開關的電流需在開關的半週期 $\left(0\sim\frac{T}{2}\right)$ 期間內反轉極性（也就是反轉正極與負極）。
- 另外，還需要可以瞬間改變電流方向的直流電源。
- 這是因為，每經過開關的半週期 $\left(\frac{T}{2}\right)$，電源的電流 i_d 就會逆流回電源一次。

直流電源（DC power supply）…供應直流電的電源。一般電池也屬於直流電源。
外加電壓（applied voltage）…外界施加的電壓。

如何用半導體實現雙向開關？

- 全橋式電路中，若要使開關電流往負極方向（右圖中由下往上）流動，就必須讓電感累積的能量產生電動勢。
- 而要產生逆向電流，需使用二極體。二極體會因為外加電壓極性的不同，而切換成ON／OFF。
- 就這樣，只要將二極體以反並聯方式（電流方向與IGBT電流方向相反）連接，就可以產生與開關ON／OFF無關的逆向電流。

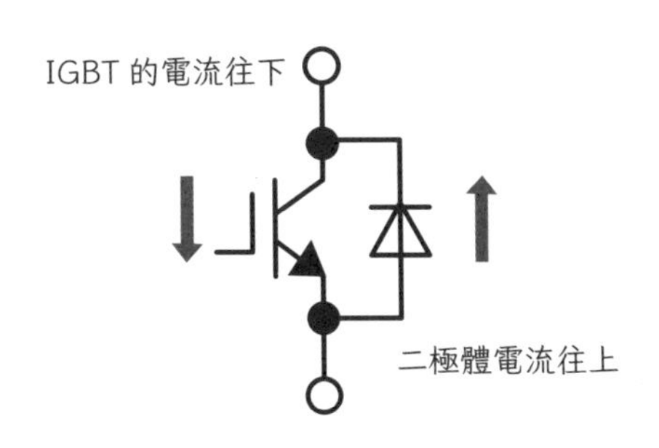

使用二極體

如何在瞬間切換電源電流？

- 一般的直流電源可以供應電力，卻沒有吸收電力的功能。
- 由於一般直流電源無法瞬間釋放、吸收電流，所以無法直接供應逆變器電路。
- 電容可依照當時的正負極電壓，瞬間切換充放電。
- 也就是說，逆流回電源的電流會被電容吸收。直流電源與電容組合後，就可以隨著切換而放出、吸收電流。

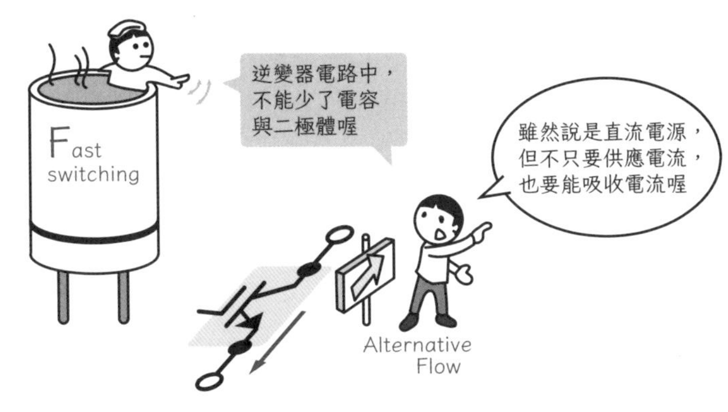

電容與逆變器

反並聯連接（anti-parallel connection）…擁有極性的元件以相反的極性並聯連接。功率元件的電流只會朝著單一方向流動，故電流方向（**極性**）固定。

實際的逆變器電路

- 為了讓電源的電流能順利逆流，電源與逆變器電路間需並聯電容。
- 另外，為了讓電感累積的能量產生電流，需要在只能讓電流單向流動的半導體開關（IGBT等）上，反並聯連接二極體。

  這也叫做**反饋二極體**。

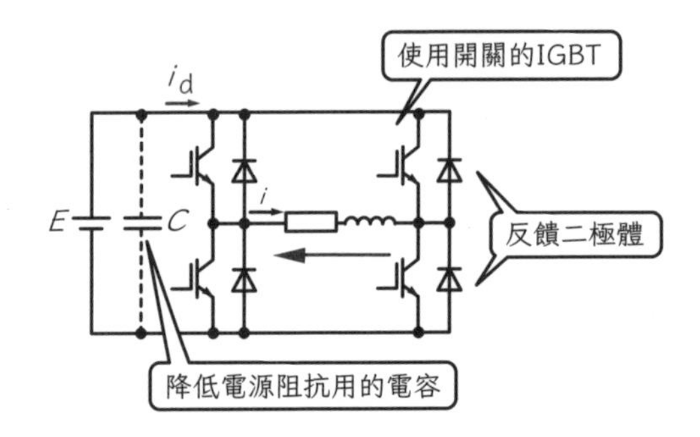

電容的阻抗為$Z=\frac{1}{j\omega C}$。頻率越高，電容的阻抗越小。也就是說，電容可以讓高頻率成分通過，攔下低頻率成分。或者也可以說電容對高頻率成分的阻抗較小。

另一方面，如果電流波形變化劇烈的話，表示電流含有較多高頻率成分。若要形成這樣的電流，就必須降低電源的高頻率阻抗。

只要將高頻率阻抗的小型電容與電源並聯，就可以降低電源的高頻率阻抗了。

逆變器電路

反饋二極體（feedback diode）…將逆變器的負載的電動勢產生的電流，送回電源（反饋）的二極體。截波器的**續流二極體**（flyback diode）也有類似的功能，可在OFF時繼續維持電流通路。

單相三線制交流電（註：此為日本情況）

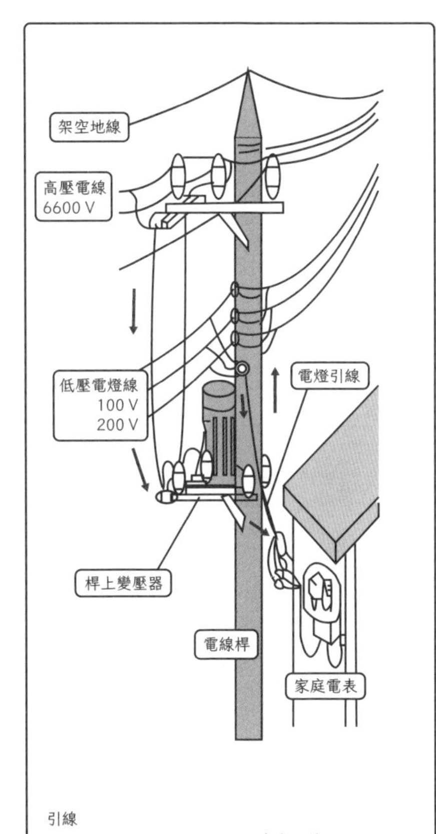

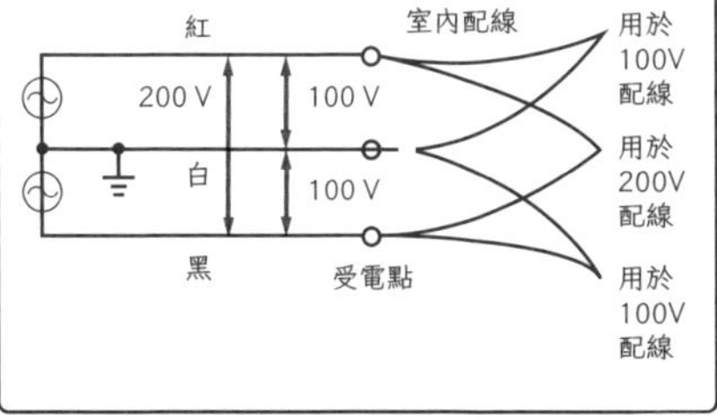

單相三線制交流電

日本一般家庭用的通常是100V交流電。因此，日本國內幾乎所有電器產品都是以100V為使用條件設計出來的。

另一方面，市場上也可看到IH爐或空調等使用200V的家電。購買這些家電後，只要進行簡單的安裝工程就可以使用。事實上，每個家庭都有提供200V的交流電。

基本上，一般電線桿都是以高壓電（6600V）的形式供應電力。各個家庭再透過三條引線接電進來使用。這種交流電叫做**單相三線制交流電**。在日本，這三條電線一般稱為**紅**線、**白**線、**黑**線。

中央的白線叫做**接地線**，與地面相接。這個白線與紅線或黑線組合後可得到100V的配線。而兩端的紅線與黑線組合後，則可得到200V的配線。

紅白組合與黑白組合可得到兩組100V。家用電器多使用100V，所以需要兩組配線。

這種單相三線制交流電會一直延伸到各家庭室內的配電箱。

5-2

三相逆變器

～星形或三角形～

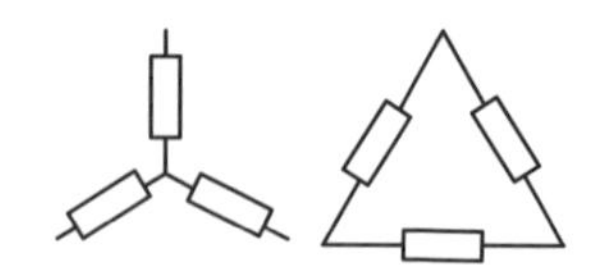

單相負載由兩條電線供應電力。三個負載連接成星形或三角形，再以三條電源線供應電力，就會形成所謂的三相負載。三條電源線的相位不同，為三相交流電。交流馬達幾乎都是三相馬達。

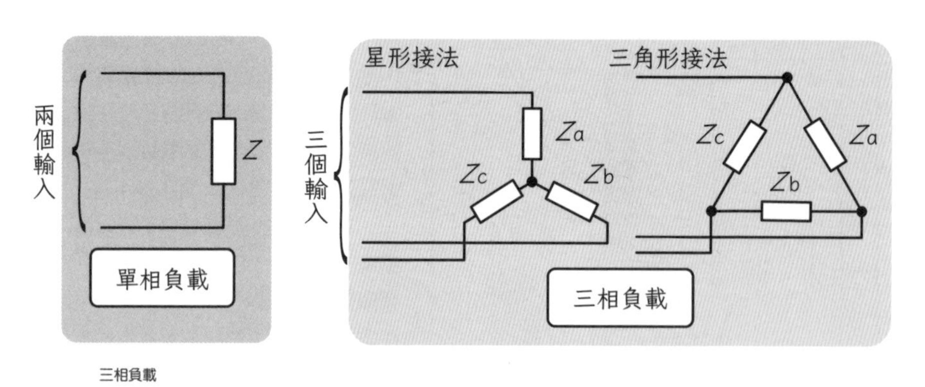

三相負載

- 電力電路中，常會用到電源、負載等字詞。**電源**指的是供應電力的電路，**負載**指的是消耗電力的電路。
- 習慣上會將電源畫在電路圖的左邊，負載畫在電路圖的右邊。前面提過的電阻與RL電路都屬於**負載**。除此之外，負載還有很多種，是一個總括性的用語。

單相交流與三相交流

- **三相交流**由三個相位分別相差120°的正弦波（電壓或電流），也就是三個**單相交流**系統組成。
- 通常由三條電源線構成。
- **三相交流電源**中，三個單相交流電源能以**星形**或**三角形**接在一起，三條電源線可供應電力給三相負載。
- 此時，我們會說三條電源線以三相交流的方式接通。
- 交流馬達多為三相馬達，必須使用三相逆變器。

單相交流（single-phase AC）…使用兩條電線傳送交流電的方法

三相交流（three-phase AC）…相位互相錯開的三個單相交流電系統組合而成的交流電。相對於單相交流，也叫做**多相交流**。另外還有六相交流。

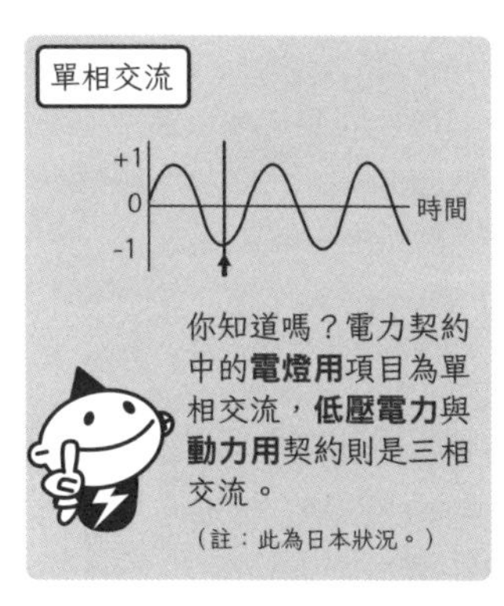

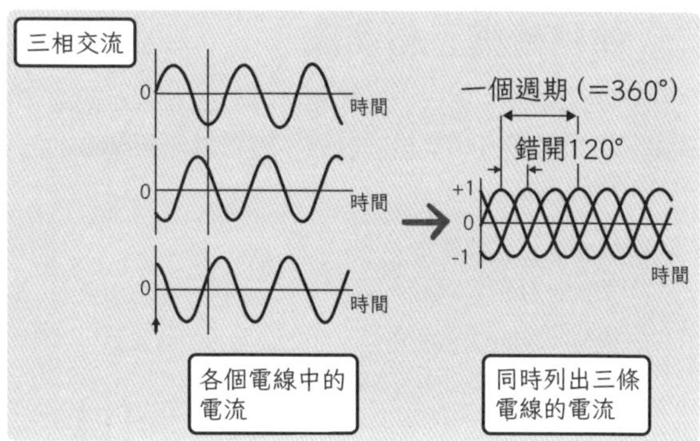

單相交流與三相交流

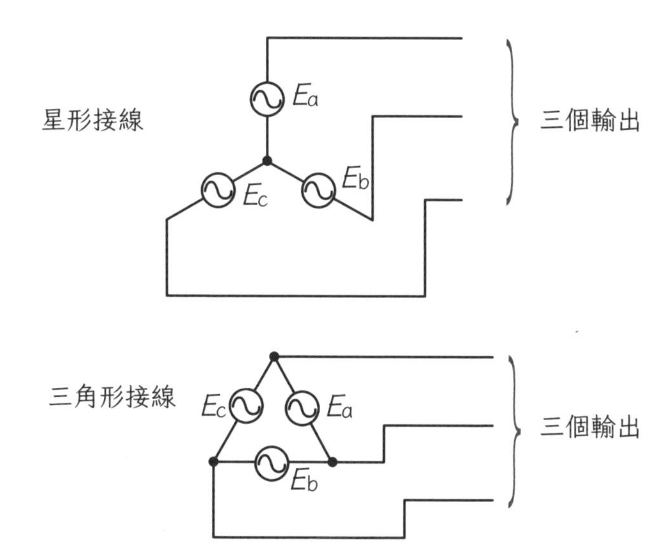

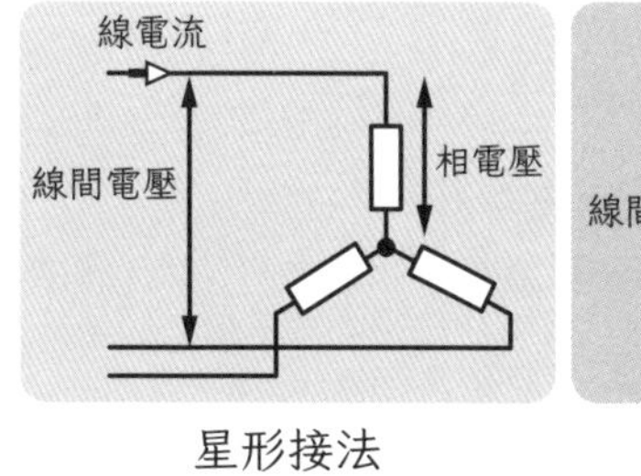

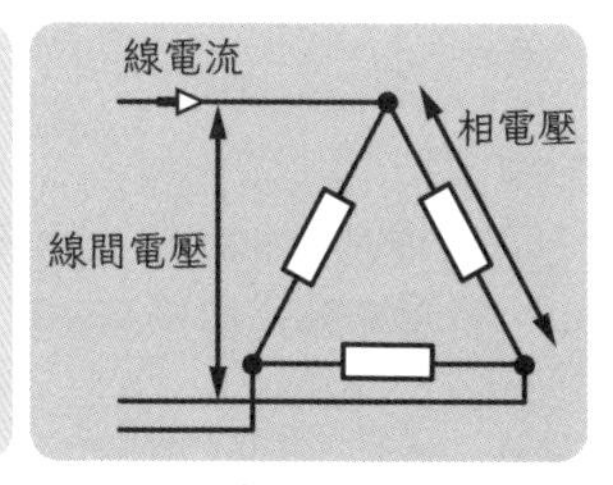

三相交流可分為**星形接法**與**三角形接法**。此時，各部分的電壓、電流名稱如圖。這些稱呼與電源、負載相同。
我們可以從三相交流電的三條電線中測出線間電壓與線電流。

星形接法與三角形接法

星形接法（star connection）…參考正文。**也叫做Y接法**。
三角形接法（delta connection）…參考正文，**也叫做Δ接法**。
線間電壓（line to line voltage）…參考正文。

如何建構三相交流

- 三相交流的輸出，可以用三組相位各自錯開120°的單相逆變器輸出來實現。
- 不過，如果善用三相交流的性質，就可以用更簡單的方式實現。

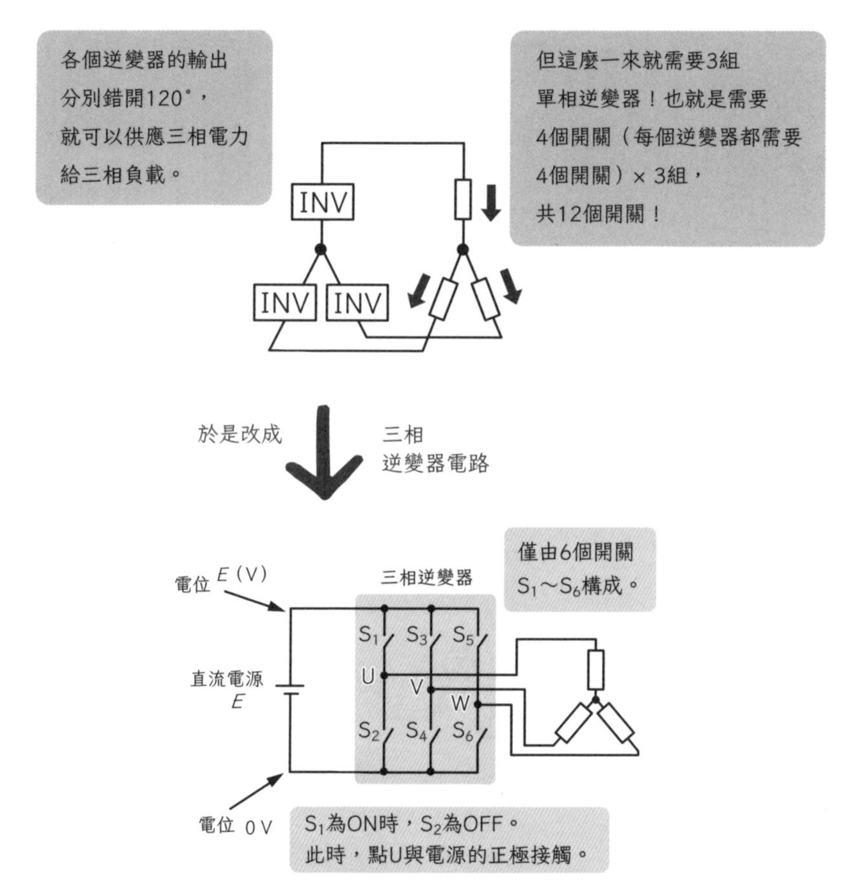

三相逆變器

- 以三相負載供應電力時，可以使用三相逆變器電路，如上圖所示。
- 三相逆變器電路中有6個開關，開關的動作與單相逆變器相同，S_1為ON時，S_2為OFF。
- 此時，上圖中點U的電位（與基準〔接地，0 V〕間的電壓）為E。
- 另外，S_3與S_4、S_5與S_6等同一組的開關也是以同樣方式動作。

三相逆變器的動作原理

■三相逆變器電路可依照下圖順序，將直流電與三相交流電。

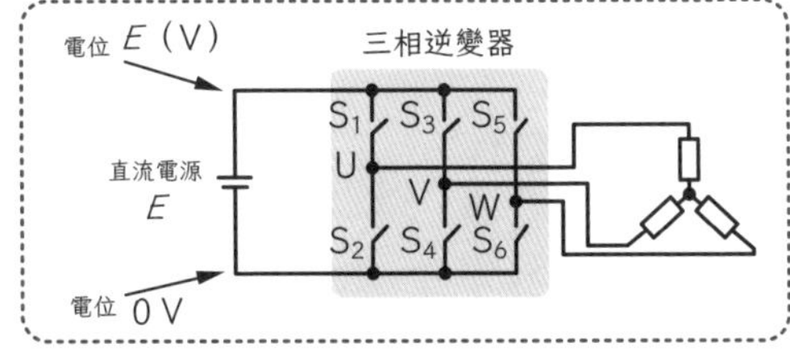

①
S_1～S_6的開關動作順序如右圖所示（分為S_1S_2、S_3S_4、S_5S_6等三組，每組的ON／OFF動作錯開120°）。

②
開關切換時，U、V、W等各點電位會隨著開關的動作而在0與E之間切換。

點U、V、W間的電位差就是三相交流輸出的線間電壓。譬如U-V間的線間電壓就是點U電位減去點V電位。

③
線間電壓如右圖所示，會在$+E$、0、$-E$之間切換。所以說，只要開關照著圖中方式動作，就可以讓線間電壓在正負間切換，使其成為交流電。

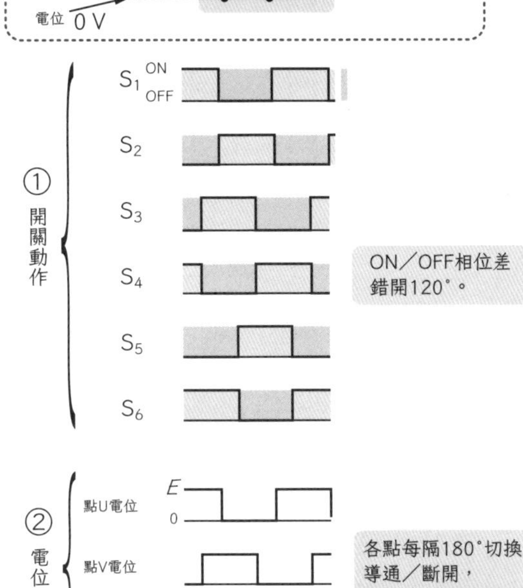

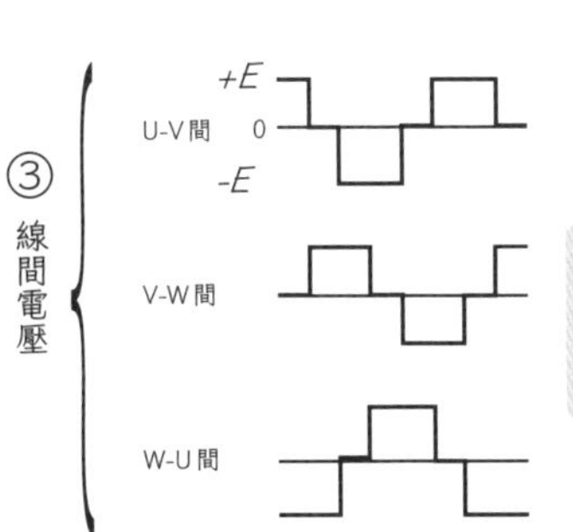

各線間電壓相位彼此錯開120°，輸出在$+E$、0、$-E$之間切換。

三相逆變器的動作原理

相電壓（phase voltage）…參考正文。

實際使用IGBT的三相逆變器電路

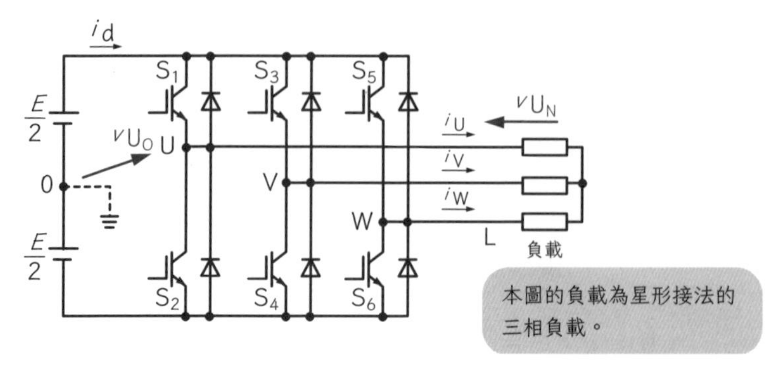

使用 IGBT 的三相逆變器

- 上圖中，與單相逆變器類似，開關的IGBT與二極體以反並聯連接。
- 通常，在三相逆變器的情況下，會將直流電源E視為中性點O與$\pm\frac{E}{2}$的電源。
- 而一般會設電源的中性點O為基準電位（雖然是基準，但通常沒有接地），或者說是輸出的基準電位。

逆變器電路的稱呼

- 逆變器電路中，各開關零件分別叫做逆變器的**臂**。上下臂可形成一組，稱為**腳**。多個腳則稱為一個**橋**。

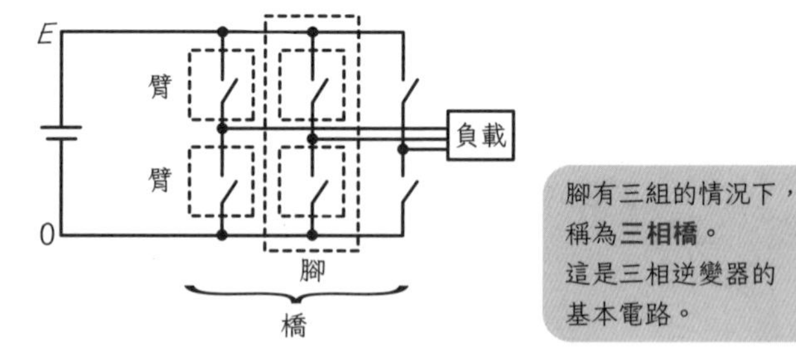

臂、腳、橋

臂（arm）…逆變器的開關。
腳（leg）…上下兩個開關合稱腳。
橋（bridge）…擁有正、負極的電路。若不是單純的串聯電路或並聯電路，就稱其為橋。

實際的三相逆變器的電壓與電流

- 右圖的輸入電流i_d，在每個模式中，會等於通過其中一組開關的電流。

- 六個開關（S_1～S_6）依序切換後，完成一個週期。
- 依照此模式動作的逆變器，稱為**六開關逆變器**。

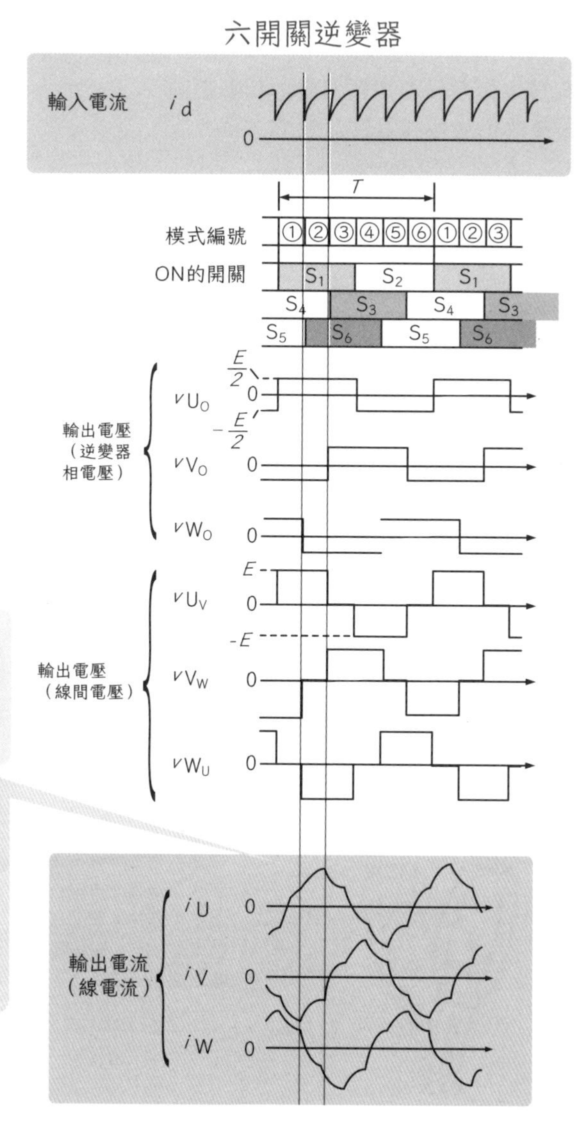

舉例來說，模式②的上臂可讓開關S_1轉變成ON，在這段期間內$i_d = i_U$，通過S_1的電流等於輸入電流。

六開關逆變器的輸入電流，會在一個週期內重複六次相同的波形。
也就是說，輸入逆變器電路的直流電流i_d含有漣波，且漣波的頻率為輸出之交流電流的6倍。

六開關逆變器

5-3

交流電的頻率與相位

～再次說明交流電的基礎～

東日本與西日本使用的電力頻率不同。
頻率指的是電流方向改變的次數。

交流電的頻率

- **交流電**的電流方向會一直改變（請參考1-7節，第30頁）。
- 交流電的方向在1秒內切換的次數，叫做**頻率**。

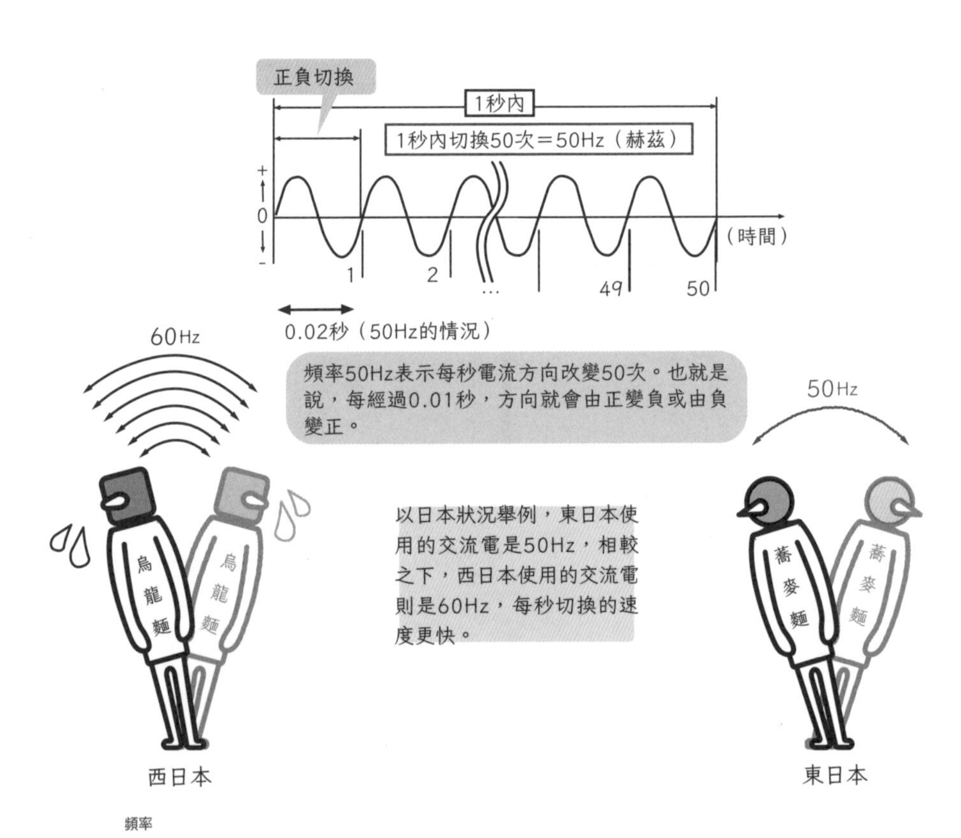

頻率

Hz（hertz）…1Hz表示1秒內振動1次。這個名稱源自德國的物理學家海因里希·赫茲（Hertz, H. R.，1857～1894）。

日本的不同區域會使用不同頻率的交流電

- 以發電機發出交流電時，發電機的轉速會影響交流電的頻率。因此，改變發電機的轉速，交流電的頻率也會跟著改變。
- 使用逆變器，就能穩定產生特定頻率的交流電。

50／60 Hz兩用

在明治時代，東京第一個進口的發電機是50Hz，大阪是60Hz。在這之後，使用電力的區域逐漸擴大，兩區域的交流電卻仍保持著最初的頻率。於是，就成了東日本與西日本分別為50Hz與60Hz的現況。一個國家內同時使用兩種頻率的電力，這種情況十分罕見。

所以，電器產品也會分成只能接50Hz電力、只能接60Hz電力，以及標示「50／60Hz」兩種都可以用的電器。因此，以前的日本人搬家時，常常需要更換電器零件，或者買新的產品。

不過，近年來幾乎所有電器在兩種頻率的電力下都可以使用。因為多數電器產品會透過電力電子元件，將交流電轉變成直流電，再驅動馬達，所以頻率不同不會造成問題。

另外，若電器裝有特定電力電子元件，那麼即使電壓不同也可以直接使用。以前因為國外的電壓與日本不同，所以需要變壓器。近年來的充電器或AC配接器都會用到電力電子元件，所以即使輸入電壓不同，也不會有任何問題。

不過，各國插座的形狀都不太一樣，所以還是要有轉接頭才行喔！

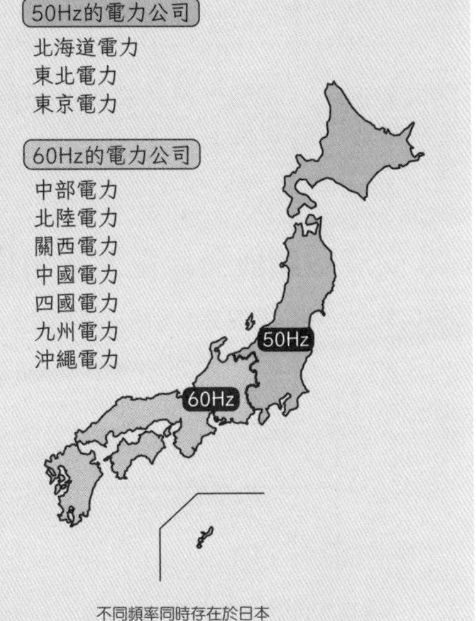

不同頻率同時存在於日本

交流電的相位

- **相位**指的是交流電壓或交流電流畫出來的圖形「在某個時間點時，相當於正弦圖形的哪個角度」。以相位表示時，即使是不同頻率的交流電，因為同樣是正弦波，故可立刻讓人明白該正弦波處於哪個階段。
- 另一方面，**相位關係**（**相位差**）則是頻率相同的兩個交流電間的關係。如果兩個交流電的頻率不同，就不存在相位關係。

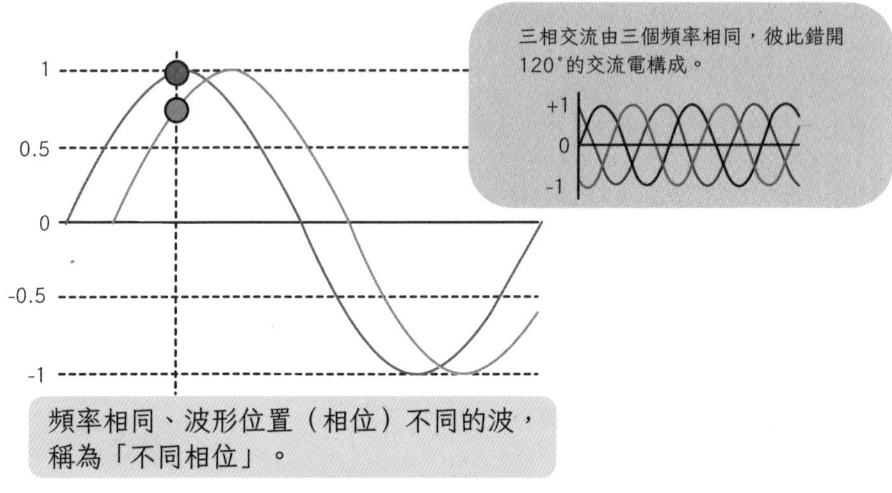

交流電的相位

交流電壓與交流電流的相位差

- 電壓與電流的相位差與交流電的功率有關，所以交流電必須考慮相位差。

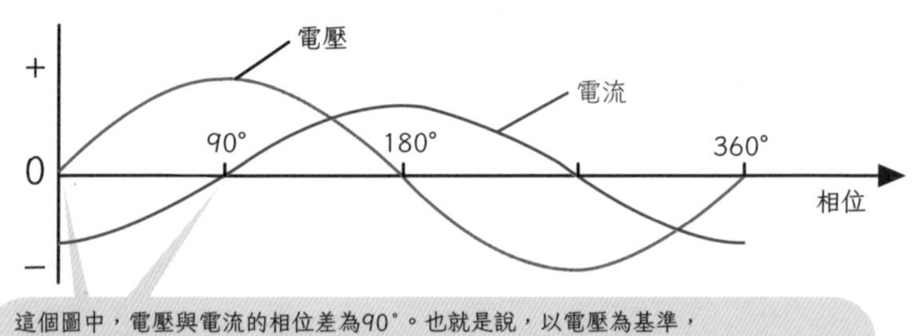

交流電壓、交流電流的相位差

相位（phase）⋯某時間點的電流或電壓，相當於正弦函數一個週期中的哪個角度，以度（°）或弧度（rad）表示。

相位差（phase difference）⋯參考正文。也稱為**相位延遲**（phase lag）或**相位超前**（phase lead）。

瞭解什麼是相位

相位這個詞，乍看之下會不會覺得不好理解呢？這裡就讓我們再補充一些說明吧。

假設兩部車以相同速度行駛。這裡我們可以把車速想成是交流電的頻率。

此時，以相同速度行駛的汽車，它們的相對關係就是相位。以下圖為例，車A與車B的速度相同，不過當兩車間有一段距離，它們的相對位置關係，就是**相位關係**。

如果車B在前方，那麼以車A為基準時，車B的相位就是「超前」。相對的，以車B為基準時，車A的相位就是「延遲」。這兩部速度相同的車之間的距離，就是**相位差**。

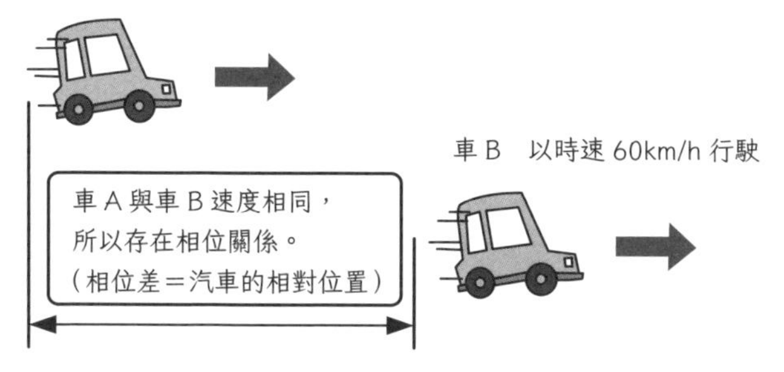

車 C 與車 A、B 的速度不同，故不存在相位關係！

「山中回聲」是聲波反射時的相位差所產生的效果。
雷達也是利用反射電波的相位與原電波的相位差發揮功能。

5-4

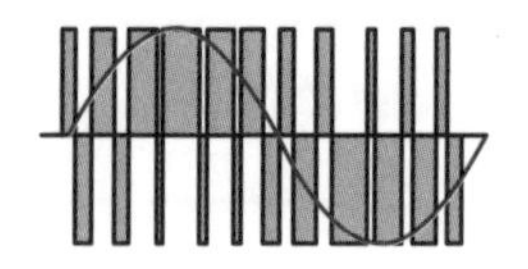

PWM控制
～把方形變成圓形～

在前一節的説明中我們提到，逆變器輸出的交流電壓波形為四方形的方波。另一方面，交流電則是正弦波。
將逆變器輸出的交流電用在馬達等零件上時，為了提升用電效率，必須輸出正弦波的交流電才行。有很多種方法可以讓輸出盡可能接近正弦波，其中最常用的就是PWM控制。

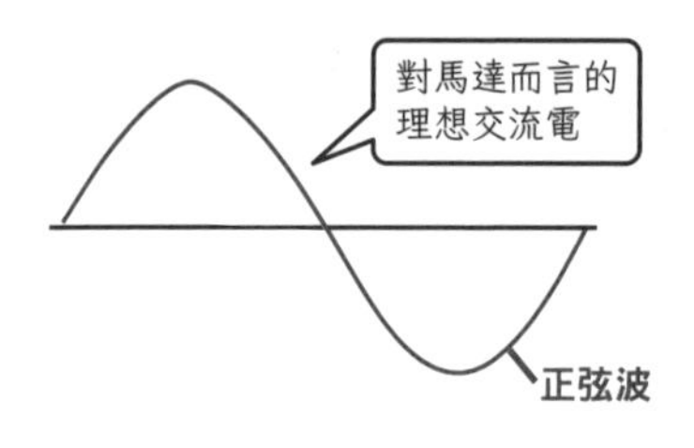

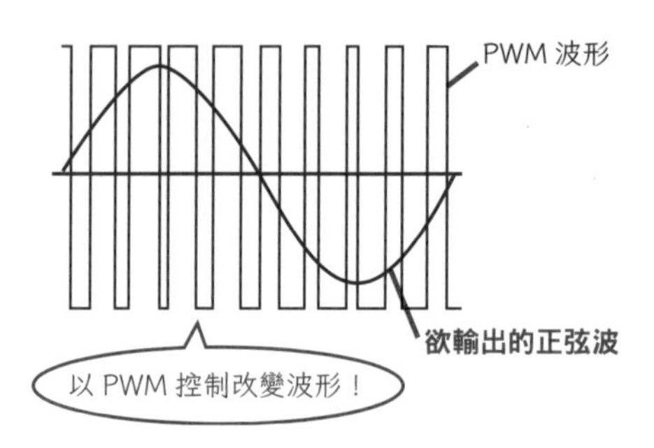

PWM 控制

什麼是PWM控制

- **PWM控制**指的是依照正弦波的相位，增減脈衝寬度的控制方法。
- 經PWM控制後，輸出波形可近似正弦波。

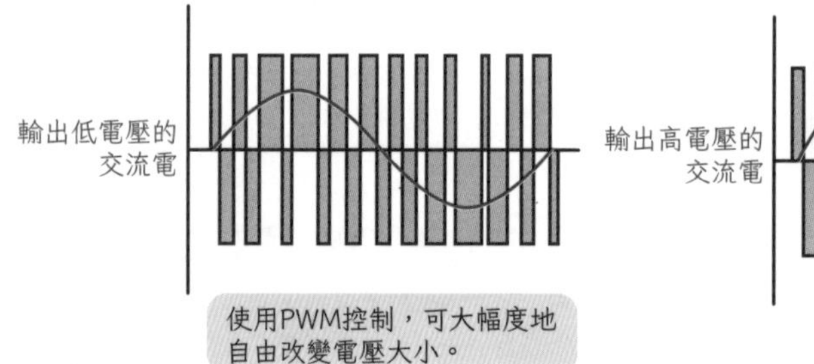

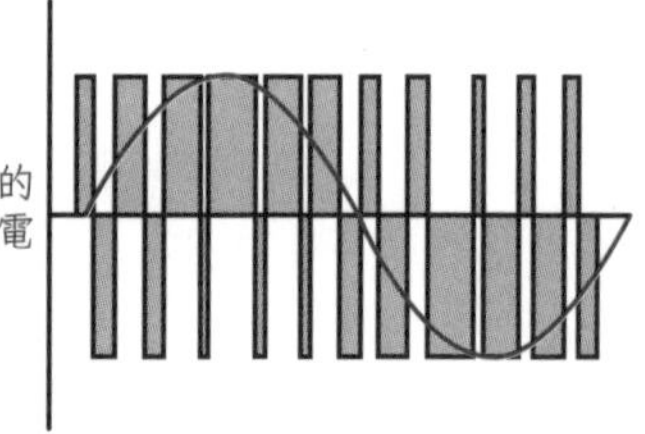

正弦波的振幅與對應的電壓變化

方波（square wave）
PWM（Pulse Width Modulation）…也叫做**脈寬調變**。

PWM控制的原理

- PWM控制會用到兩個訊號，一個是最終想得到的正弦波（訊號波），一個是頻率比訊號波高的三角波（**載波**）。
- 比較兩者的大小，可以得到脈衝波的ON／OFF訊號。

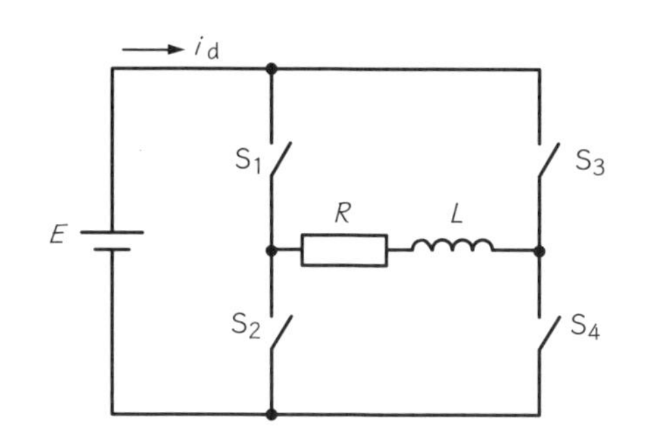

如果正弦波比三角波大，便使開關S_1、S_4為ON；如果正弦波比三角波小，便使開關S_2、S_3為ON。

以上述方式切換開關，就可以讓左圖中的RL負載兩端的電壓在正／負之間切換。

而且，ON的時間不固定，故電壓會隨著開關ON的時間而呈現正弦波狀的增減。

所以，負載電路兩端的電壓會依照脈衝寬度的變化，而呈現正弦波狀的變化。

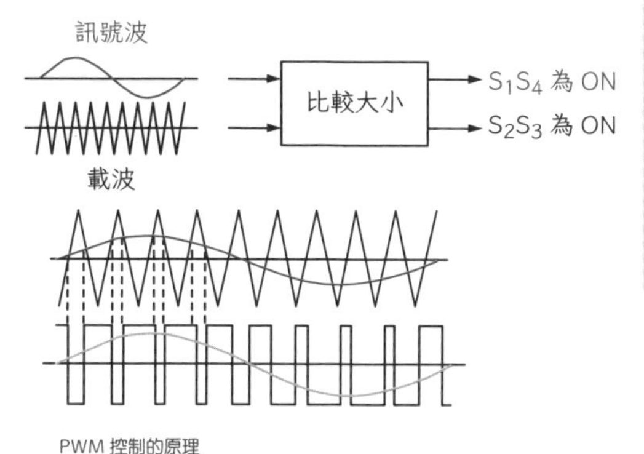

PWM 控制的原理

再用濾波器使正弦波變得更圓滑

- 處理後的電壓波形，再通過濾波器電路後，就可以得到正弦波了。
- **濾波器**只會讓正弦波成分通過，其餘高頻率成分（也叫做**諧波**或**畸變波**）則無法通過。
- 經PWM控制與濾波器處理後，就可以從反覆切換的脈衝波PWM電壓，提取出正弦波。當電壓為正弦波時，由歐姆定律可以知道，電流也會是正弦波。

三角波（triangular wave）…往上到頂點時，瞬間改為往下的波，也叫做**鋸齒波**（sawtooth wave）。
濾波器（filter）…只讓特定頻率電流通過，或可阻止特定頻率電流通過的電路。

RL負載的電流

- 在RL負載的情況下，PWM控制可讓負載的電流接近正弦波。
- 也就是說，因為RL串聯電路的暫態現象（參考第45頁），電流會緩慢上升。因為RL串聯電路本身對電流就有濾波器的功能。
- 因此，用逆變器驅動馬達時，其實不需要濾波器。馬達的電感在電路中就相當於RL串聯電路。施加脈衝電壓時，不會產生脈衝電流，而是會緩慢增減。
- 也就是說，在馬達線圈的電感效應下，通過馬達的電流本來就會依照ON／OFF的切換而緩慢變化，所以電流會隨著電壓脈衝寬度的變化，而出現正弦波般的波形。

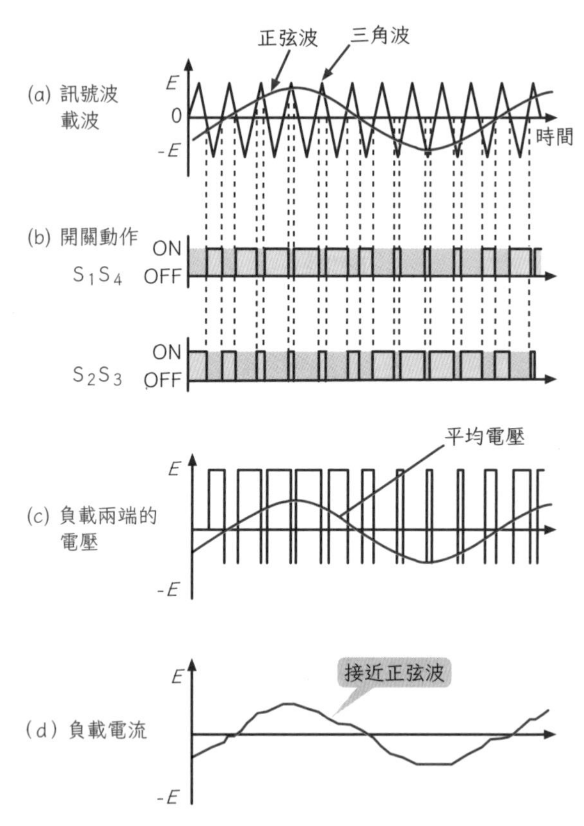

通過 RL 負載的電流

RL負載（RL load）…由電阻R與線圈L構成的串聯電路。

脈衝（pulse）…在極短時間內施加的電流或電壓。反覆出現的脈衝也叫做脈衝。

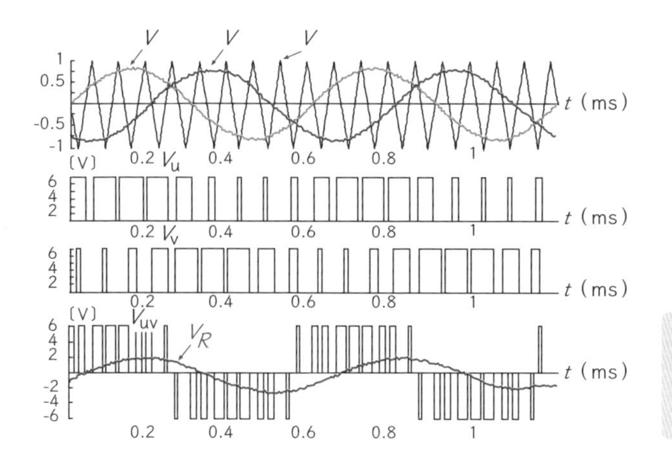

載波頻率越高，
RL 負載的電流波形
就越接近正弦波。

載波的頻率較低時（9倍）

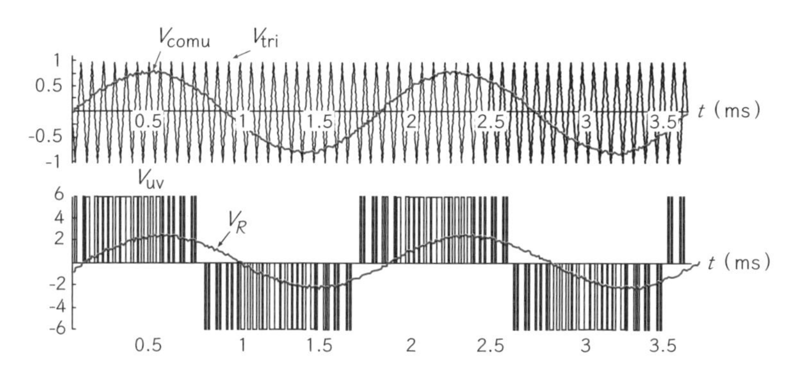

載波的頻率較高時（27倍）

要提高馬達的轉矩效率，就要讓電流盡可能接近正弦波。

馬達的轉矩來自電流，就算電壓不是正弦波，也不會影響到馬達的轉矩。

載波與電流波形

轉矩（torque）⋯旋轉力。扭轉的強度。沿著轉軸旋轉的力矩，單位為（N · m）。

Let's SAVE.

(Power and Earth)

第6章　逆變器的使用方式

6-1

用電分項
～哪個東西用了多少電～

日本一年內的發電能量約為1兆kWh。
一起來看看這些電最終會被用到哪些用途上吧。

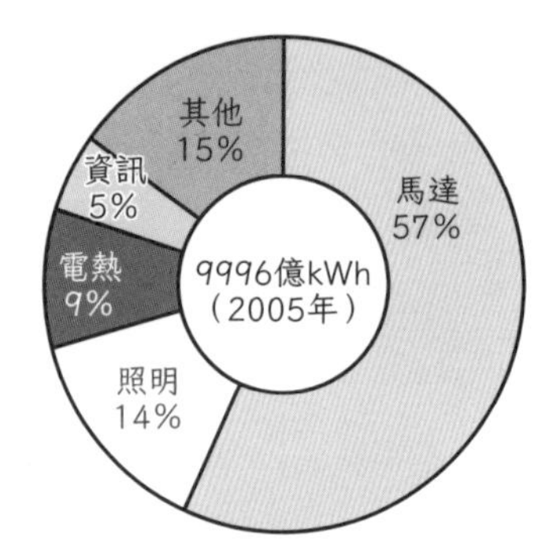

日本國內發電的總能量與最終用途

kWh：電能的單位
1kWh=1000×60×60=3.6 MJ

馬達與電力電子

- 如上圖的圓所示，目前日本國內發出來的電力，有一半以上都用在轉動馬達。
- 也就是說，如果追蹤各種設備與機械所使用的電能，最後會發現許多電能都是消耗在轉動馬達。
- 這些馬達大多由電力電子元件控制。
- 照明用電也一樣。LED、日光燈等照明設備，也會用電力電子元件點燈。
- 另外，電磁爐會用電發熱，而調節電磁爐溫度的也是電力電子元件。譬如IH爐如果沒有電力電子元件的話，就無法運作。
- 處理資訊的機器（電腦）的電源也一定會用到電力電子元件。
- 由此可見，目前我們所消耗的電力，有一大部分都得靠電力電子元件控制。也就是說，電力電子元件的性能，會大幅影響到消耗電能的多寡。
- 如右頁圖所示，透過改良電力電子元件所節省下來的電能，相當於好幾個發電廠的發電輸出。

供應馬達的電力

■ 馬達到底用了多少電力呢？以下就讓我們簡單算算看吧。

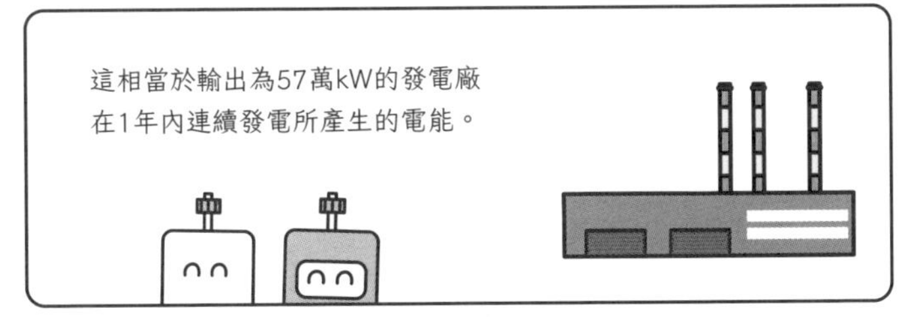

供應馬達的電力

6-2

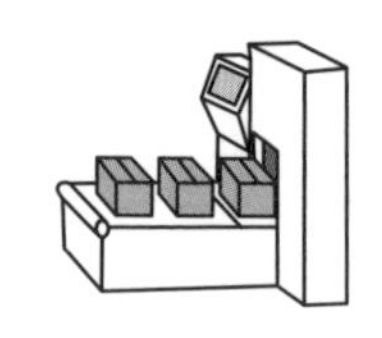

以逆變器驅動馬達

～節能與逆變器間的密切關係～

如前節所述，日本發電出來的電能，最後有一半以上會用在馬達上。
而現在的馬達多會透過電力電子元件驅動。因為電力電子元件可以控制馬達的轉速。

★使用電力電子元件，就可以輕鬆控制馬達的轉速。

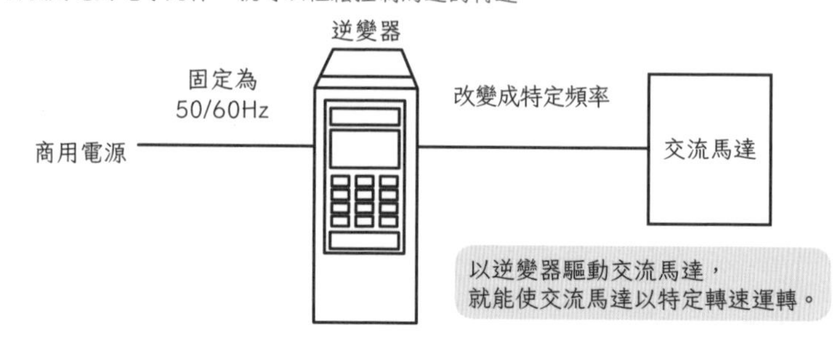

逆變器與馬達

可調節以馬達驅動的風扇或泵

- 原本逆變器就是工廠或基礎建設的重要裝置，可調節大型風扇或泵的流量。
- 這些設備在過去就是用交流馬達驅動。交流馬達會以固定轉速運轉。
- 逆變器可改變馬達轉速，藉此調節流量。

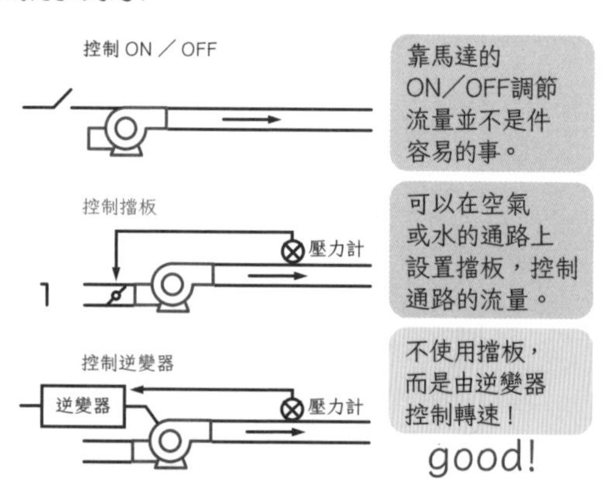

用逆變器控制泵以節省能量

擋板（baffle plate）…為了調節流量而設置在通路上的裝置，也叫做閥。

控制旋轉次數以節省能量

■轉動風扇或泵等機械（流體機械）時，需要的動力P與轉速N的三次方成正比。

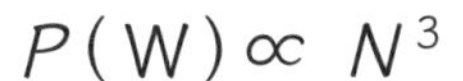

$$P(W) \propto N^3$$

假設轉速變為$\frac{1}{2}$，那麼必要的動力（功率）就會變成$\frac{1}{2}\times\frac{1}{2}\times\frac{1}{2}=\frac{1}{8}$，故馬達的消耗電力也會變成$\frac{1}{8}$。

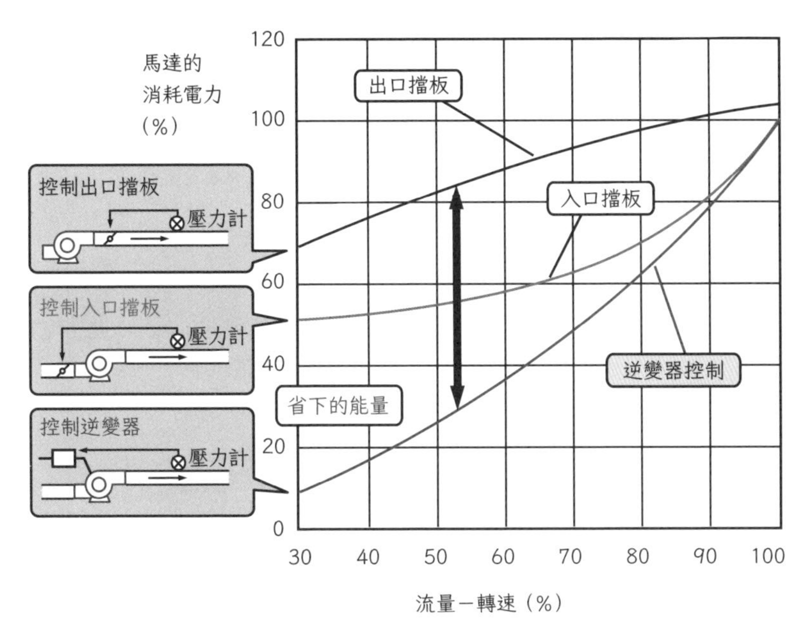

流量與消耗電力

■控制流體機械轉速的節能效果相當大，人們從很久以前就已經知道相關理論。

■不過，要控制馬達旋轉速度，需要複雜的系統。在電力電子元件發展起來、逆變器普及以前，人們不會把這些元件用於節能。

流體機械（fluid machinery）…為液體或氣體（統稱流體）加壓的機械。能為液體加壓的機械稱為泵，能為氣體加壓的機械稱為**鼓風機**或**壓縮機**。

逆變器驅動的普及

70' 導入工廠

- 1970年代後，隨著電力電子元件的進步，逆變器也逐漸普及。

- 逆變器可配合已在使用中的交流馬達，控制馬達的轉速。

- 適當控制轉速可降低耗電量，進而節省電費。

- 省下來的電費可補貼導入逆變器的費用，這個優點讓逆變器能夠一口氣普及開來。

- 而且從1970年代起，社會對節能的呼聲越來越高，於是工廠中的風扇、泵等裝置也開始使用逆變器控制用電量。

這些都由
逆變器控制！

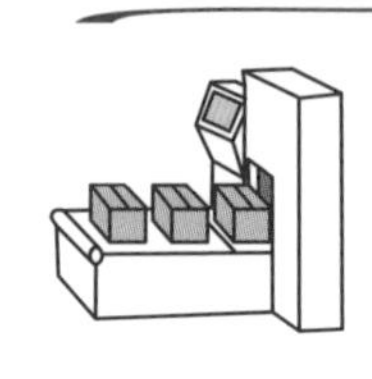

輸送帶

移動起重機

起重機

食品機械

包裹機

洗車機

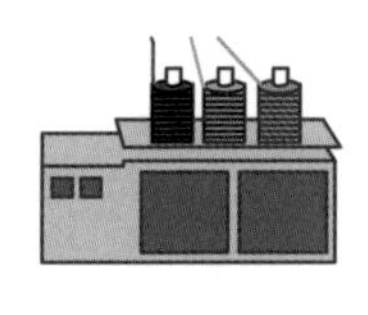

纖維機械

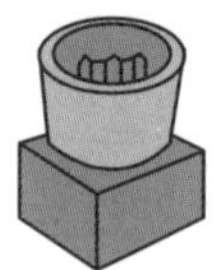

攪拌機

印刷機械

泵

風扇、鼓風機

壓縮機

從工廠開始普及的逆變器

80' 導入家電

■到了1980年代，家用空調、冰箱的馬達也開始使用逆變器。

■在這之前，空調、冰箱都是用熱動開關控制，馬達會依當時溫度而切換ON／OFF。

■另一方面，逆變器可配合溫度控制轉速，故可大幅降低耗電量，達到節能目的。

■1980年代，日本的逆變器空調成功商用化，是世界先驅。現在的家用空調全都由逆變器控制。

於家庭普及的逆變器

00' 所有機器都在用

■2000年代以後，釹磁石開始用在馬達上，為馬達帶來了變革。

■另外，電力電子領域也有了很大的進步，更多機器開始用逆變器控制運作。

■用逆變器控制轉速時，不只能夠節能，也可以讓馬達能慢慢地切換成ON／OFF，降低馬達在啟動或停止時的機械衝擊，還能控制細微的加減速時間。

■就這樣，逆變器讓馬達的運作方式更為多樣，使馬達能用在更多機械上。

2000 年代以後逆變器廣泛應用

熱動開關（thermostat）…可依照當時溫度切換ON／OFF的機器。可用於調節溫度。
釹磁石（Neodymium magnet）…釹、鐵、硼為主成分的磁石。稀土類磁石的一種，是目前最強的磁石。

6-3

各種馬達

～交流馬達、直流馬達～

馬達有很多種，各有各的名字。
所以在說明電力電子元件如何控制馬達之前，先來介紹馬達的種類。

依照馬達的電源分類

■馬達可以依照輸入電源分成三大類如下
- 交流馬達
- 直流馬達
- 交直兩用馬達

內部結構各不相同。

■以電力電子元件控制馬達時，電力電子元件的輸出，就是馬達的輸入電源。

■通常小型馬達用的是直流馬達，大型馬達用的是交流馬達。

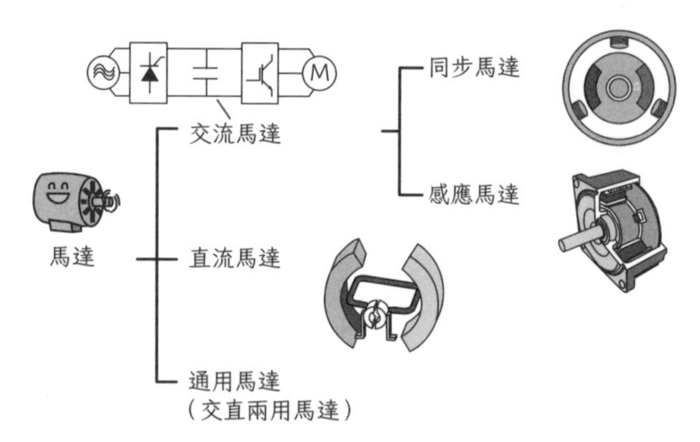

依電源為馬達分類

同步馬達（synchronous motor）…轉速與交流電頻率成正比的馬達。
感應馬達（induction motor）…轉速與交流電頻率大致成正比的馬達。已有很長的使用歷史。

控制馬達

- 以逆變器等控制裝置控制馬達的方式，可以分成開環控制和回饋控制兩種。
- **開環控制**僅用電線連接馬達與控制裝置。因此，操作者需預先設定馬達的電壓、電流，再輸出驅動馬達。
  因此，當馬達或負載的狀態出現變化時無法馬上應對。
- **回饋控制**會用感測器偵測通過馬達的電流、旋轉角度、轉速等，再回饋給控制裝置，以調整馬達的驅動狀況。
- 在回饋控制的系統中，當馬達或負載的狀態突然改變，系統也可以因應這些變化，馬上調整馬達狀況。

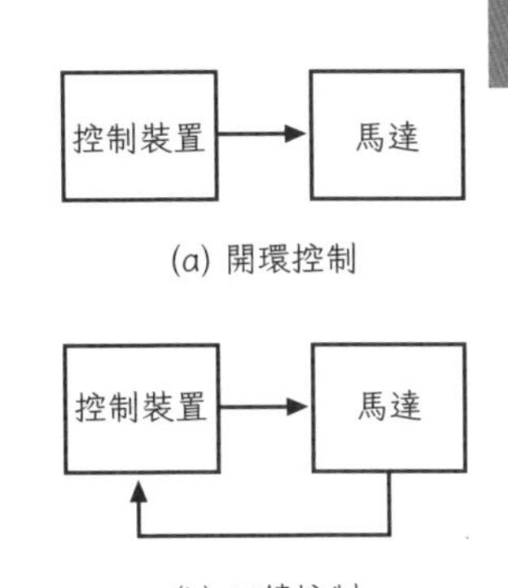

馬達的控制

通用馬達

- 電力電子元件可控制交流馬達與直流馬達。那麼，**通用馬達是什麼樣的馬達呢?**
- 交流電與直流電都可以驅動通用馬達，故通用馬達可以說是一種交直兩用馬達。通用馬達不使用永久磁石，而是將磁場線圈與電樞線圈（參考次節）串聯起來，構成**直流串激馬達**。
- 因為通用馬達的電刷與整流子比較特殊，所以交流電與直流電都可以驅動它。

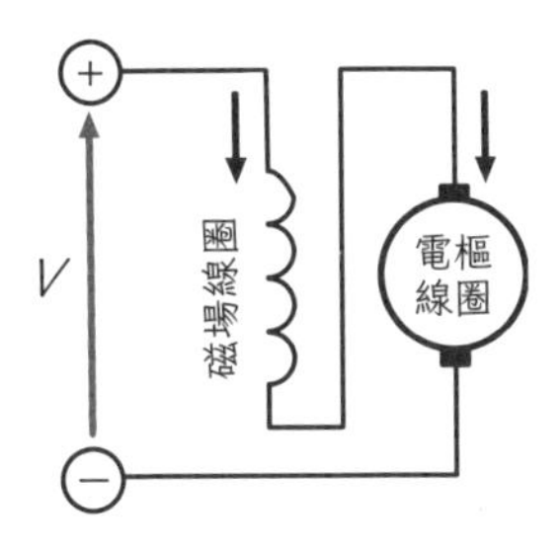

通用馬達

- 一般很少透過電力電子元件控制通用馬達，而是直接用商用電源或直流電驅動。
- 通用馬達可高速旋轉，故常用於攪拌機與吸塵器。

感測器（sensor）…將物理量（機械性、電性、熱性、化學性等）轉換成訊號的元件。
直流串激馬達（DC series motor）…電樞線圈與磁場線圈串聯在一起的直流馬達。

6-4

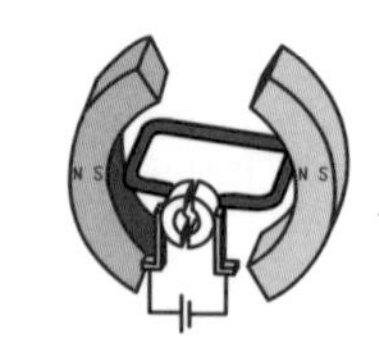

直流馬達

～首先複習一下馬達的基礎知識～

直流馬達會依照輸入的直流電電壓與電流大小，改變轉速。
這裡以最普遍的永久磁石直流馬達為例，說明直流馬達的原理。

直流馬達的原理

- 磁場內的線圈通以電流時，由弗萊明左手定則可以知道力的方向，這個力再驅動直流馬達旋轉。

- 直流馬達會使用電刷與整流子，讓線圈一直保持相同的電流方向。

- 為了讓直流馬達旋轉而建構的磁場，叫做**磁場系統**。直流馬達可依照磁場系統來分類。

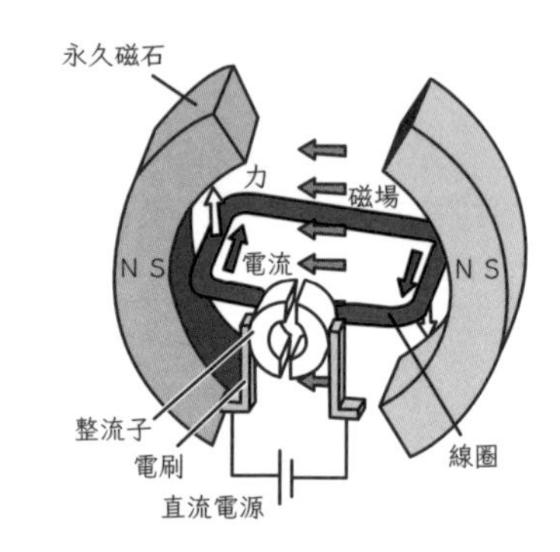

直流馬達的結構

- 除了使用永久磁石之外，還可以用其他方法建構磁場系統。依照磁場系統的連接方式，可以將直流馬達分成直流串激馬達（參考前頁註解）、直流分激馬達、直流他激馬達等。另外，6-8節（第152頁）提到的無刷直流馬達，也是直流馬達的一種。

- 擁有電刷是直流馬達的特徵。電刷與整流子間的滑動會造成磨損。所以直流馬達需要時常保養，是直流馬達的缺點。

永久磁石直流馬達的原理

- 永久磁石直流馬達的原理是，永久磁石的磁場，以及與磁場垂直的線圈電流乘積，會產生電磁力。

電刷（brush）…與旋轉中的整流子滑動，使旋轉中線圈持續通電的靜止電極。
整流子（commutator）…直流馬達中，相對於外部電路的旋轉運動，使轉子的電流方向能反覆切換的旋轉電極。

■永久磁石直流馬達的動作可用以下基本算式說明。

① $T = K_T I$ 馬達產生的轉矩 T 與電流成正比

② $E = K_E \omega$ 馬達旋轉產生的電壓 E（速度電動勢）與轉速成正比。

■上式中，轉矩與電流的比例常數 K_T 叫做**轉矩常數**。而速度電動勢與轉速（ω）的比例常數 K_E 則叫做**電動勢常數**。兩者都是由馬達結構、構成決定的常數。

■使用SI單位制表示轉矩常數 K_T 與電動勢常數 K_E 時，兩者為相同數值。

永久磁石直流馬達的等價電路

■下圖電路的**電壓方程式**如下所示。

$$V = E + RI$$

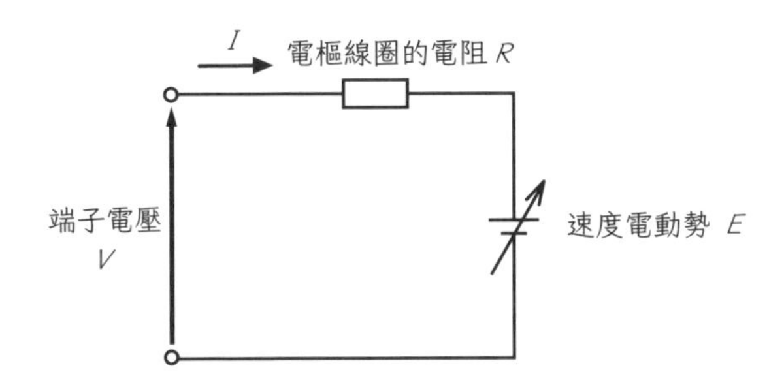

等價電路

■馬達的轉矩、電流可由以下算式求出。

$$T = \frac{K_T}{R} V - \frac{K_T K_E}{R} \omega$$

$$I = \frac{V - K_E \omega}{R}$$

磁場系統（field）…馬達或發電機中產生磁場的部分。

電樞（armature）…馬達或發電機中，使動能轉換成電能或電能轉換成動能的部分。

電壓方程式（voltage equation）…電路中表示電壓與電流的關係式，又叫做**電路方程式**。

直流馬達的特性

- 直流馬達可以靠調節電壓、電流，控制轉速、轉矩。
- 直流馬達的轉矩與電流成正比，故可直接控制轉矩。
- 透過控制轉矩，可任意加速、減速馬達。
- 調整電壓，便可控制轉速。

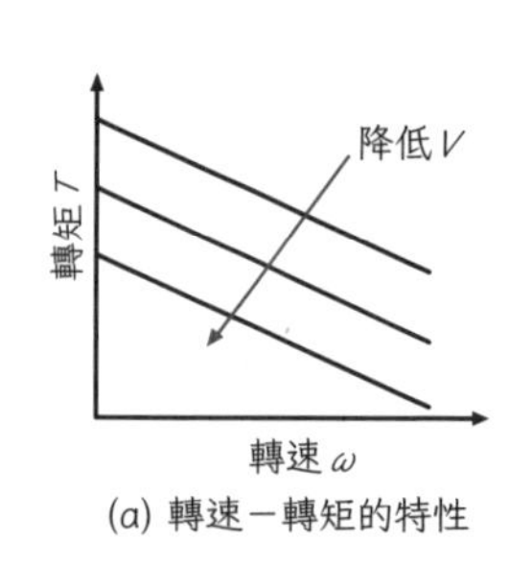

(a) 轉速－轉矩的特性

降低 V
轉速 ω
電流 I

(b) 轉速－電流的特性

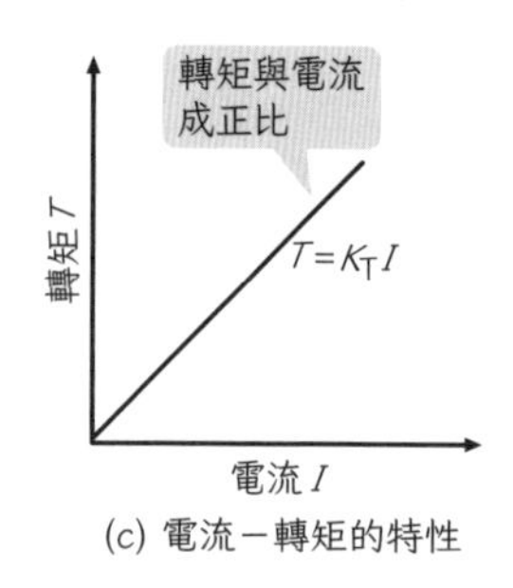

(c) 電流－轉矩的特性

直流馬達的特性

直流馬達的控制

- 我們可藉由調節馬達的電壓、電流來控制直流馬達（右圖的DCM）。
- 也就是說，只要有截波器或DC-DC變換器，就可以控制直流馬達了。

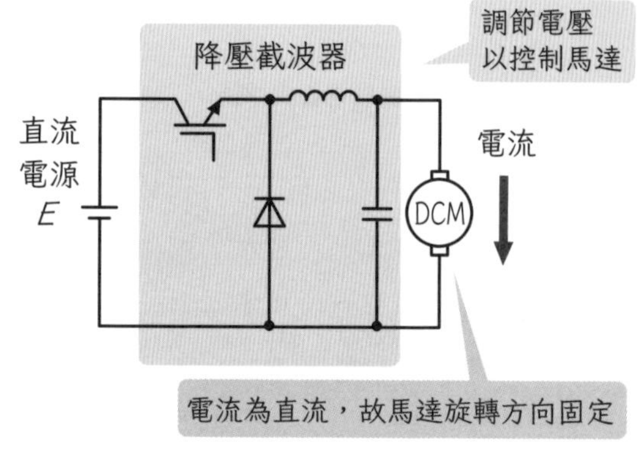

控制直流馬達

無負載速率（no-load speed）…馬達沒有負載時的轉速。也就是馬達的轉矩為零時的轉速。

改變直流馬達的旋轉方向

■直流馬達會依照電流方向旋轉，故改變直流電的方向（正向或反向），就可以讓馬達的旋轉方向反過來。

■以電力電子電路控制馬達的旋轉方向時，會用到H橋電路。再加上截波器，就可以控制轉矩或轉速了。

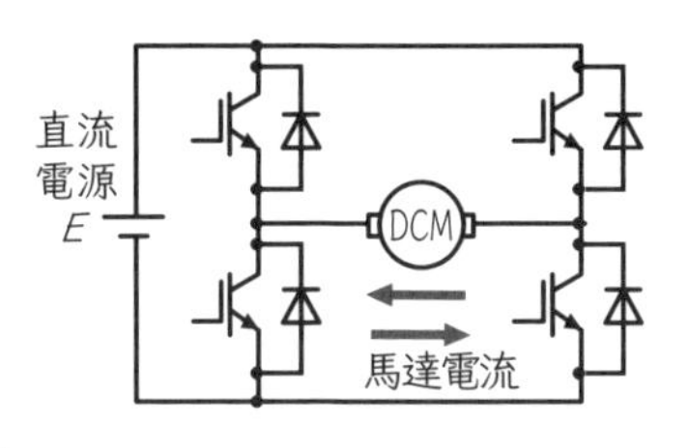

H 橋電路

H橋電路與截波器的動作原理

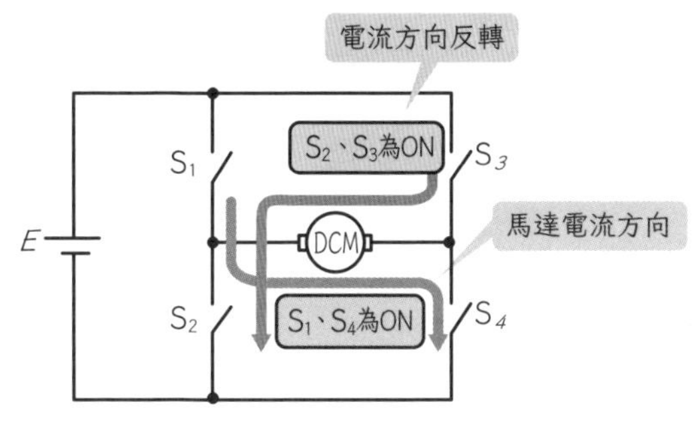

H 橋電路的截波器動作

■S_1、S_4為ON、S_2、S_3為OFF時，馬達電流往右流動。
■相反的S_1、S_4為OFF、S_2、S_3為ON時，馬達電流往左流動。
■要改變馬達旋轉方向時，S_1、S_4為一組，S_2、S_3為一組，同組開關需同時ON或同時OFF。
■分別控制各個開關的工作因數，就可將其視為正、負向的截波器。

6-5

交流馬達

～使用三相交流電的馬達～

交流馬達大致上可以分成同步馬達與感應馬達。兩種交流馬達皆由三相交流電的頻率決定轉速。因此，由逆變器調整電流頻率，就能控制交流馬達的轉速。

交流馬達的原理

- 三相交流電通過三相線圈後，由三相電流分別產生的磁場可合成出一個磁場，並隨著交流電的頻率旋轉。
- 這樣的磁場叫做**旋轉磁場**。交流馬達就是利用旋轉磁場來旋轉的。

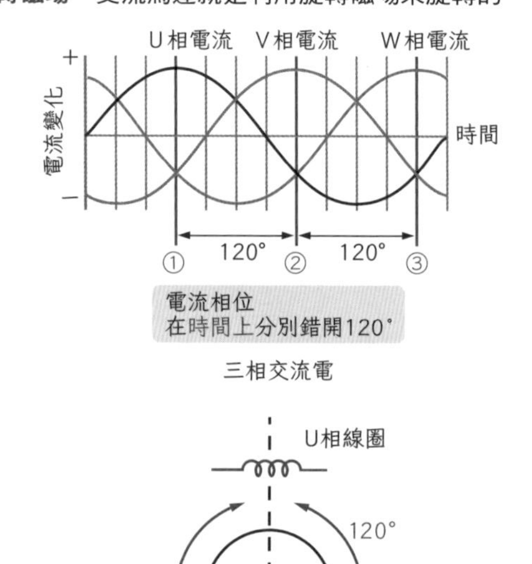

交流馬達的原理

旋轉磁場（rotating field）…S與N的成對磁極，沿著某個軸旋轉而變化的磁場。
三相線圈（three phase windings）…轉軸在空間上每隔120°配置一個線圈的線圈組。

逆變器如何控制交流馬達（使用交流電源時）

- **逆變器**是將直流電轉換成交流電的電力電子電路。因此，逆變器要使用商用電源時，必須先透過整流電路，將商用電源的交流電整流成直流電。
- 為了減少整流電路中的直流漣波，需使用**平滑電容器**。這個平滑電容器可決定整體逆變器裝置的大小與壽命，是非常重要的零件。
- 一般來說，市面上就有販售擁有整流電路的**逆變器裝置**。這種裝置常被直接稱為逆變器。之前我們提到的**逆變器電路**也叫做逆變器，嚴格來說兩者仍有差別。
- 如果電源是電池等直流電源，就只要逆變器電路就可以了，不需要整流電路。
- 商用電源經整流後，會變成電壓固定的直流電。另外，若在整流電路與逆變器電路之間加入截波器，還可以調節直流的電壓大小。

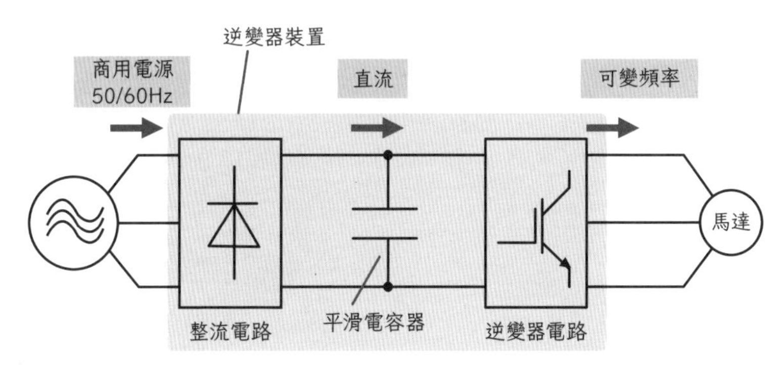

逆變器裝置

變換器（converter）…**整流電路**。可將交流電轉變成直流電的電路名稱。

6-6

感應馬達

～使用旋轉磁場的馬達～

感應馬達

- **感應馬達**是代表性的交流馬達

- 透過電磁感應，使電流通過轉子的線圈，產生轉矩。轉矩改變時，轉速也會有些微變化。

- 以旋轉磁場驅動，故不需要電刷。

- 轉子沒有線圈，而是包埋在**鼠籠**內。

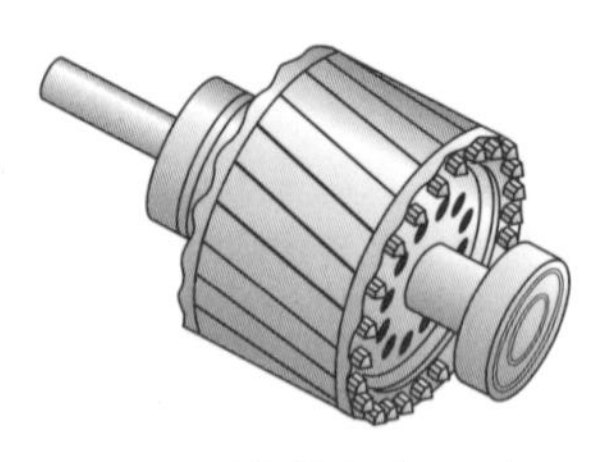

(a) 轉子（rotor）

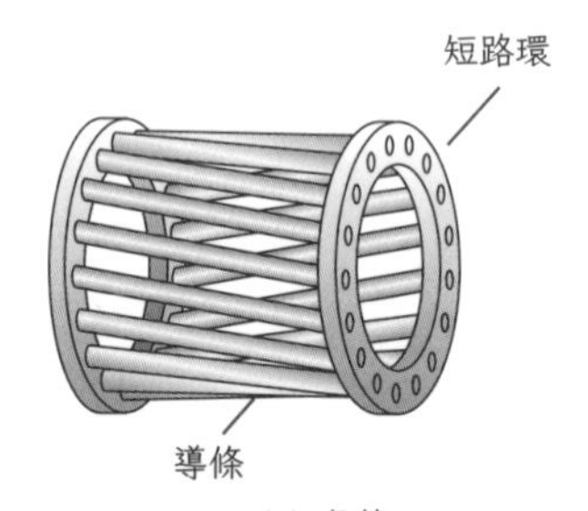

(b) 鼠籠

外框

定子（stator）

線圈

轉子（rotor）

感應馬達

轉子（rotor）…旋轉的部分。不管是磁場、電樞、永久磁石，只要有在旋轉就屬於轉子。

鼠籠（squirrel cage）…轉子的導體，由許多棒狀導體，與導體末端的短路環組成。外型類似鼠籠而得其名。

感應馬達的轉速

- 感應馬達的轉速幾乎與交流電流的頻率成正比。
- 另外，感應馬達的轉速由同步速率與轉差決定。
- 交流電的頻率與電壓固定時，感應馬達的轉速會比同步速率略慢一些。
- **轉差**為同步速率與實際轉速的差。通常是小於0.1的小數值。
- 轉矩與轉差大致呈正比，所以當負載轉矩較大時，轉差也會比較大，使轉速略為下降。

〔感應馬達的轉速〕

馬達轉速與頻率幾乎成正比

$$\text{同步速度} = \frac{120 \times \text{頻率} f(\text{Hz})}{\text{極數} P} \quad (\text{min}^{-1})$$

$$\text{馬達轉速 } N = \text{同步速度} \times (1 - \text{轉差}) \quad (\text{min}^{-1})$$

轉差是感應馬達特有的數值，通常是小於0.1的小數值，與轉矩幾乎成正比變化。

開環控制

- 改變負載轉矩、交流電壓後，感應馬達的轉差會跟著改變，並繼續轉動。此時，馬達轉速會有些微變化。
- 也就是說，感應馬達有「能順著負載的變化自行調整，不需要另外控制」的優點。
- 因此，只要交流電的頻率與電壓保持固定，就能穩定運轉。
- 另一方面，若要控制感應馬達的轉速，需保持逆變器輸出的頻率與電壓固定。
- 所以說，逆變器接上馬達的三相電線，就可以控制馬達了。這叫做**開環控制**。

定子（stator）…固定的部分。

極數（number of poles）…馬達剖面時的磁極數。如果有N極與S極，那麼極數就是2。

同步速率（synchronous speed）…旋轉磁場的轉速。如果是馬達或發電機，會將轉速稱為速度。

泛用逆變器

將泛用逆變器接上前面提到的「能以商用電源的三相交流電直接驅動的感應馬達（**標準馬達**）」，就可以控制轉速了。

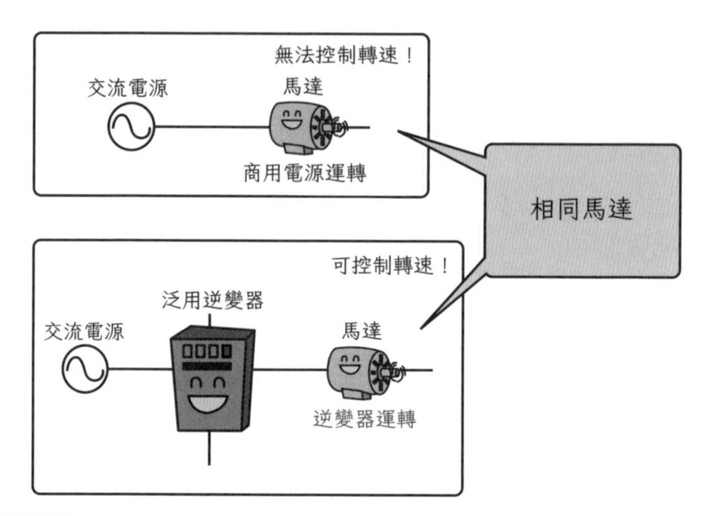

泛用逆變器

V/f 固定控制

- （$\frac{V}{f}$ **固定控制**）是一種用逆變器控制感應馬達的方法，維持頻率與電壓的比值固定。
- 當 $\frac{V}{f}$ 固定時，即使頻率 f 改變，馬達的磁通量、轉矩仍固定。

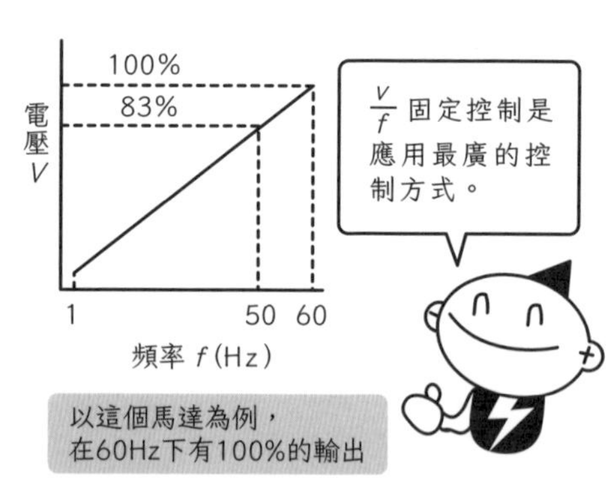

V/f 固定控制

轉差（slip）…轉子的旋轉速度（轉速）與同步速率之間的差。通常以%表示。

$$轉差=\frac{同步速率-實際轉速}{同步速率}(\%)$$

VVVF控制

- 市面上常見的泛用逆變器使用的是VVVF控制方法。
- 若固定$\frac{V}{f}$，轉速有其上限，這個上限轉速就叫做**基本轉速**。
- 逆變器的輸出電壓不能比輸入電源電壓高。$\frac{V}{f}$固定控制下，電壓上限為轉速上限。
- **VVVF控制**依以下方法控制馬達。

　・小於基本轉速時，進行$\frac{V}{f}$固定控制（定轉矩控制）。

　・大於基本轉速時，固定電壓，僅改變頻率（**定輸出控制**）。

　・這麼一來，大於基本轉速時，馬達的轉矩會與轉速成反比。

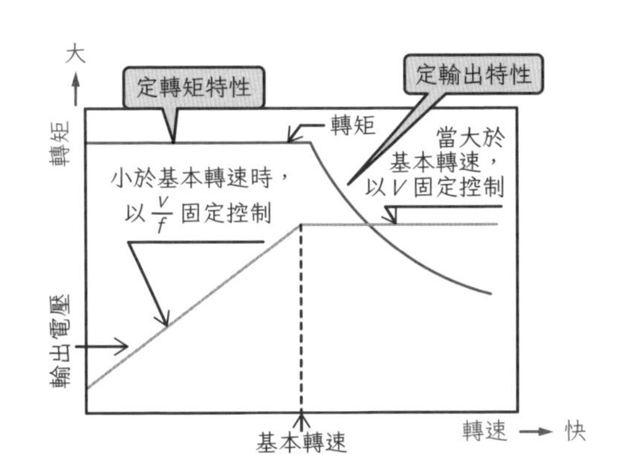

VVVF 控制

逆變器專用馬達

泛用逆變器可控制「使用商用電源的標準馬達」，不過如果改用逆變器專用馬達的話，效率會更好。

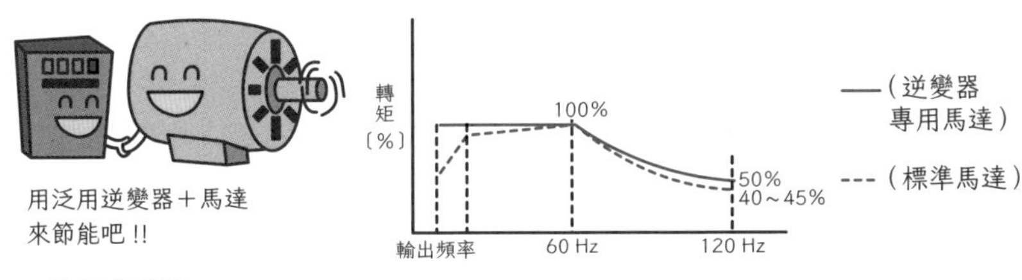

逆變器專用馬達

VVVF控制（Variable Voltage Variable Frequency control）…參考正文。

泛用逆變器（universal inverter）…可變速控制「能以商用電源直接驅動的馬達」的逆變器。通常與標準馬達組合運用。

6-7

同步馬達

～低轉速高效率的馬達～

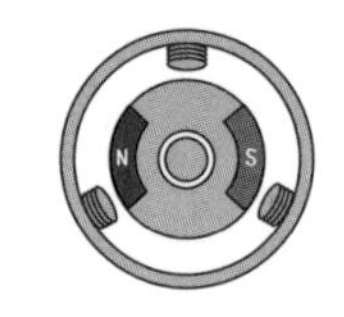

本節要介紹的是同步馬達中的永磁同步馬達。

永磁同步馬達

- 近年來，**永磁同步馬達**的使用越來越普及，這是一種將永久磁石放在轉子上的馬達，也叫做**PM馬達**。
- 隨著釹磁石的普及，永磁同步馬達也逐漸小型化、高性能化、普及化。
- 除此之外，還有不使用永久磁石的**勵磁同步馬達**。

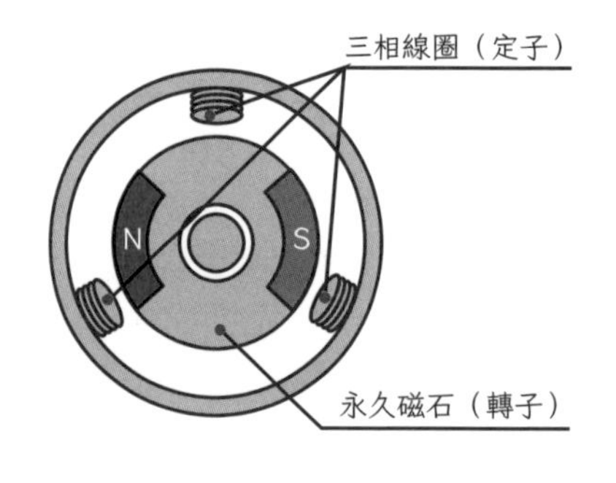

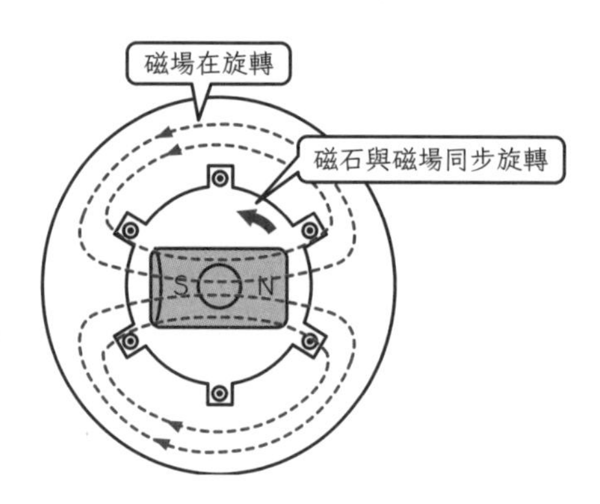

永磁同步馬達

永磁同步馬達的控制

- 永磁同步馬達中，磁石的轉速與旋轉磁場相同，要是電流頻率與轉速不一致，就無法產生轉矩。
- 因此，這種馬達需使用感測器，檢測旋轉中的永久磁石的旋轉角度，以調節逆變器輸出的交流電頻率與相位，配合旋轉狀況。
- 因為需要調整頻率與相位，所以無法使用開環控制。使用回饋控制時，必須由感測器檢測轉子位置。

基本轉速（base speed）…參考正文。

標準馬達（standard motor）…依照日本JIS等標準製造，尺寸規格細節都有既定數值的馬達，用途多樣的泛用型馬達。也叫做**泛用馬達**。

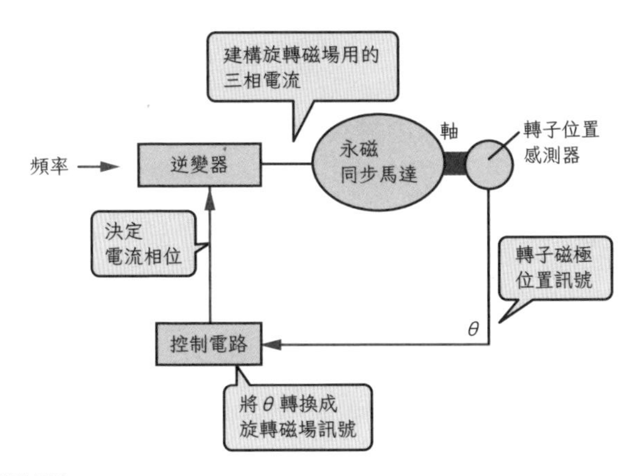

永磁同步馬達的控制

永磁同步馬達的性能

- 永磁同步馬達的運作機制相當特殊，可透過嚴格控制的電流，調整轉矩與轉速。

- 另外，即使改變轉速，效率也不會變，可以在低轉速下發揮高效率，故可直接驅動。

- 永磁同步馬達會以同步速度旋轉，如下式所示。

$$N = \frac{120f}{P}$$

N：轉速
f：電流頻率
P：極數

- 也就是說，轉速N與電流頻率f成正比。

永磁同步馬達的應用

- 用釹磁石的永磁同步馬達可以做得更小、性能更好，廣泛用於各個用途。

- 永磁同步馬達廣泛用於家電、電動車、混合動力車、電梯等領域。

PM馬達（Permanent Magnet motor）…參考正文。

直接驅動（direct drive）…在沒有減速機的介入下，由馬達直接驅動機器的運作方式。需要精密控制馬達，使其能在低速下運行。

6-8

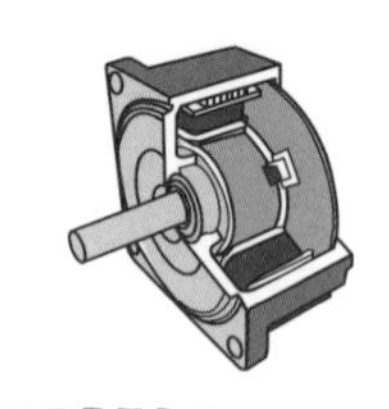

無刷馬達

～以電力電子學控制的無刷馬達！～

無刷馬達

- **無刷馬達**是沒有電刷的直流馬達。無刷馬達沒有電刷，改用電力電子元件控制轉動，使電流的運作模式與擁有電刷及整流子的一般馬達相同。因為使用的是直流電，所以也叫做**無刷直流馬達**。
- 無刷馬達中，永久磁石是轉子，線圈是定子。也就是說，無刷馬達與有電刷的永磁直流馬達結構剛好顛倒。
- 有電刷的永磁直流馬達有個缺點，那就是電刷的磨損會讓馬達劣化，轉動時電刷還會產生火花。無刷馬達消除可以這些來自電刷的缺點。
- 另一方面，無刷馬達的結構與永磁同步馬達十分類似。兩者的主要差異在於轉子位置，以及無刷馬達不需要回饋。
- 也就是說，無刷馬達只要能夠檢出轉動中的永久磁石的N／S極就好，不需要知道轉子的轉動位置。隨著磁極N／S的變換，該位置線圈內的電流極性（正／負）也會跟著切換。
- 無刷馬達在旋轉時，電流方向會隨著磁石的旋轉自動切換。
- 有電刷的永磁同步馬達必須接上正弦波的交流電流。無電刷馬達則不用，只要使線圈電壓極性不斷在正／負間切換就可以了，製造費用較為低廉。

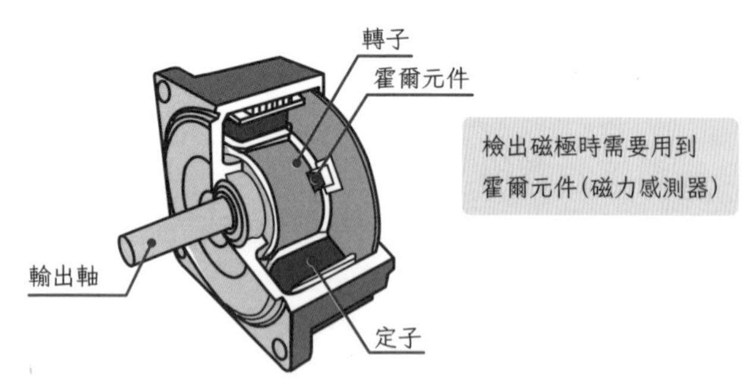

無刷馬達

霍爾元件（Hall element）…利用**霍爾效應**（磁場造成電壓變化）將磁場大小轉變成電訊號的磁力感測器。

無刷馬達的原理

- 無刷馬達由永久磁石的轉子、線圈的定子、感測磁石N／S磁極的霍爾元件，以及電流切換電路構成。
- 無刷馬達的電流切換電路與逆變器電路結構相同，不過流經線圈的電流方向會隨著轉子的位置而改變。

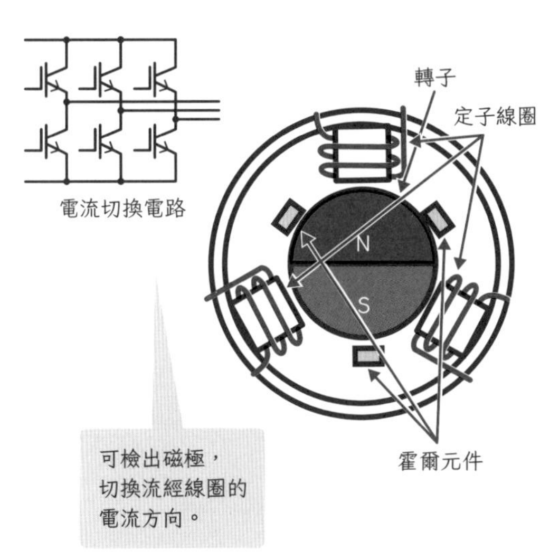

無刷馬達的原理

無刷馬達的使用方式

- 就像有電刷的直流馬達一樣，只要調整輸入的直流電壓，就可以控制無刷馬達的轉速。
- 也就是說，無刷馬達的特性幾乎和有電刷的直流馬達相同。

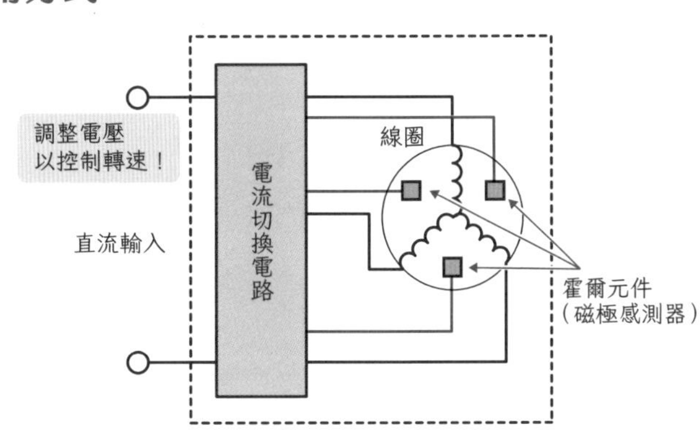

無刷馬達的使用方式

6-9 向量控制

～活用弗萊明左手定則～

向量控制法會將交流電視為向量，可精密控制交流馬達。

弗萊明左手定則

■直流馬達的力的方向會遵守弗萊明左手定則，與磁場及線圈垂直。

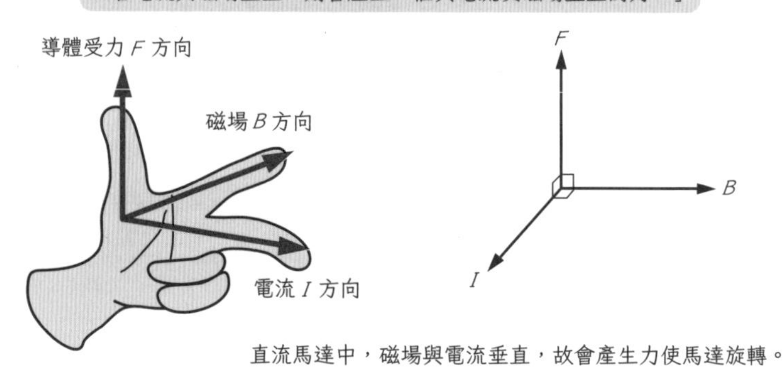

直流馬達中，磁場與電流垂直，故會產生力使馬達旋轉。

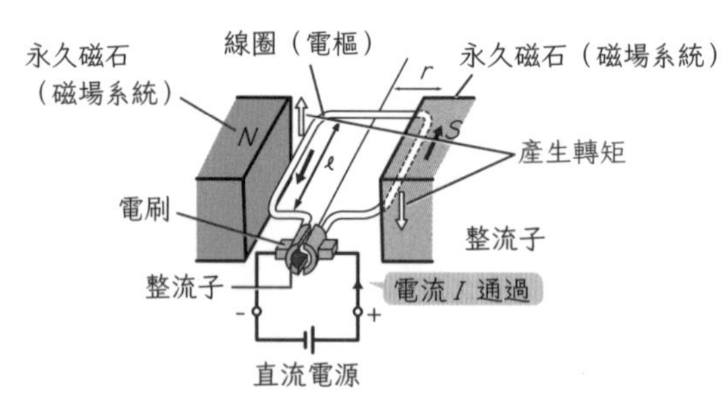

弗萊明左手定則

向量控制（vector control）…參考本文，也叫做field orientation control。
弗萊明左手定則（Fleming's left hand rule）…可說明磁場中通有電流之導體的受力（勞倫茲力）方向。

向量控制是什麼

- **向量控制**是利用電流與磁場垂直的關係，控制交流馬達的控制方式。
- 磁場產生的磁通量向量，恆與電流向量垂直，故我們可透過逆變器控制交流電流。
- 所以在向量控制中，會透過逆變器控制電流向量的大小與方向。交流馬達中的同步馬達、感應馬達皆適用。
- 另外，向量控制還可以控制轉矩，故有著高精密度與高反應性等優點。
- 其中，永磁同步馬達要是沒有用向量控制的話，就不能順利運轉（不過向量控制不適用於無刷馬達）。

向量控制的運作機制

- 進行向量控制時，必須用逆變器控制電流向量的大小與方向，所以不只需要轉子位置回饋以檢出正確的旋轉角度，還需要電流回饋以正確檢出電流波形。

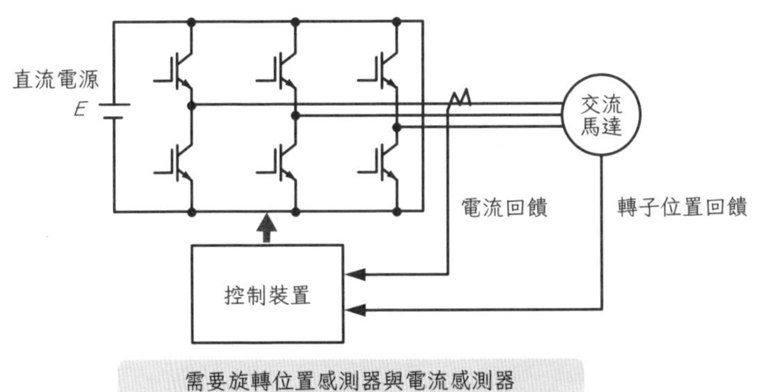

向量控制

轉子位置回饋（rotor position feedback）…檢出轉子的旋轉角度。使用**編碼器**、**分解器**作為感測器。

6-10

電力調節器

～把逆變器當作交流電源～

發出直流電的太陽能電池或燃料電池、時常變動的風力發電等自然能源，這些電能要轉變成穩定的交流電源，維持穩定電壓與頻率，才能商用化。這個過程稱為CVCF控制。

獨立電源與連接電網

- 僅以逆變器輸出的交流電做為電源使用時，這樣的電源稱為**獨立電源**（**獨立運轉**）。此時，頻率與電壓可控制在一定數值。

- 若逆變器輸出的交流電會連上電力系統，並供應電力給電力系統，或者與電力系統一同供應電力給負載，就叫做**連接電網**。

- 連接電網時，必須將自行發出來的電力與電力系統的電壓、頻率同步，故需控制逆變器的輸出。

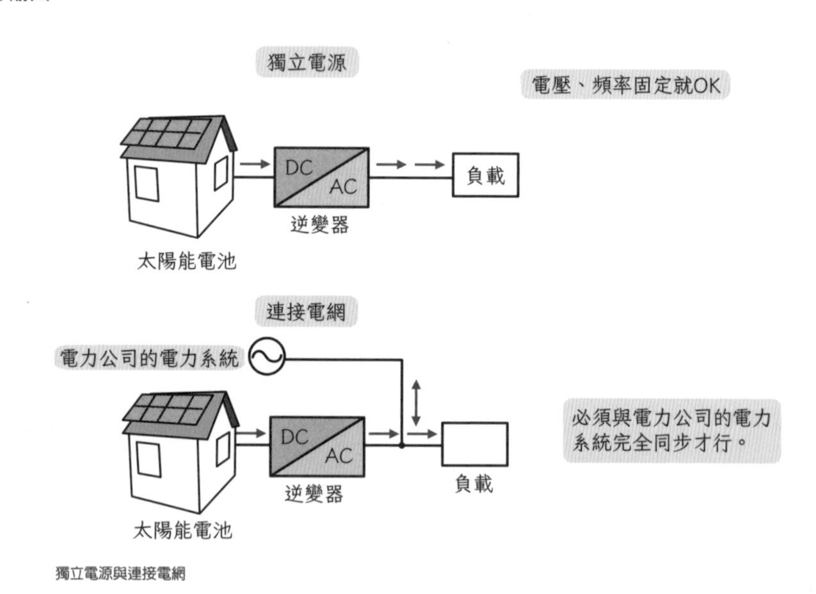

獨立電源與連接電網

CVCF控制（Constant Voltage Constant Frequency）…控制發電單元輸出定電壓定頻率的交流電。
電力系統（power grid）…包含了發電、輸送電力、變電、配電等部分的系統。

電力調節器（連接電網用的逆變器）

■太陽能發電等分散型電源，可透過逆變器，接上電力系統、連接電網。

■連接電網時需要各式各樣的技術條件，才能配合得上系統狀態。

■若滿足技術條件，就可以將電力賣給系統（電力公司），也就是所謂的**賣電**。

■像這樣能讓電源「連接電網的逆變器」，稱為**電力調節器**。

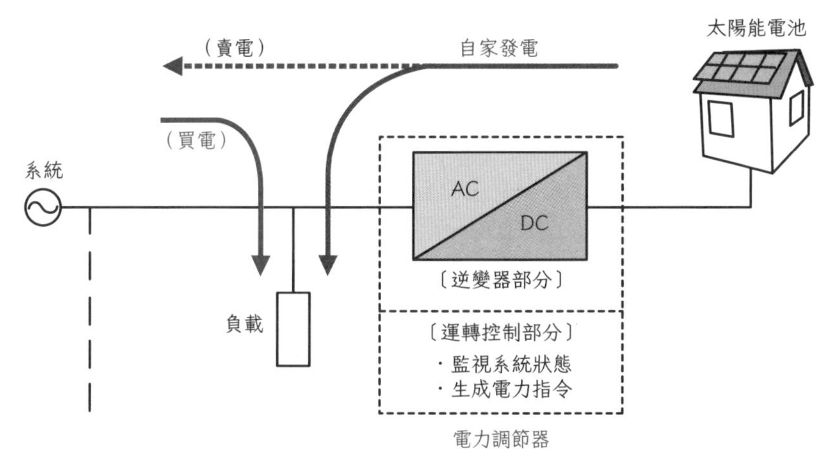

電力調節器（連接電網用的逆變器）

連接電網

■連接電網時，會有三種電力流動模式。
①自家不發電，僅使用來自電力公司的電力。
②自家發電，但這些電量不夠用，所以也會使用來自電力公司的電力。
③自家發電大於自家發電量，多出來的電能可以賣給電力公司

■日本家庭內會以100/200V的單相交流（與日本家庭插座相同的交流電）連接電網。如果是Mega Solar等發電業者，就會以6,600V的電壓接上三相交流的電網。

連接電網（grid connection）…參考正文。從電力公司輸往家庭的電力流動叫做順流，自己有發電的家庭賣電給電力公司則叫做逆流。

6-11

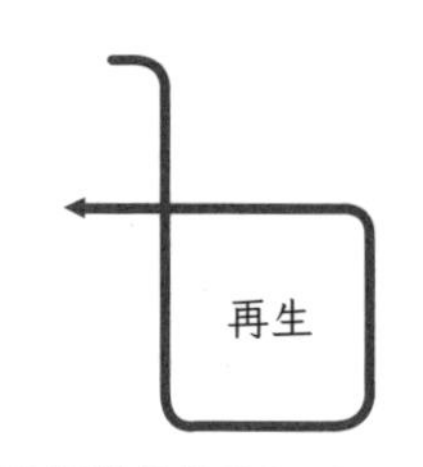

PWM變換器

～把逆變器當作整流電路～

PWM變換器是什麼

■有用到逆變器電路的整流電路，就叫做**PWM變換器**。

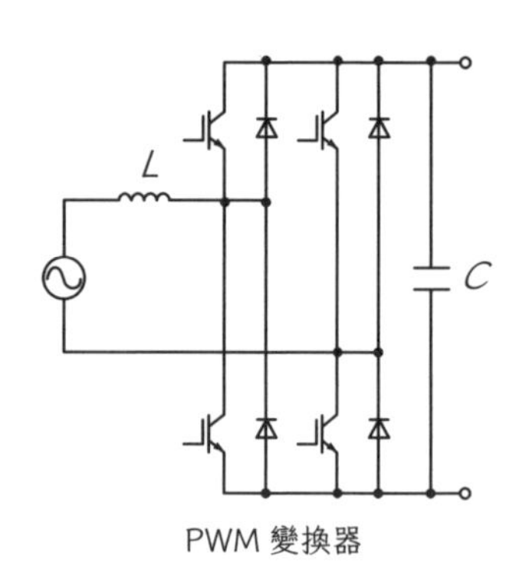

PWM 變換器

PWM變換器的原理

■右下圖中，S_2為ON時，電流會沿著紅色箭頭流動。此時，電流路線如下。
【交流電源】→【L】→【S_2】→【D_4】→【交流電源】

■仔細觀察這條路線，會發現這就是升壓截波器。

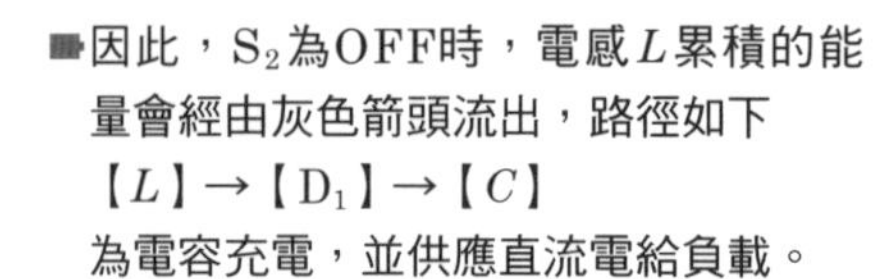

■因此，S_2為OFF時，電感L累積的能量會經由灰色箭頭流出，路徑如下
【L】→【D_1】→【C】
為電容充電，並供應直流電給負載。

■也就是說，PWM變換器在S_2為OFF的期間，也會持續供應電流給負載。因此，PWM變換器可以透過開關的ON／OFF控制輸入電流波形。

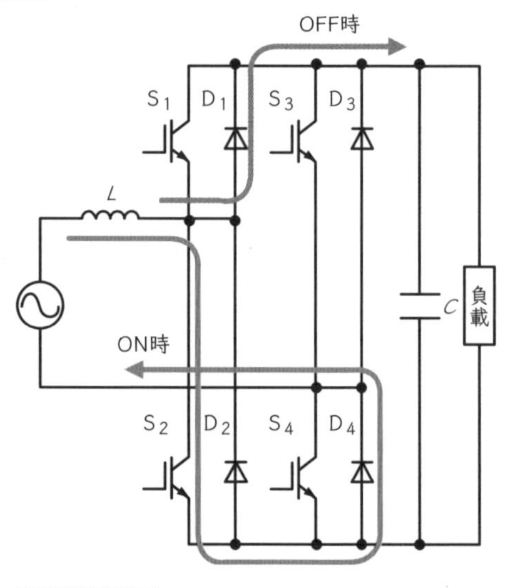

PMW 變換器的原理

PWM變換器（PWM converter）…透過PWM控制交流電流波形的整流電路。

PWM變換器的效果

- 使用二極體整流電路將交流電轉變成直流電後，交流端的電流如下方左圖所示，不再是正弦波。
- 當電流不是正弦波時，就表示含有諧波，這會讓電力系統產生各種問題。
- 只要使用PWM變換器，就能控制交流端的電流轉變成正弦波。
- 另外，PWM變換器可以控制電流的相位，使其與交流電壓完全相同。
- 再來，PWM變換器電路為逆變器電路左右相反的電路。圖右側的直流電往左側移動，經逆變器轉換後，就可以供應交流電。
- 為馬達減速、停下馬達時，相當於將馬達視為發電機，透過旋轉將動能轉變成電能。此時產生的電力可回收再利用，稱為**再生**（電動車的煞車）。
- 若將PWM變換器作為逆變器使用，再生電力就可以變換成交流電，供應電力系統。
- 另外，當交流電壓與交流電流皆為正弦波，且相位相同時，功率因數為1。

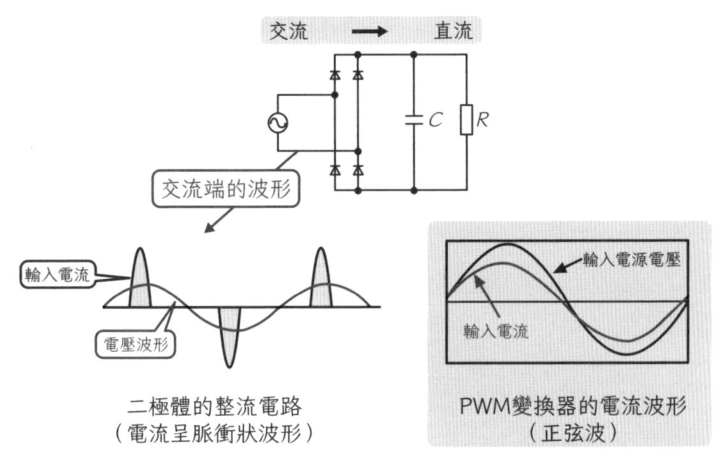

PWM 變換器的效果

功率因數（power factor）…視功率與有效功率的比例。當電壓與電流的相位差較大，或是波形並非正弦波（諧波較多）時，會增加視功率，使功率因數降低。

Help Yourself
At HOME.

第7章　家庭中的電力電子

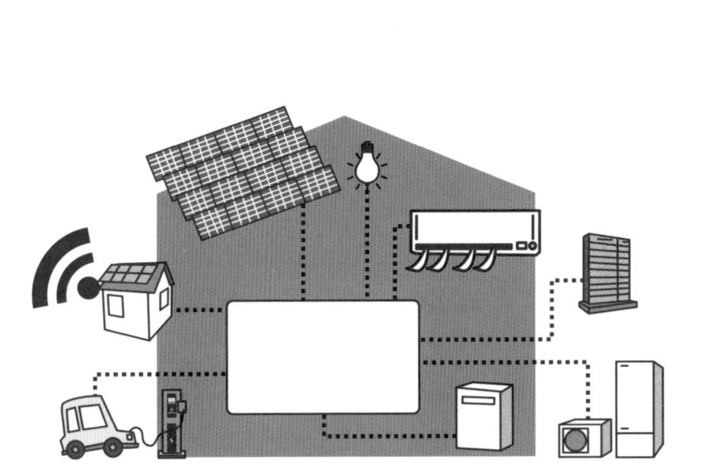

7-1

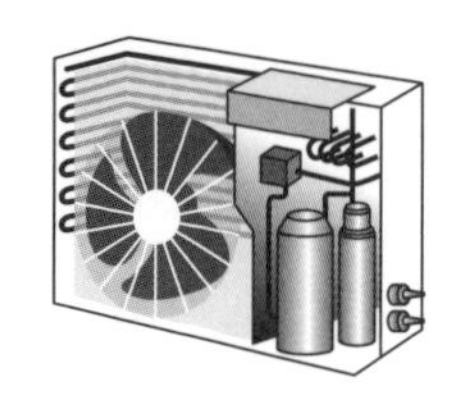

冷氣
～最貼近我們的電力電子學～

冷氣、冰箱、洗衣機等家電又叫做白色家電，因為它們通常是白色，通常也是用電量較大的家電。
白色家電大多是電力電子機器。另外，白色家電也叫做生活家電。

冷氣

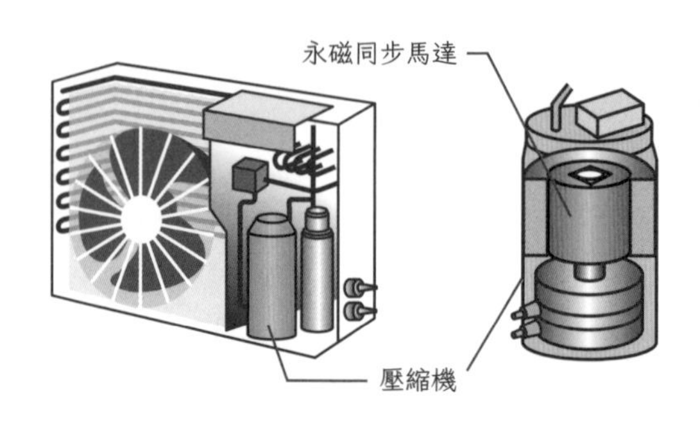

冷氣室外機內部的壓縮機

■**冷氣**是一般家電之中，耗電量最大的家電，很早就開始使用電力電子元件，盡可能地節能化。

■以前的冷氣會使用熱動開關控制壓縮機馬達的ON／OFF，現在則多使用逆變器控制壓縮機的轉速。

■另一方面，可以用逆變器控制壓縮機的轉速，使其在高速運轉下快速冷暖房，而在房間接近設定溫度時，開始低速運轉，降低消耗電力，這樣就能省下大量能量。

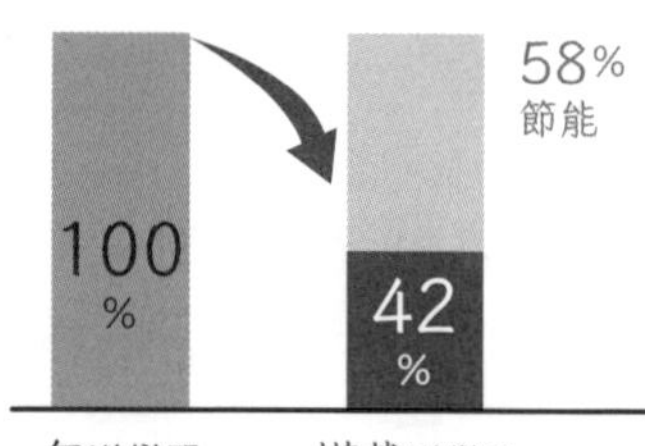

逆變器的節能效果

壓縮機（compressor）…提升氣體壓力再送出的裝置。冷氣壓縮的是冷媒氣體。

冷氣壓縮機的馬達

- 冷氣壓縮機的第一世代初期產品中，以ON／OFF控制感應馬達。
- 第二世代起，改用逆變器控制感應馬達。
- 現在的冷氣壓縮機，使用逆變器驅動永磁同步馬達。永磁同步馬達在長時間低速運轉下，仍可保持相當高的效率。

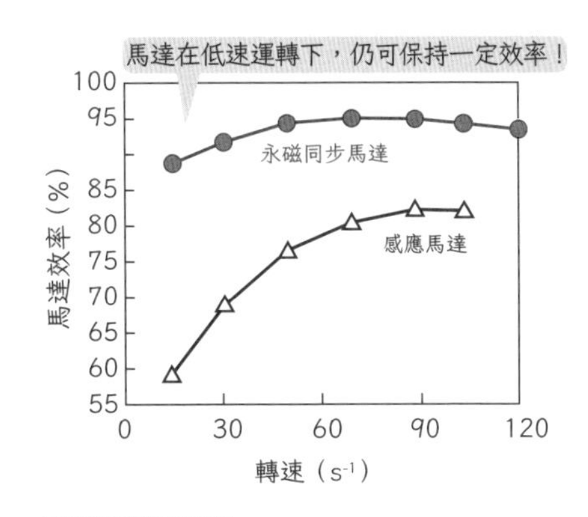

轉速與馬達效率的關係

冷氣的逆變器

- 日本家中電源為單相100V電源，電壓加倍整流電路後可轉變成200V，用以驅動冷氣的三相馬達。以這種方法提高電壓到200V時，馬達的電流僅為100V時的約$\frac{1}{2}$。

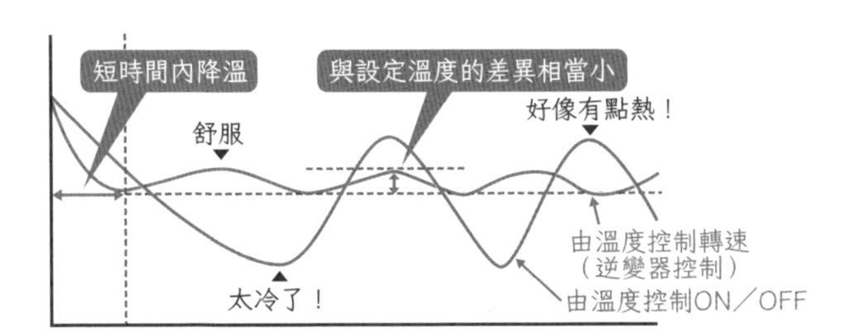

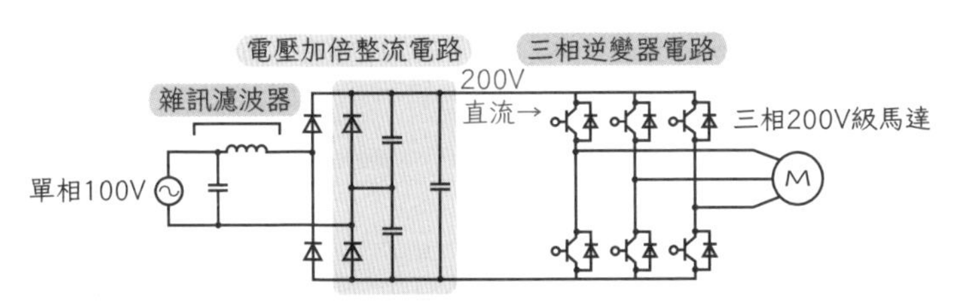

電壓加倍整流電路

電壓加倍整流電路（voltage doubler）…可在不使用變壓器的情況下，將電壓增為兩倍的整流電路。由二極體與電容組合而成。多段式的電壓加倍整流電路稱為**柯克勞夫－華爾吞電路**。

7-2

冰箱

～運用電力電子學來智慧節能～

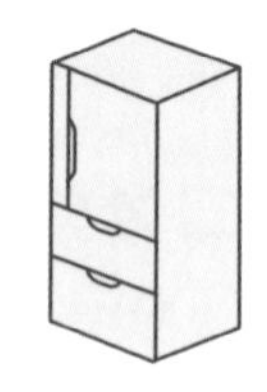

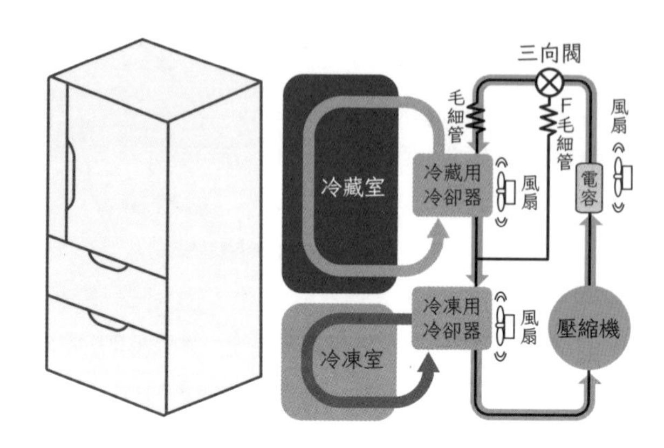

冰箱

■**冰箱**是住宅中運轉時間最長的家電。

■在開始使用電力電子元件以前，與冷氣一樣，冰箱也是用熱動開關切換壓縮機的ON／OFF。

■改用逆變器控制後，冰箱可依照箱內溫度控制轉速，大幅降低了消耗電力量、開關門時的溫度變化、夜間的運轉聲量等。

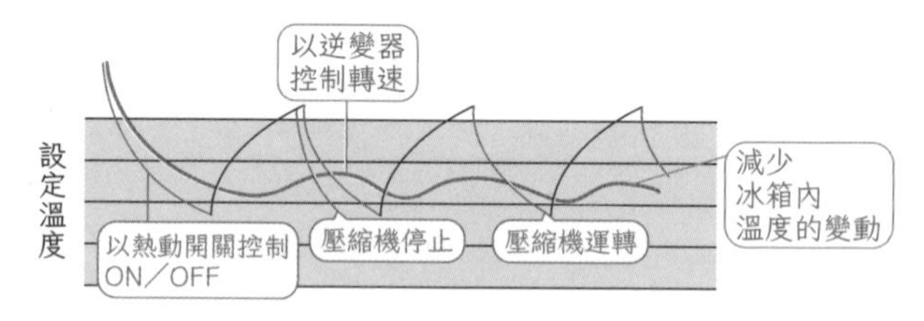

冰箱運作機制

電力量（power consumption）…功率（W）的瞬間值。功率乘上時間（s）後可以得到**電能**（J）。電能在日文中也叫做電力量，一般以kWh為單位。

冰箱的逆變器

- 一般而言，冰箱會使用電壓加倍整流電路，控制200V級三相馬達的轉速。
- 使用的馬達是感應馬達或永磁同步馬達。
- 與冷氣的運作原理大致共通，所以當冷氣技術提升時，冰箱的性能也會跟著提升。

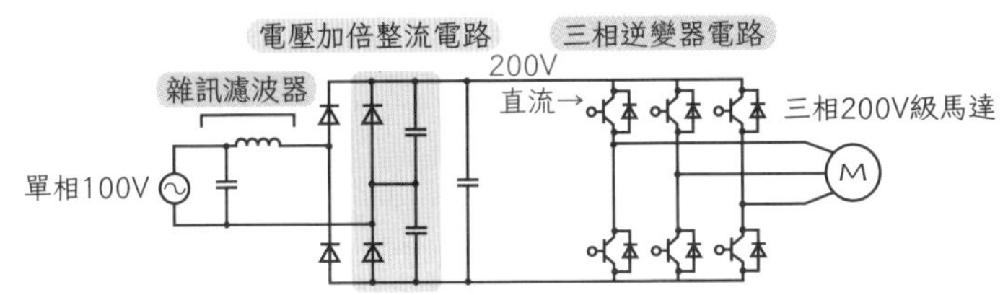

冰箱電路範例

冷氣與冰箱共通的降溫原理

- **冷卻循環**是一種以熱力學原理移動熱能的機制（**熱泵**），如下圖所示。以壓縮機壓縮冷媒氣體後，便可移動熱能。

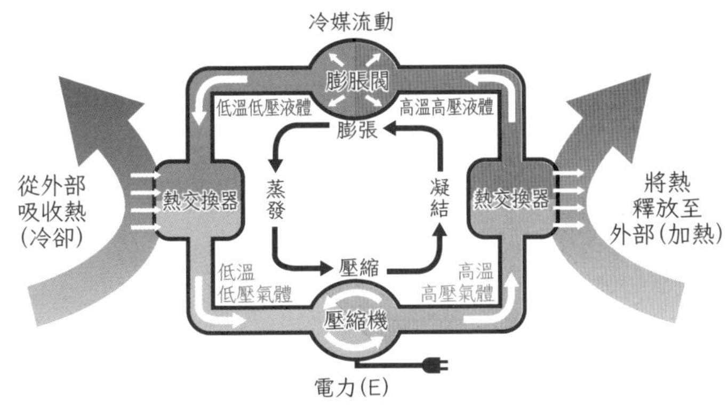

冷卻循環

- 冷氣與冰箱只差在冷卻溫度不同，冷卻循環的原理是一樣的。
- 使冷媒（在不同溫度下可以轉變成氣態或液態）吸熱／放熱，再移動冷媒，就可以達到冷卻／加熱的目的。
- 冷卻循環消耗的電力與移動熱能時使用的能量成正比，而非與移動的熱能成正比。因此，冷卻循環可移動的熱能，可以比消耗的電能高。

冷媒（refrigerant）…移動熱能時使用的媒介。通常是使用氟氯碳化物，近年來也會使用CO_2。移動熱能時會液化、氣化。

7-3

洗衣機

～用逆變器降低音量並維持高轉速～

直立式洗衣機

■**洗衣機**可以分成從上方取放衣物的直立式洗衣機，以及從旁邊取放衣物的滾筒式洗衣機。

■直立式洗衣機在洗衣時的轉速較低，馬達的轉矩較大；脫水時的轉速較高，馬達的轉矩較小。

■因為這樣，直立式洗衣機馬達的運轉條件落差很大，控制起來比較困難。以前會在馬達加上減速器，在洗衣與脫水時，切換不同的轉速。

■另外，洗衣機在室內使用時，減速器會產生噪音，故現在的洗衣機一般會改採永磁同步馬達，並拿掉減速器，降低運轉時的噪音。

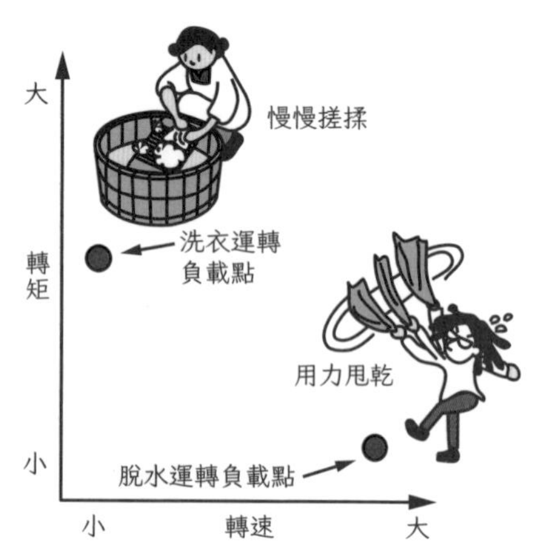

洗衣與脫水的負載點

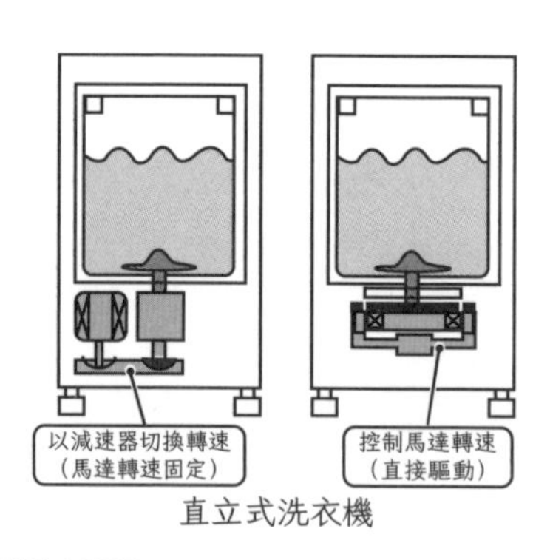

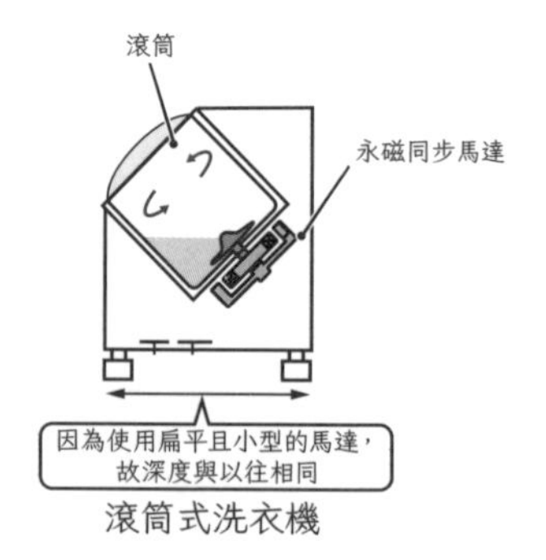

洗衣機的直接驅動

熱交換器（heat exchanger）…交換熱能的裝置。可用於加熱、冷卻。冷氣、冰箱等電器內的熱交換器可透過冷媒與空氣交換熱能。

洗衣機內的逆變器

■洗衣機內的逆變器可透過電壓加倍整流電路，控制200V級三相馬達的轉速。

■洗衣機的馬達可透過直接驅動控制轉速。

直接控制與滾筒式洗衣機

■滾筒式洗衣機的馬達裝在滾筒（洗衣槽）底部。依過去的技術製成的滾筒式洗衣機前後過長，一般日本住宅沒有空間放置這樣的洗衣機。

■另一方面，隨著永磁同步馬達的出現，人們得以製造扁平的薄型馬達，縮短洗衣機的前後深度，使滾筒式洗衣機在日本家庭逐漸普及。

■滾筒式洗衣機可直接驅動扁平的薄型永磁同步馬達運轉。

熱泵式洗脫烘衣機

■熱泵式洗脫烘衣機中，裝設了由逆變器驅動的熱泵，故可吹出熱風烘衣。

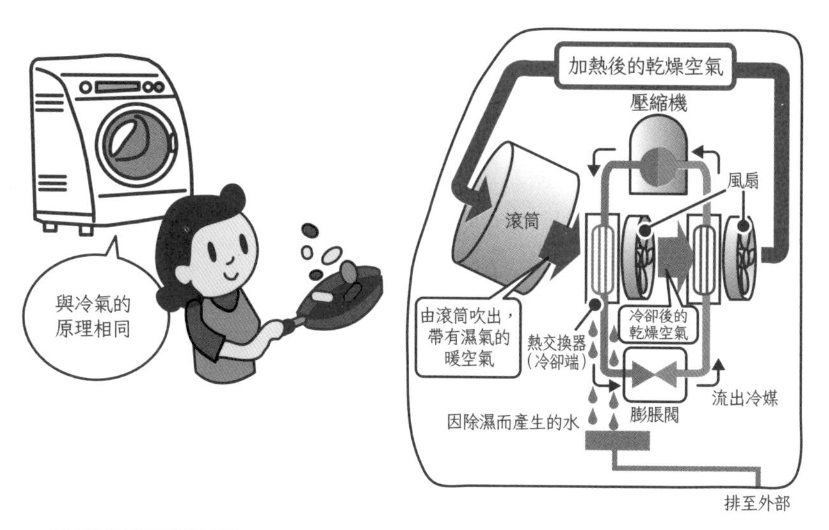

熱泵式洗脫烘衣機的運作機制

熱泵（heat pump）…透過加熱、冷卻移動熱能的零件叫做泵。加熱、暖氣機使用的泵常稱為熱泵。
膨脹閥（expansion valve）…液態冷媒通過時，降低其溫度壓力，使其轉變成易蒸發狀態的閥。

7-4

吸塵器

～用逆變器製造氣旋～

吸塵器是一種轉動馬達，吸取灰塵的簡單機械，不過在氣旋式、無線式等新型吸塵器中，也會用到許多電力電子技術。

傳統吸塵器（紙袋式）

- 傳統吸塵器（紙袋式）會直接用商用電源，驅動高速旋轉的通用馬達。
- 一般而言，傳統吸塵器（紙袋式）的馬達，轉速為每分鐘1萬轉。
- 傳統吸塵器（紙袋式）不使用電力電子元件。

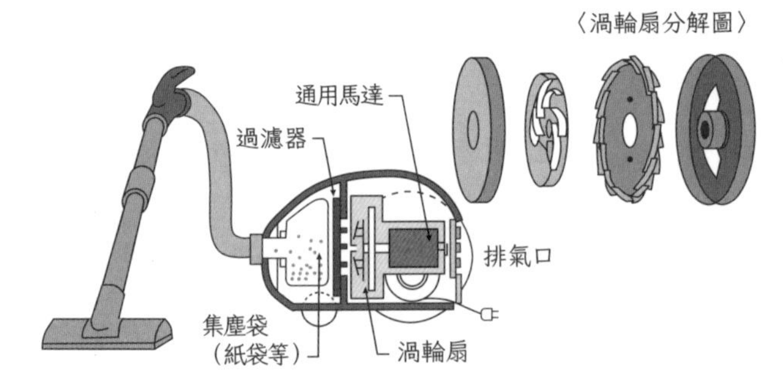

傳統吸塵器

氣旋吸塵器

- 氣旋吸塵器會使用永磁同步馬達等電力電子元件驅動馬達。
- 因此，馬達轉速可達每分鐘5萬轉以上，甚至有些產品可達每分鐘10萬轉以上。

渦流（swirl flow）…一邊旋轉一邊前進的漩渦，就像龍捲風一樣。

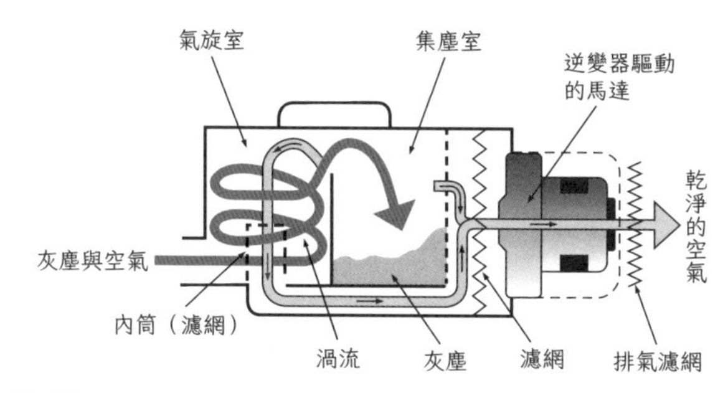

氣旋吸塵器的結構

無線吸塵器

- 無線吸塵器的電源為內裝電池，使用前必須先充好電。
- 這個充電器可將交流電轉變成直流電，是以DC-DC變換器控制充電的電力電子電路。
- 某些無線吸塵器的電池輸出為直流電，並使用交直兩用的通用馬達。
- 氣旋吸塵器則會用逆變器驅動交流馬達，使其高速旋轉。

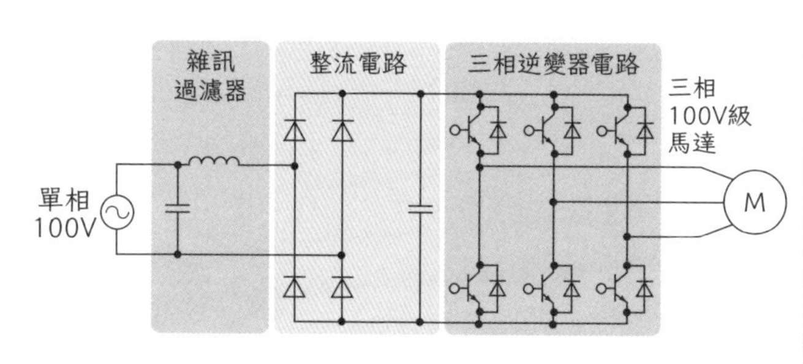

一般家庭用吸塵器的馬達輸出約為1kW。施加高電壓時，可以增加轉速，但為了對應無線化功能，需同時適用電池電壓，無法使用電壓加倍電路。

因此，無線吸塵器會直接整流商用電源，驅動100V級三相馬達運轉。

吸塵器的電路

整流（rectify）…將交流電轉換成直流電（參考第65頁）。

高頻（high frequency）…高頻率的意思。不同領域的高頻，意義也不一樣。電力電子領域的高頻，通常是指開關頻率（kHz）很高的意思。

7-5

微波爐

～用電力電子學任意改變加熱輸出～

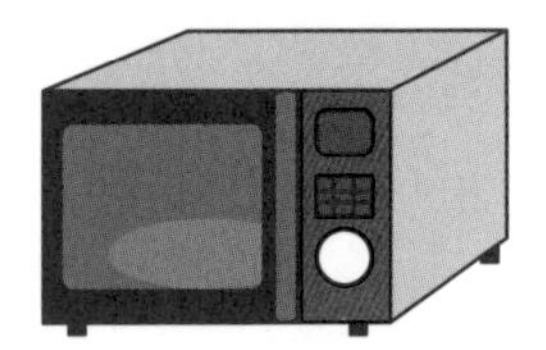

微波爐、烤箱等電器也叫做廚房家電。如名所示，這些電器是用來加熱、燒烤料理用的家電。如今使用電力電子元件的廚房家電也越來越多了。

微波爐

■**微波爐**可用**微波**（頻率2.4GHz的電磁波）加熱食品中的水分，使食品一起被加熱。

■要產生微波，需使用磁控管（真空管）。

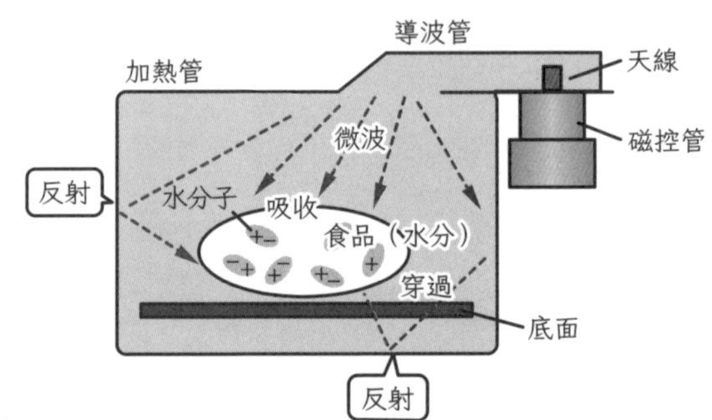

微波爐的機制

磁控管

■**磁控管**是一種真空管，在高壓電下可產生微波。金屬殼內側產生微波後，上方天線可產生電波。

■如果電壓沒有達到數千V的話，磁控管不會有動作。所以一般商用的單相100V電源無法驅動磁控管，需要變壓器升壓才行。

■在採用電力電子元件以前，磁控管是直接由ON／OFF控制，所以有時候無法順利運作。

磁控管

高頻變壓器（high frequency transformer）…高頻電力用的變壓器，鐵芯由鐵氧體等磁力性質特殊的材質製作。

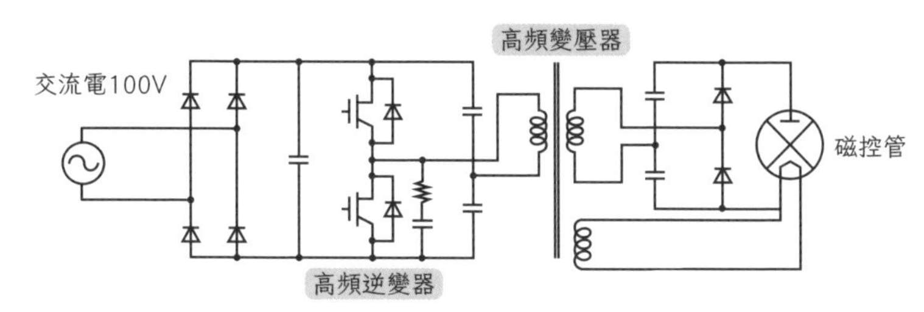

微波爐內的逆變器

微波爐內的逆變器

- 磁控管需在高電壓下才能正常運作，故需要升壓用的變壓器。而用高頻逆變器，可以小型化這種變壓器。
- 而且我們可以透過控制逆變器，調節磁控管的動作電壓。不需切換ON／OFF，而是能連續改變加熱輸出的大小。
- 在微波爐開始使用逆變器之後，就從原本的ON／OFF控制，轉變成了連續控制。相對其他電器，微波爐的運轉時間較短，所以電力電子元件帶來的節能效果比較不明顯。

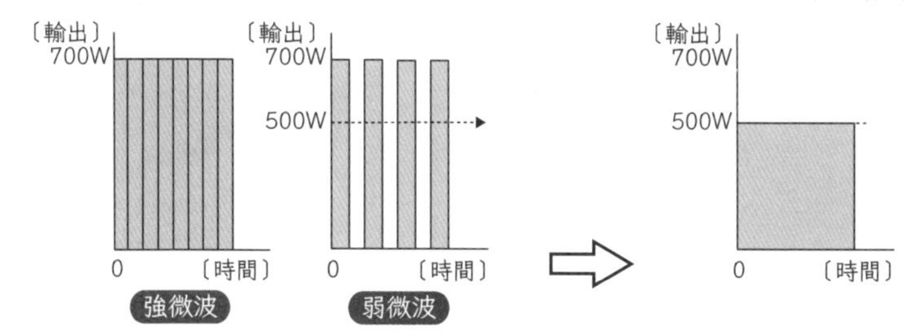

微波爐導入逆變器後的效果

為什麼高頻化後可以小型化

磁場可讓線圈產生電磁感應現象。電磁感應所產生的電動勢大小，與磁場變化的速度（頻率大小）成正比。也就是說，在相同電壓下，頻率越高，需要磁通量就越少，可以用越小的線圈達到相同的感應電動勢。

換個例子來說，大水桶一次裝的水量，可以用小水桶分好幾次裝。以高頻率切換開關時，就是增加每秒切換開關的次數。如此一來，*L*與*C*就不需那麼大，使整體裝置能夠小型化。

高頻逆變器（high frequency inverter）…以逆變器輸出高頻率交流電的變壓器。與一般逆變器相比，高頻逆變器的開關頻率特別高，所以各部分都需設計成高頻率專用的形式。

7-6

IH
～用渦電流做料理！～

IH指的是能用電磁感應進行感應加熱的加熱裝置（參考第55頁）。

IH爐

- 電磁感應與單位時間的磁極變化（N與S的切換）次數成正比，故當頻率越大，即磁極變化頻率越高時，產生的熱能就越多。

- 因此，IH爐通常會使用20～90kHz的高頻率磁場。

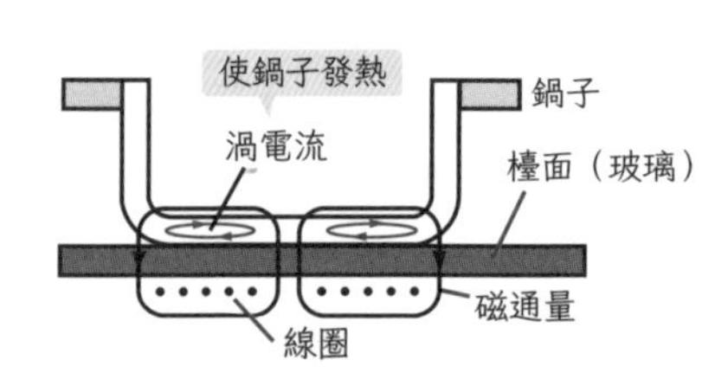

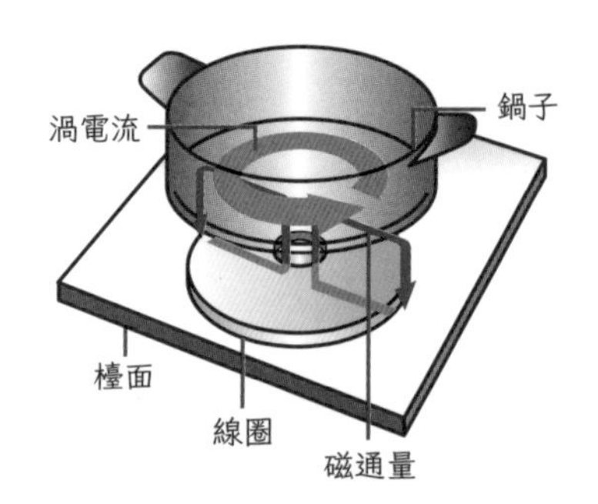

IH 爐的結構

IH爐的加熱機制

- IH爐的加熱機制如下
  ①透過電磁感應，在鍋子內部產生電動勢。
  ↓
  ②在金屬（鍋子）內部產生渦電流。
  ↓
  ③由渦電流的焦耳熱，使金屬（鍋子）發熱。

- 此時由鍋子產生的電動勢e可由右式求出（參考第42頁）。

$$e=-L\frac{dI}{dt}$$

$\frac{dI}{dt}$：線圈內電流的每秒變化

感應加熱（induction heating）…電磁感應使金屬內部產生渦電流，渦電流可產生焦耳熱以加熱金屬。

IH爐的逆變器

■有些會使用單一開關元件（**單開關式**）的共振式逆變器。

■**共振式逆變器**的輸出頻率，由線圈電感L的LC共振頻率決定。

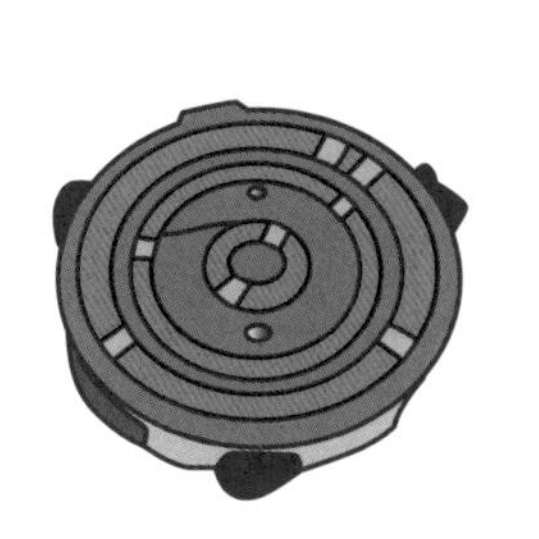

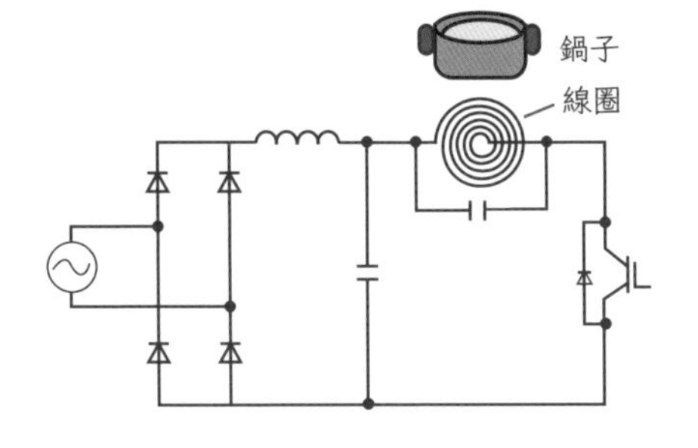

IH 爐的線圈與逆變器電路

IH電子鍋

■**IH電子鍋**的運作原理與IH爐相同，都會用到共振式逆變器。

■高級機種的底面、側面、鍋蓋都裝有線圈，分別控制各自的逆變器，以管控加熱分布。

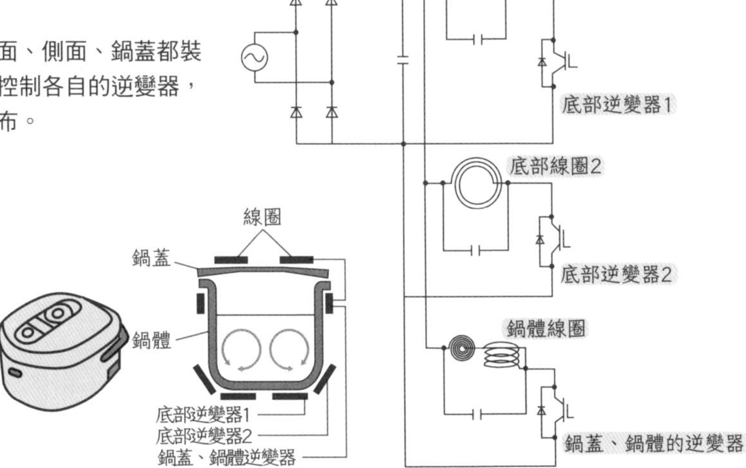

IH 電子鍋的結構與逆變器

單開關式逆變器（single-piece inverter）…只靠著一個開關的ON／OFF，將直流電轉變成交流電的過程。
半導體領域中使用的矽原料來自石頭，所以半導體元件也常被稱為「石頭」。

7-7

照明

～運用電力電子學點燈～

LED照明

- LED為二極體的一種，利用半導體的特性來發光。
- 也就是說，使用LED照明時，需控制通過LED的直流電。
- LED電流過大時會燒毀，所以必須使用電力電子元件控制。

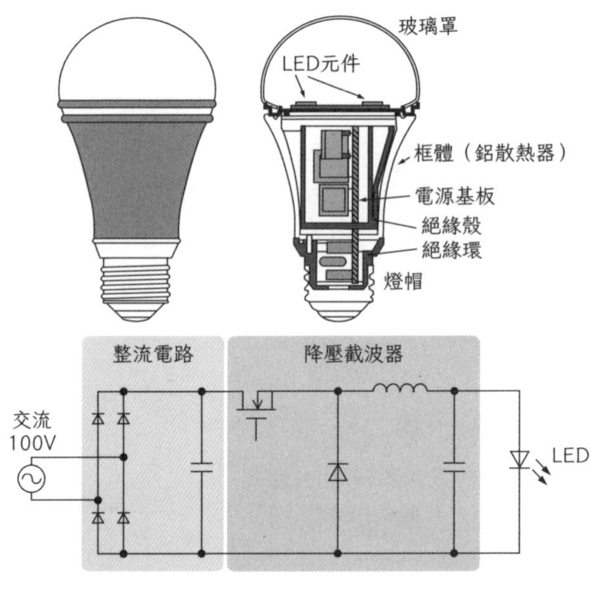

LED 照明的結構與電路

LED照明的驅動方式

- LED照明的驅動方式可分為以下兩種。
- **DC驅動方式**，是將交流電整流成直流電，再透過降壓截波器，控制通過LED的直流電流的大小。
- **脈衝驅動方式**是以脈衝波列驅動LED。可透過脈寬或脈衝數來調整光量。另外，與一直亮著的燈相比，一閃一閃的光線會讓人眼覺得比較亮。

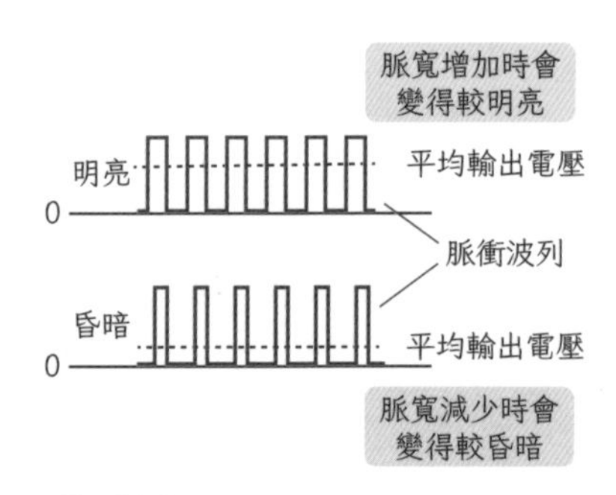

脈衝驅動方式

共振（resonance）…線圈與電容間的能量移動，會符合某個特定頻率（**共振頻率**）的電路。共振頻率由電感L與靜電容量C的大小決定，也叫做LC**共振**。

日光燈

- **日光燈**（螢光燈）會透過燈管內的電弧放電產生紫外線，紫外線照射到玻璃管內側的螢光物質後，會產生可見光（眼睛看得到的光），照亮周圍。
- 因此，如果日光燈要接上商用電源，必須安裝**啟動器**以啟動管內電弧放電，並安裝**扼流線圈**以穩定電弧放電的電流。
- 另一方面，若使用逆變器，就可以同時達到啟動器與扼流線圈的效果。
- 而且逆變器可以控制頻率，以高頻率閃動日光燈，使人眼不會看到一閃一閃的樣子。

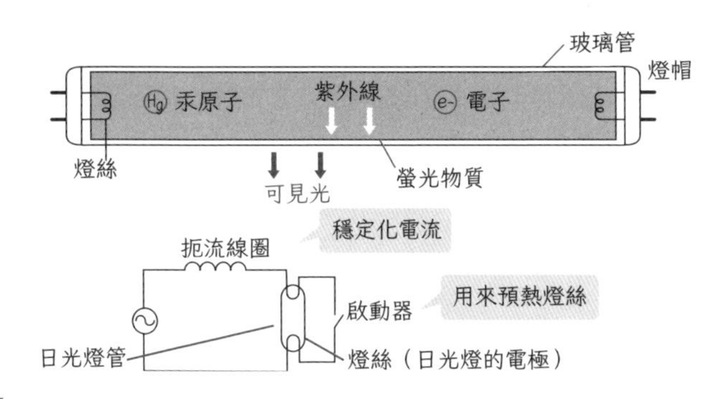

日光燈

日光燈的逆變器

- 若要以逆變器點亮日光燈，需要產生40kHz以上的高頻率電流，所以會使用共振式逆變器。
- 使用共振式逆變器時，改變頻率就可以調節亮度。

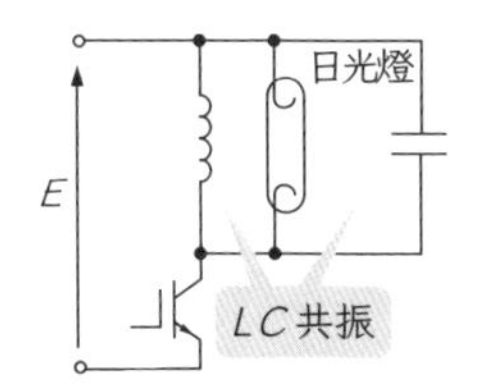

單開關式共振式點燈電路

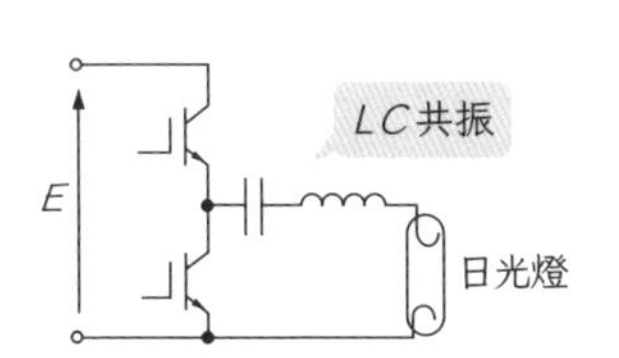

雙開關式共振式點燈電路

日光燈的逆變器電路

LED（Light Emitting Diode）…**發光二極體**。有電流通過時會發光的半導體。依構成材料的不同，會發出不同波長（顏色）的光。

7-8

AC配接器與充電器

～看起來很像其實大有不同～

電腦、智慧型手機等需要為電池充電的機器，都會用到充電器或AC配接器。這些機器的內部電路需以低壓直流電運作，故無法直接接上商用電源。

AC配接器

- **AC配接器**是筆記型電腦等裝有電池的行動裝置在直接接上商用電源時，將商用電源的交流電轉換成機器需要的直流電（譬如13V）的整流器。

AC配接器的原理與電路

- AC配接器可用變壓器將交流電絕緣、降壓，再用整流電路整流。
- 簡易AC配接器可以穩定電壓。
- 內建變壓器，故AC配接器又大又重。

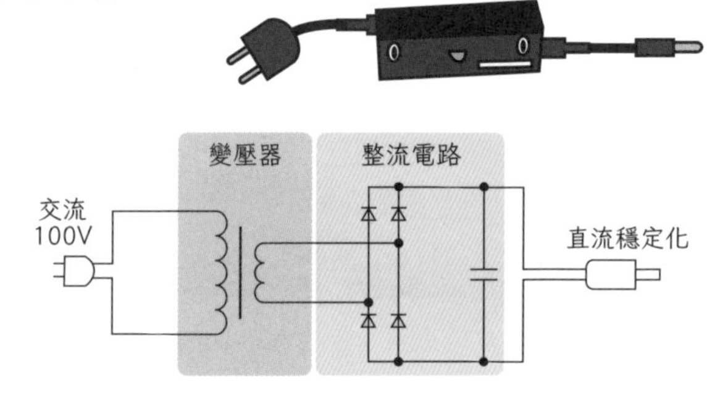

AC 配接器的電路

高頻變換器（絕緣型DC-DC變換器）

- **高頻變換器**可將商用電源轉換成直流電，再以絕緣型DC-DC變換器改變電壓。
- 使用高頻電流，故變壓器可小型、輕量化。
- 另外，因為可以控制輸出電壓與輸出電流，故可固定電壓與電流。

電弧放電（arc discharge）…電極間的氣體被電擊穿，變為離子，使電極間產生電流並持續發光、高熱的現象。**火花放電**則是指瞬間的放電現象。

絕緣型DC-DC變換器（isolated DC-DC converter）…參考3-6節（第80頁）。

充電器

■以商用電源為智慧型手機或平板電腦的內建電池充電時，會使用**充電器**。

■充電器與AC配接器類似，可以將交流電轉換成指定電壓的直流電。與AC配接器不同的地方在於，充電器可以視電池的充電狀態，控制電流大小。

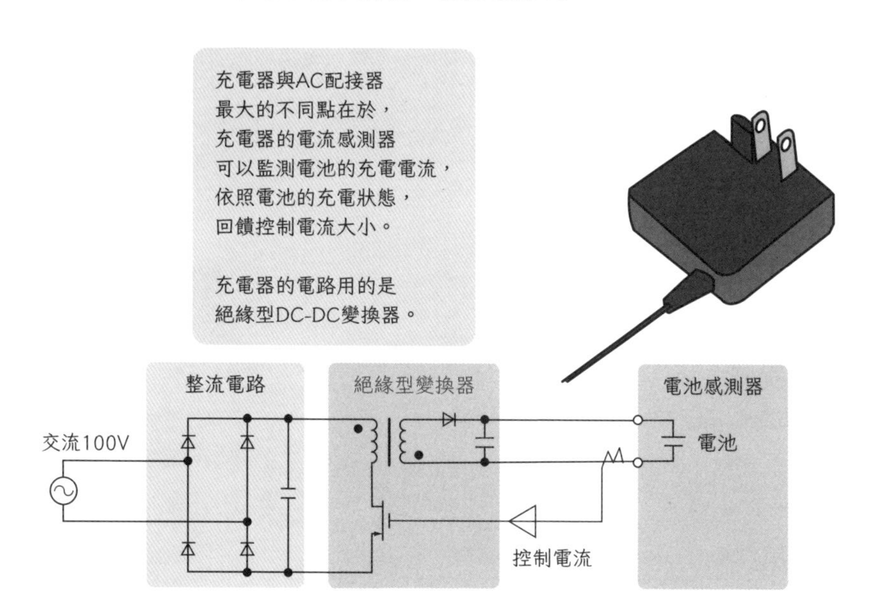

充電器的電路

隨身機器的充電控制

■搭載電池的隨身機器在充電初期時，會以固定電流的方式控制充電，後期則會以固定電壓的方式控制充電。

■這種控制模式的變化，可以縮短充電時間，減少電池耗損，維持充電器容量等。

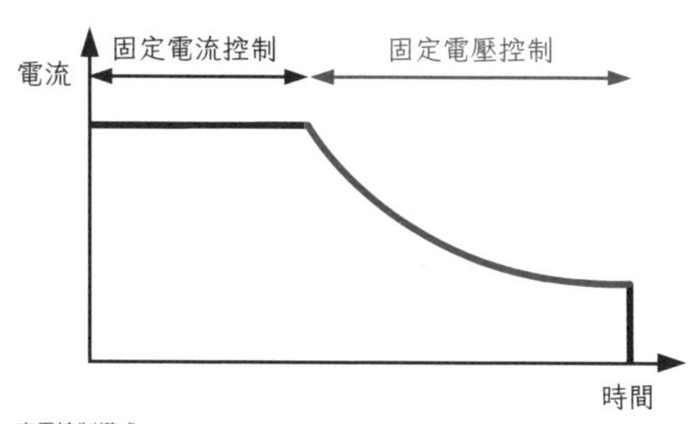

充電控制模式

充電器（battery charger）⋯為充電電池（**蓄電池**）充電的工具。
鋰離子電池（Lithium-ion battery）⋯利用電池內電極間的鋰離子移動來產生能量的電池。又輕又小，故相當普及。

7-9

資訊傳輸裝置、影像播放裝置

～支撐著敏感複雜的 ICT、IoT～

電子機器

■所有使用單晶片或電子電路的電子機器，都有一個電子電路專用的電源。

■**電子電路電源**與商用電源絕緣，是一個直流、電壓為5V、12V穩定電源，供電子電路使用。

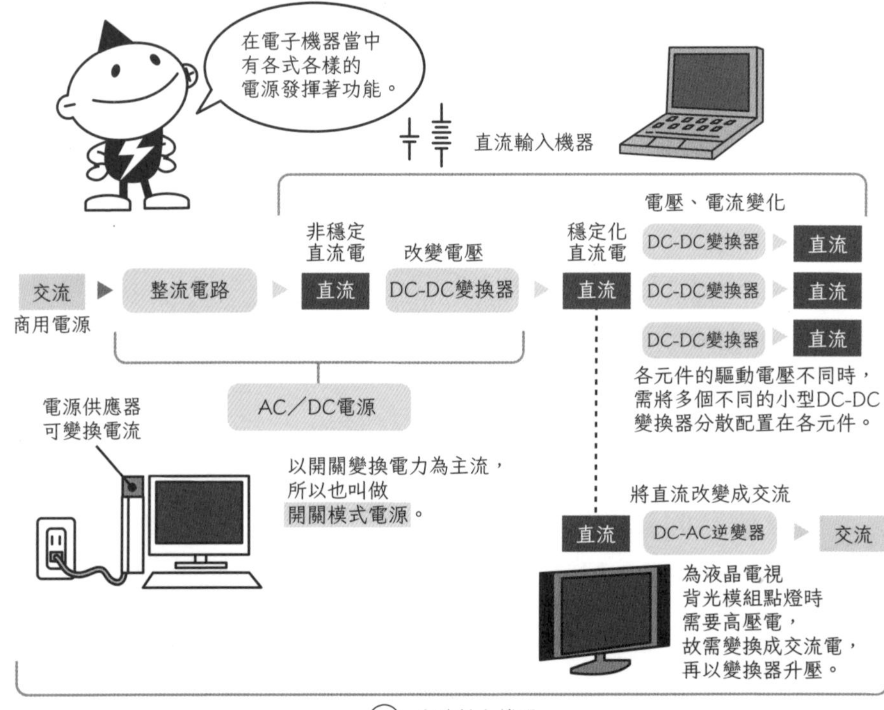

電子機器內部的電力變換元件

IC（Integrated Circuit）…**積體電路**。在矽基板上裝設電晶體、電阻等電路元件，並適當配線，使其成為擁有某種功能的電子電路。

DVD（Digital Versatile Disc）…以雷射光讀取資料的儲存媒介。

印刷電路板的電源

- IC印刷電路板上有數個電源電路。包括5V的穩定化電路、將5V轉換成3.3V的電路、將5V轉換成2.5V的電路等。

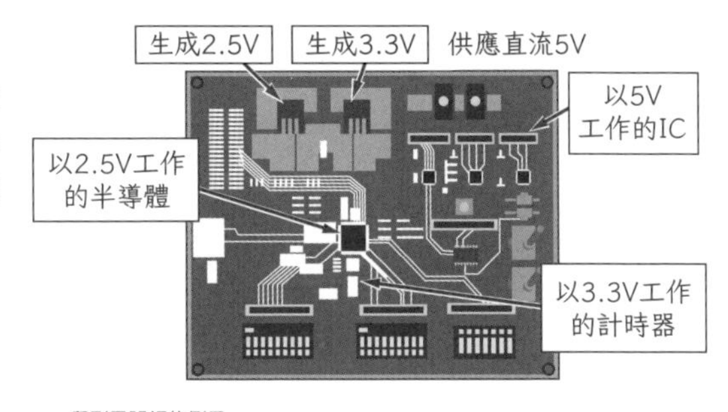

印刷電路板的例子

液晶顯示器

- 液晶顯示器除了需要電子電路用電源之外，也需要準備驅動液晶的電源。
- 另外，要顯示液晶圖像時，還需要約10V的電壓，所以有升壓電路。

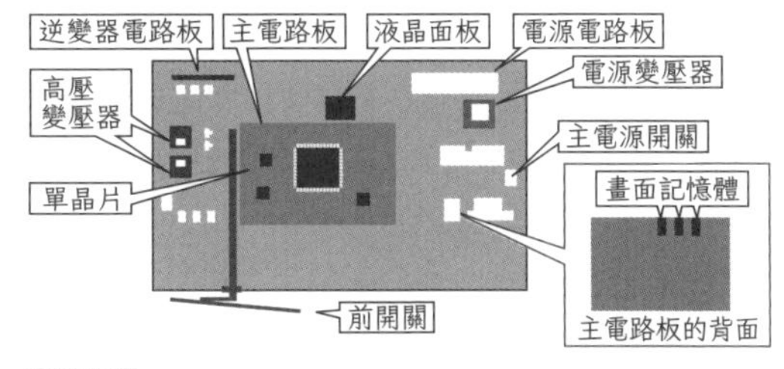

液晶顯示器

硬碟結構

- DVD或HDD等碟片驅動裝置中，含有能夠轉動硬碟的主軸馬達，以及能夠移動讀寫頭的音圈馬達。
- 兩者都需要精密控制，所以需要電力電子元件的伺服控制。
- 此外，還需要能移動硬碟托盤的馬達。
- DVD或HDD的碟片中，內側軌道與外側軌道半徑不同。為了讓讀寫速度保持一定（Constant Line Velocity）需要隨時控制旋轉速度。

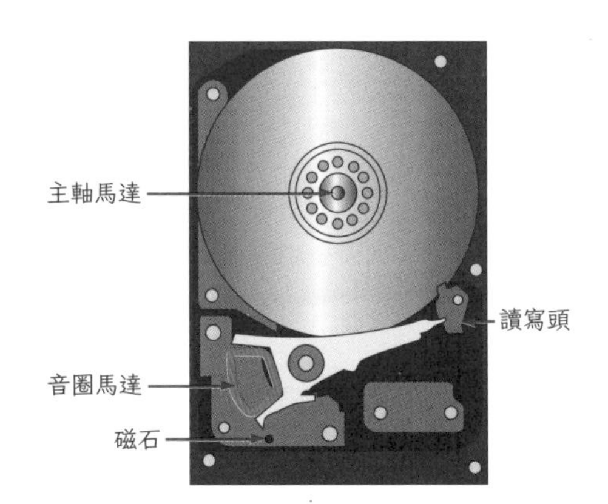

硬碟結構

HDD（Hard Disk Drive）…以磁性作為記憶媒介的記憶裝置。
主軸馬達（spindle motor）…馬達與旋轉部分（轉軸）一體化的馬達。名稱源自其使用目的。

家用太陽能發電與能量農場

～沒有電力電子學就無法成立～

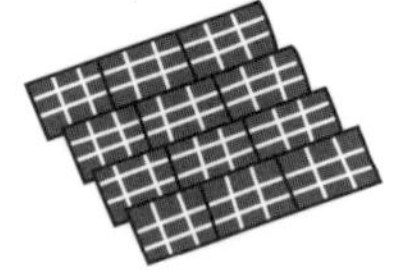

家庭用太陽能發電

- **太陽能電池**可透過電力調節器（連接電網用的逆變器）連接電力系統（參考6-10，第156頁）。

- 電力調節器的輸出，與單相三線制的100/200V系統相連。

- 太陽能板的發電量會隨著日照改變，相對不穩定。因此需要升壓截波器將電壓提高到400V以上，使電壓穩定化。再透過逆變器轉變成交流電。

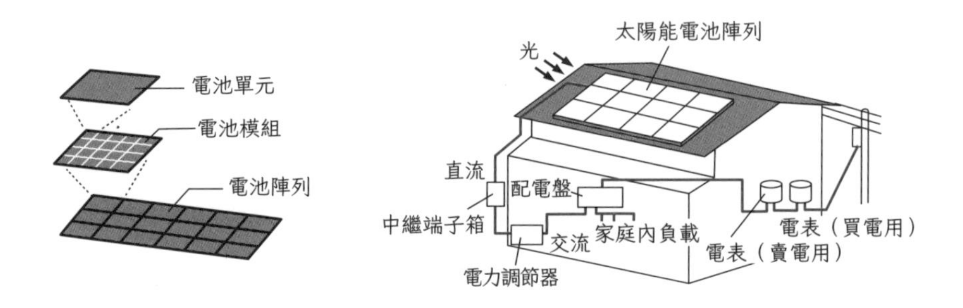

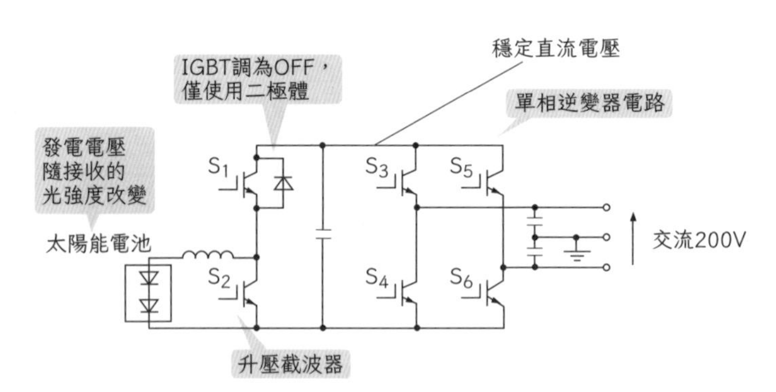

家庭用太陽能發電的結構與電路圖

太陽能電池單元（solar cell）…太陽能電池的基本單位。裡面的半導體照到光時會產生電動勢，可用來發電。
太陽能電池模組（solar cell module）…將多個電池單元相連，並以玻璃、樹脂保護的裝置。
太陽能電池陣列（solar array）…將多個模組相連，可放在架上的裝置。

MPPT控制

■太陽能電池的電壓、電流特性會隨著日照強度改變，故功率最高時的電壓也會隨著日照強度而改變。

■為了在日照強度不同時都能獲得最大輸出，需使用電力電子元件，調節太陽能板的動作電壓，這叫做**MPPT控制**。

■太陽能板發電的電力為（電壓）×（電流）。

■所以，最高發電功率的電壓，會隨著日照強度改變，如右圖所示。

■為了在日照強度不同時都能達到最高發電功率，需以MPPT控制隨時調節太陽能板的電壓。

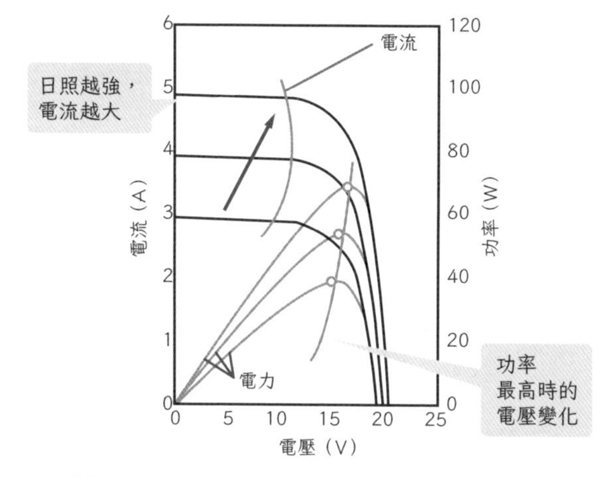

MPPT 控制

■MPPT控制常使用**登山法**。登山法會先試著提升些許電壓，如果功率跟著提升的話，就再繼續提升電壓；如果功率降低的話就降低電壓。所以當功率達到頂峰後，會在頂峰附近來來去去，這就是登山法。

日照強度（intensity）…光的強度。單位為（kW/m^2）。**日照量為一段時間內的陽光能量**。單位為（kWh/m^2）或（J/m^2）。

MPPT控制（Maximum Power Point Tracking）…**最大功率點追蹤控制**。參考正文。

能源農場

- 使用天然氣、液化石油氣的燃料電池發電系統。
- 燃料電池發電時的排出大量廢熱，以這些廢熱產生溫水並儲存，可用於熱水供應。這個過程稱為**熱電共生**。
- 家庭用燃料電池的熱電共生，在日本也稱為**能源農場**（ENE-FARM）。

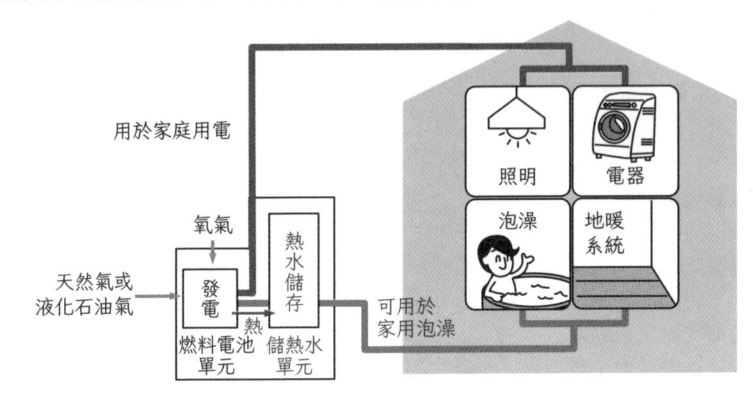

熱電共生示意圖

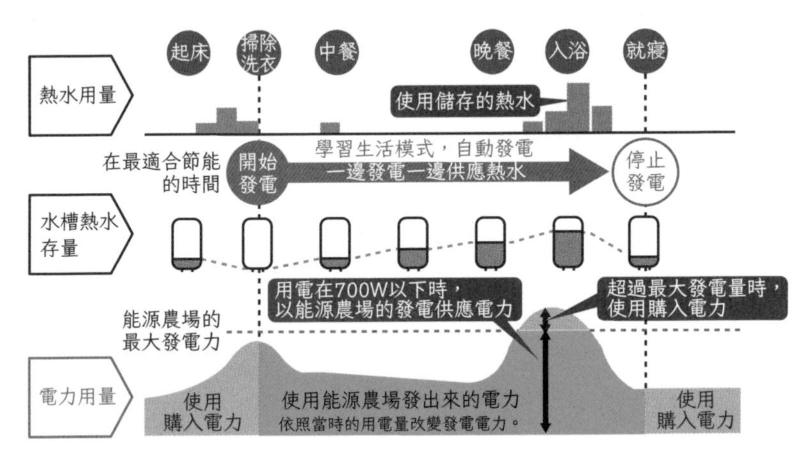

能源農場的熱電共生

燃料電池（fuel cell）…透過氫氣與氧氣的化學反應產生電力的發電裝置。

BMU（Battery Management Unit）…監控電池電壓、溫度的管理單元。

能源農場的電力調節器（連接電網逆變器）

- 要將能源農場接上電網時，由於燃料電池的發電電壓較低，故需使用升壓截波器。

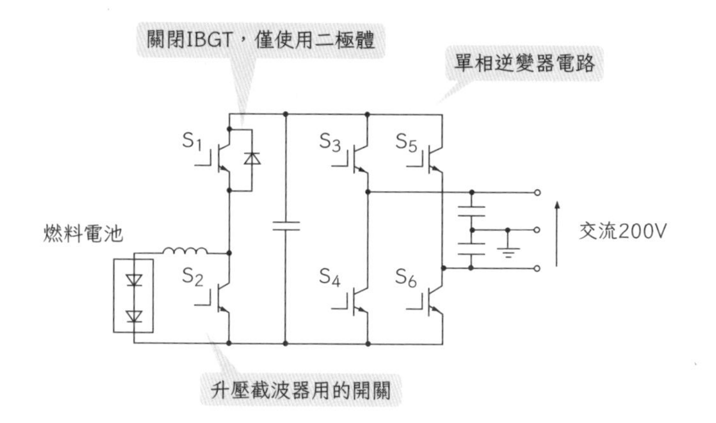

能源農場的逆變器電路

蓄電與儲熱

- 以燃料電池發電時，需排出廢熱。
- 儲存電力並不容易，不過以廢熱為水加熱後，可簡單儲存在熱水槽。
- 如此一來，使用電力的同時，可以儲存廢熱（熱水）。

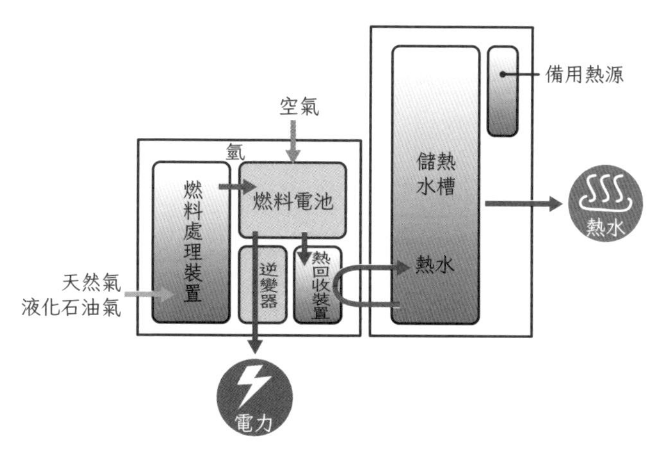

能源農場的蓄電與儲熱

7-11

HEMS與智慧電網

～管理家庭內的能源～

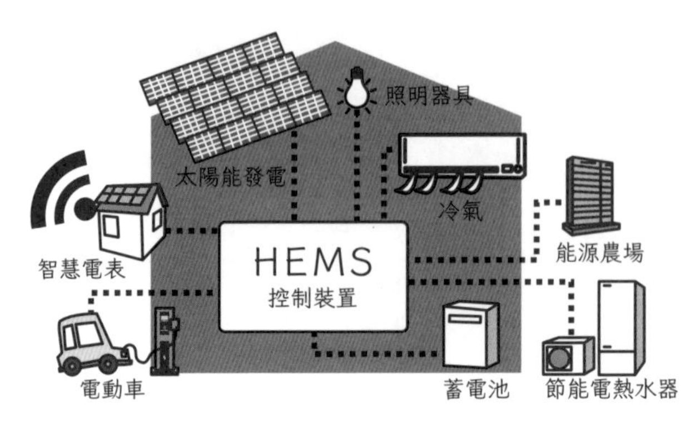

HEMS 示意圖

HEMS與電力電子

- HEMS指的是家庭能源管理系統，可集中管理家電、太陽能發電、蓄電池、電動車等用品。

- 具體來說，就是以監視畫面將消耗能量「視覺化」，自動控制各種家電。

- 這需要進行交流直流轉換、直流變壓、電池充放電控制等，所以HEMS需用到電力電子元件。

家用蓄電系統

- 要實現HEMS，必須擁有儲存電力的能力。

- 故需要家用蓄電系統。

- 除了購買蓄電池之外，也可以使用電動車電池（V2H）。

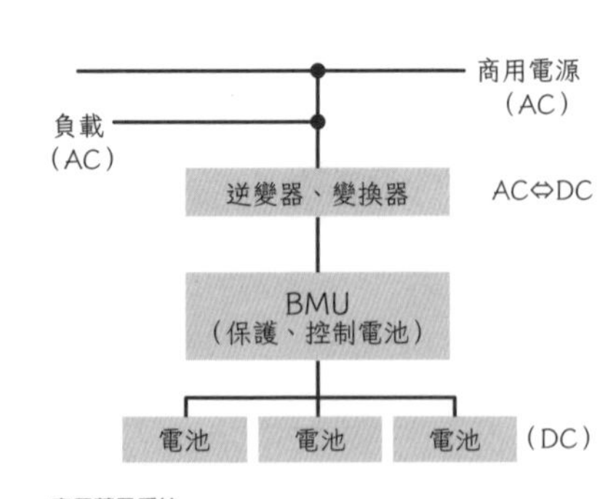

家用蓄電系統

HEMS（Home Energy Management System）…參考正文。

智慧電網

■**智慧電網**可透過資訊網路，控制電力的供給與需求。

■也就是說，智慧電網是能夠最佳化電力使用效率的電網。

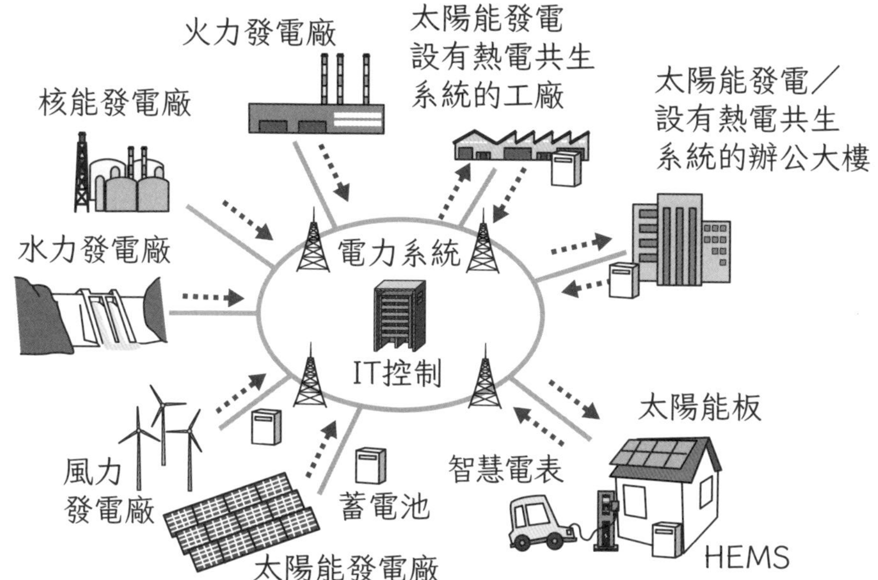

智慧電網示意圖

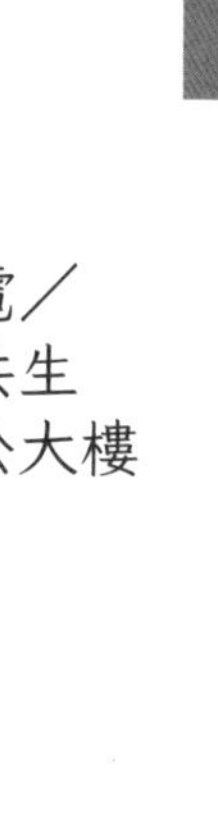

智慧電網（smart grid）…控制電力的供給、需求，使電力使用效率最佳化的電網。建構這種供電電網時，需要專用機器、軟體。

V2H（Vehicle to Home）…將電動車搭載的電池電力納入家庭用電的系統。

黑與白

白色家電是冰箱、洗衣機、冷氣機的總稱，通常指家庭內耗電量相對較大的電器。因為早期這些電器通常都是白色，所以有了這樣的稱呼。

相對的，**黑色家電**則是指主要功能為影像顯示、資訊處理等耗電量較小的電器。這些電器的顏色通常以黑色為基調。

此外，還有些家電會被歸類為**生活家電**（吸塵器、電熨斗）、**廚房家電**（微波爐、IH爐）等。

雖然這些俗稱都沒有嚴謹的定義，不過大型家電賣場常會以這種簡單易懂的方式為電器分類。

白色家電

黑色家電

白色家電與黑色家電

停電以外的電源異常

除了停電以外的電源異常，可整理如下。

電源異常的種類　　波形

瞬間停電

不到1秒的停電。
電力公司切換供電途徑時發生。

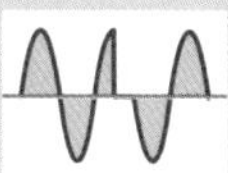

瞬間電壓下降（瞬低）

約0.07秒到0.2秒左右的停電。落雷或雪災所造成的閃燃，會使供電電線的電壓下降。

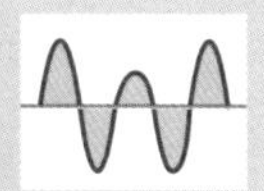

電壓變動

電壓上升、下降。電壓下降的原因多為電源設備容量過小、啟用了某個耗電量大的電器等；電壓上升則有可能是因為外部雜訊。

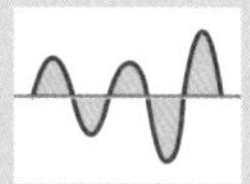

突波

一次性的電壓上升（電壓過高）或電流過高。打雷或切換配電系統時，易發生突波。

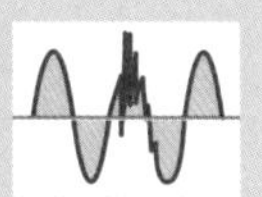

雜訊

於電源波形紊亂時產生。落雷、工業機械、發電機、無線機器、電子機器等各種機器都有可能發生。

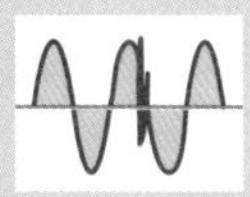

電源異常的種類與各種波形

TRANS, Everywhere.

第 8 章　交通工具與電力電子學

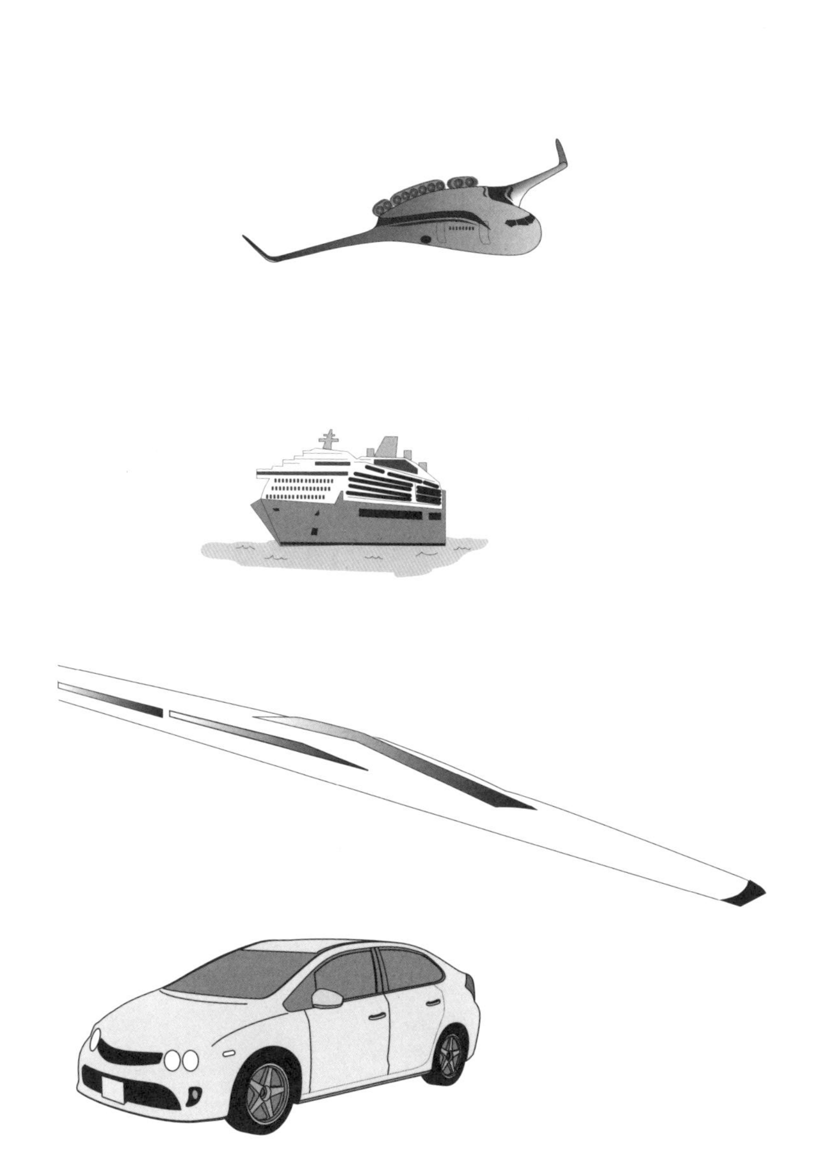

8-1

鐵道車輛

～鐵道是電力電子學的優等生～

電氣化火車的運作機制

- 電氣化火車（以下簡稱**電車**）會從集電弓獲得電力，驅動馬達運轉。
- 電車頂部的集電弓會與一條**架空線**（張在電車上方的電線）接觸。
- 要讓電流通過，必須有兩條電線，一條接正極一條接負極。而在電車的例子中，軌道就是另一條電線。

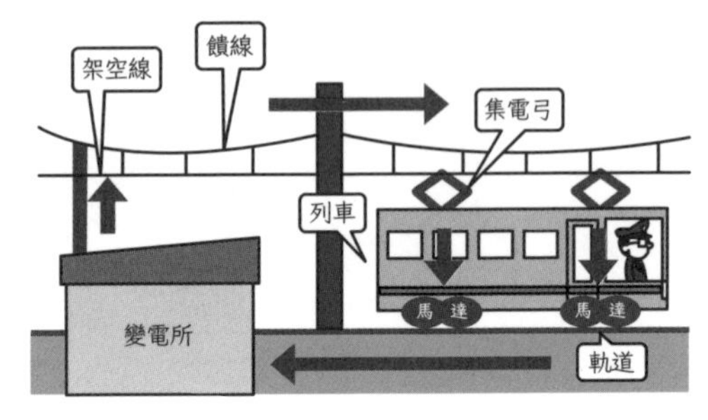

電車電流的方向

- 以日本而言，JR在來線與私鐵的電車，架空線的電流多為直流1500V。
- 日本國內幾乎所有電車都使用感應馬達。
- 這種馬達裝在電車地板下的台車。一個車廂裝有兩組台車，每個台車有兩個車軸，每個車軸裝有一個馬達。也就是說，一個車廂有兩組台車、四個馬達。

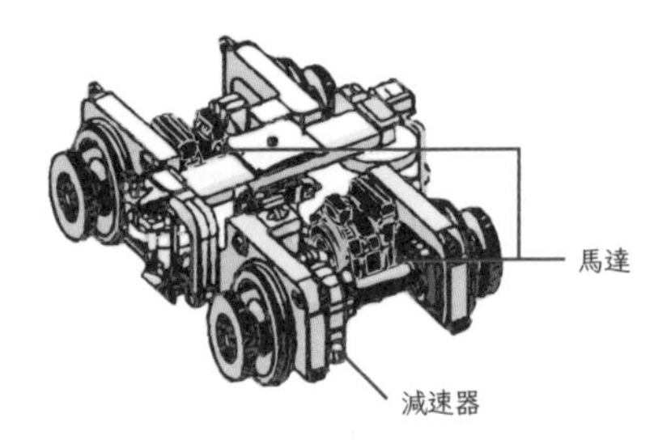

電車馬達

- 將好幾個車廂編成一列電車時，有時會將其中幾個車廂的的馬達拿掉。

VVVF（行駛用逆變器）

- 一般日本國內的電車，是用逆變器，以向量控制方式（6-9節，參考第154頁），控制輸出150kW的感應馬達（IM）。也就是透過逆變器，控制感應馬達的轉矩。

集電弓（pantograph）…裝在電車頂部，用以導入架空線電流的集電裝置。外型為菱形或Z形，可以伸縮。
饋線（feeder）…將來自變電所的電流導入較細的架空線的電線。

■以電車為例，逆變器本身通常也被稱為VVVF。不過，如同在6-6節（第148頁）介紹的一樣，VVVF是一種控制感應馬達轉速的控制方法。正確來說，我們可透過電車的逆變器，以向量控制方法控制馬達轉矩。

■以電車為例，大部分會以一個逆變器來控制一個車廂的四個馬達。

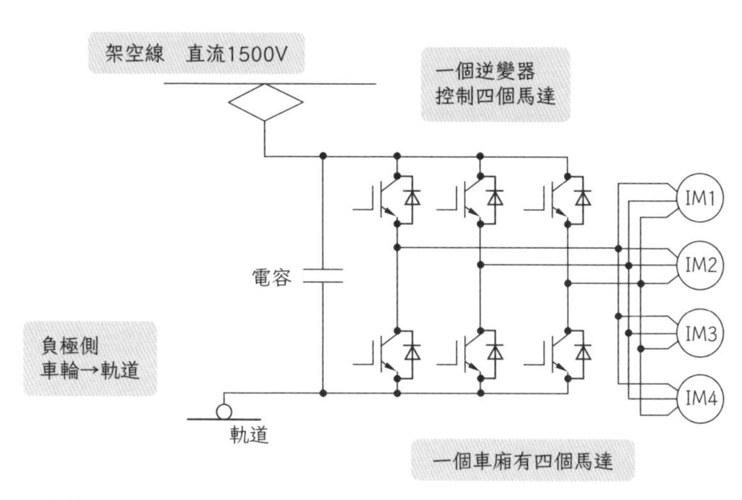

VVVF 電路

SIV（輔助電源使用的逆變器）

■SIV是一種逆變器。由集電弓供應的直流電在用於車內照明、空調時，需以SIV轉換成交流電。

■SIV可分成200V或400V的輸出，以CVCF方式控制（參考第156頁）。

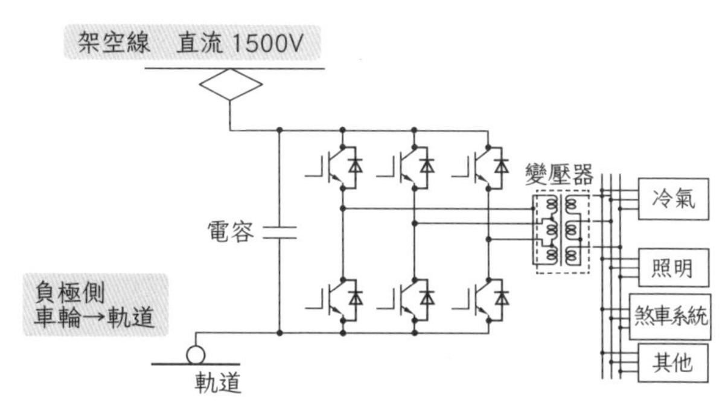

SIV 電路

架空線（overhead wire）…張在電車上方的電線。這裡指的是透過集電弓，供應鐵路車廂電力的電線。
車軸（axle）…車廂車輪的轉軸。

逆變器的再生

■電車的逆變器不只有行駛時驅動馬達的功能，在**再生制動**上也扮演著重要角色（參考第243頁）。

■減速時，可將馬達視為發電機，發電時的負載為煞車制動力，這樣就可以產生電力。這個動作就叫做**再生**。

■再生產生的電力可透過架空線，傳送給同時間行駛中的其他電車使用。相對於再生，以馬達的運轉行駛時，稱為**動力運轉**。

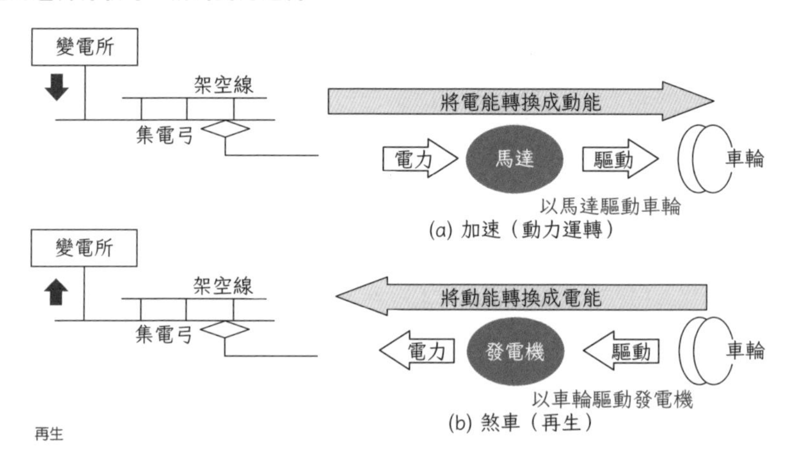

再生

逆變器的再生

■將電車的逆變器（IGBT）OFF時，電路會轉變成三相整流電路。

■也就是說，馬達發出的三相交流電，經過逆變器的反饋二極體後，會整流成直流電。

■此時，如果產生的直流電電壓比架空線的電壓還要高，電力就會透過架空線送出。

■駕駛可依情況切換再生煞車與機械剎車。

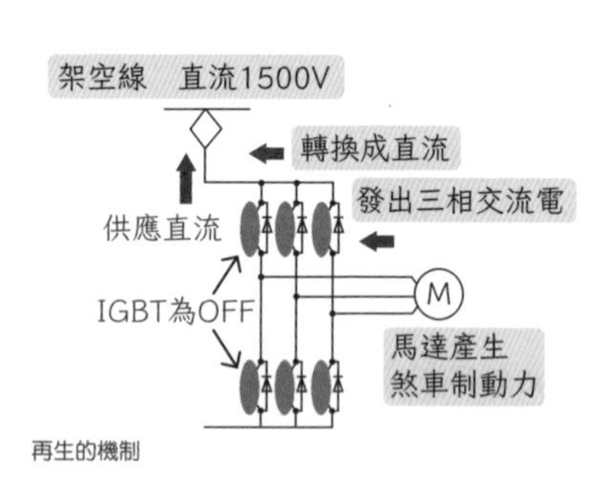

再生的機制

SIV（Static InVerter）…鐵路車輛用的輔助電源裝置，為和製英語。英語叫做**APU**（Auxiliary Power Unit）。

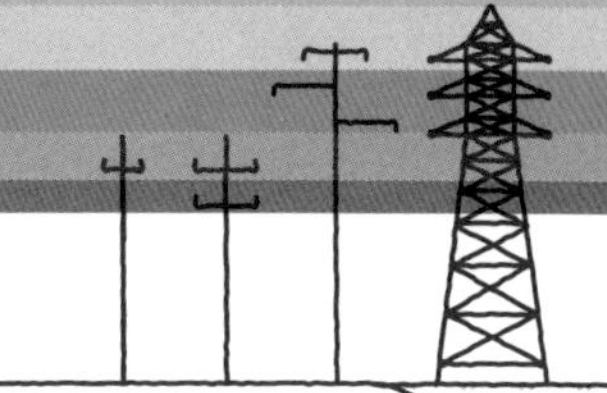

電車搭載的電力電子學機器

電車除了行駛系統、SIV之外，在以下系統中也會用到電力電子機器。

- 控制冷氣的逆變器
  （不只是壓縮機，也要控制室內、室外風扇）
- 控制電動門的系統（不只是旋轉型馬達，也會用到線性馬達。過去會使用氣壓控制門的開閉）
- 控制空氣煞車用壓縮機的逆變器

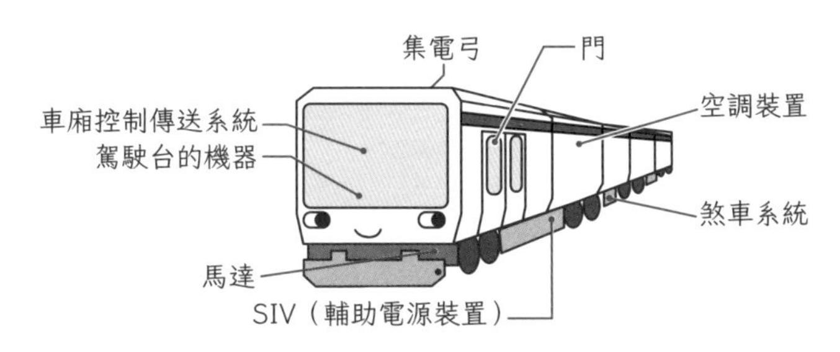

電車搭載的電力電子機器

一般會用**脈衝模式切換**的方式來控制電車用的逆變器。這是透過切換由PWM所控制的載波（參考5-4節，第127頁）頻率，使其轉變成訊號波頻率（要輸入至馬達的頻率）的整數倍。如此一來即使頻率改變，訊號波在一個週期內的脈衝數仍固定。

低速下的脈衝數相當多
這段期間內，載波會產生很高的電磁音
高速下，脈衝數較少
載波頻率
45P
27P
15P
9P
5P
逆變器的輸出頻率

DoReMiFa 逆變器

也就是說，以脈衝模式切換的方式來控制逆變器時，可以在變更脈衝數時，控制載波的頻率在一定範圍內。這麼一來，電車加速時，馬達的磁力噪音音色就會產生變化。**DoReMiFa逆變器**就是將馬達載波頻率所發出之磁力噪音的頻率，設定成了這些音的音階。

8-2

新幹線
～走在電力電子學的尖端～

新幹線的電力供應

■**新幹線**使用的是25kV（2萬5000V）交流電，由架空線供應。

■供應相同功率的電力時，電壓越高，電流越小。這表示以高速行駛的新幹線，通過集電弓的電流相當小。電流小有很多優點，譬如可以使用很細的導線。

■由架線供應的高壓交流電會透過車內變壓器降壓至1000V，再供電給車內各個裝置。

■新幹線的變壓器與逆變器裝在車體地板下。感應馬達與JR在來線一樣，裝在台車內。

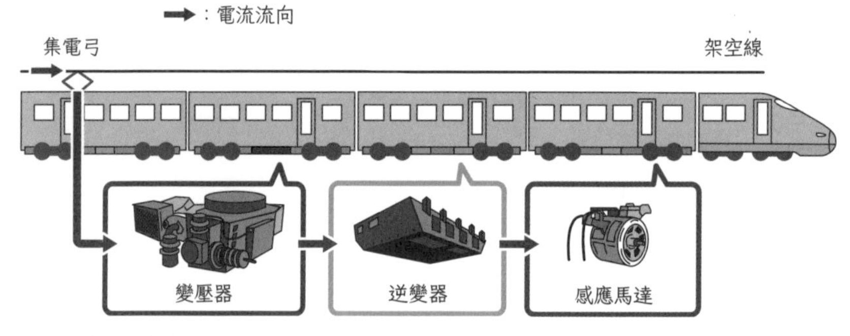

新幹線的驅動系統

■新幹線使用的是300kW的驅動馬達（感應馬達，IM），一節車廂有4個馬達。若以16節車廂編成一列，那麼有14節車廂裝有驅動馬達，共有56個馬達。也就是說，一列新幹線的電力輸出約為1萬7000kW。

NPC逆變器（Neutral Point Clamp Inverter）…為了讓功率元件的電壓減半而設置的逆變器電路。也叫做**三階逆變器**（相對於此，一般的逆變器電路稱為**二階逆變器**）。

採用PWM變換器

- 新幹線可透過PWM變換器（參考6-11節，第158頁），控制來自集電弓的正弦波電流。
- PWM變換器可讓架空線的電流變為正弦波。此時，電流的諧波不會通過，所以電流會變少，也就是說，功率因數為1。
- 另一方面，當電車的功率因數不是1，有諧波電流通過時，變電所也必須供應諧波電流。也就是說，採用PWM變換器的車廂越多，就可以減少地面變電所的負擔。這表示，在變電所的容量相同的情況下，採用PWM變換器可以驅動更多電車。

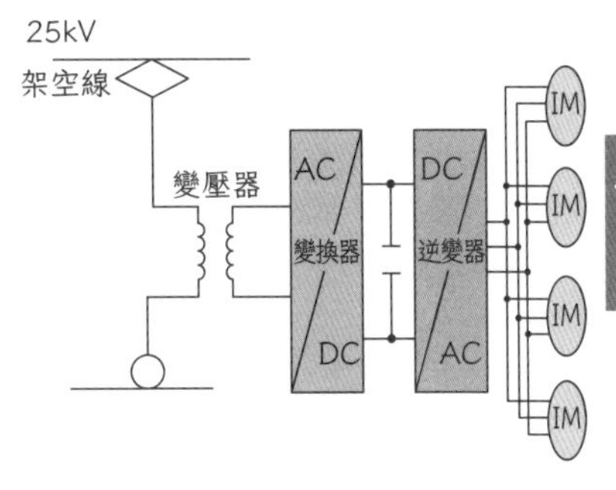

PWM 變換器

三階逆變器（N700系）

- 新幹線從2000左右起，改用1200V等級的功率元件，但因為供應電壓過高，元件的耐壓度不足，所以逆變器、變換器皆改採用**NPC逆變器（三階逆變器）**。
- 後來又開發出了3.3kV的功率元件，使新幹線可以使用一般逆變器電路（二階逆變器）。
- 2020年登場的N700S中，二階逆變器就是採用SiC功率元件。

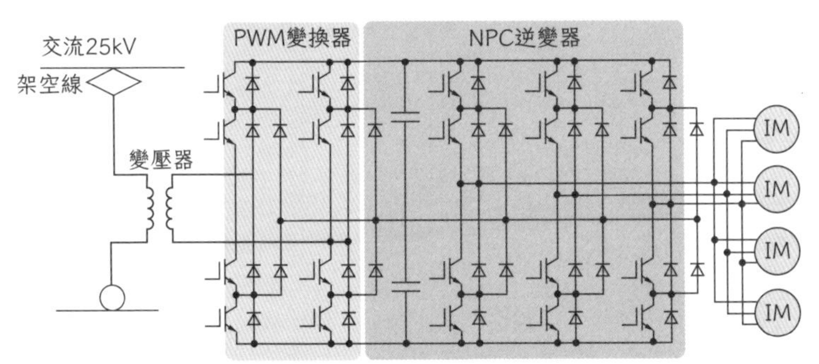

N700 系三階逆變器

SiC（Silicon Carbide）⋯一種寬能隙半導體材料。與現在的Si半導體相比，SiC被認為可以製造出性能更高的半導體而備受期待（參考11-6節，第264頁）。

線性馬達車

～把轉子變成定子！～

線性馬達車顧名思義，就是用線性馬達驅動行駛的車輛。提到線性馬達車，可能會讓人想到磁浮列車。不過，目前已有許多用線性馬達驅動行駛的車輪式車輛正在運行中。

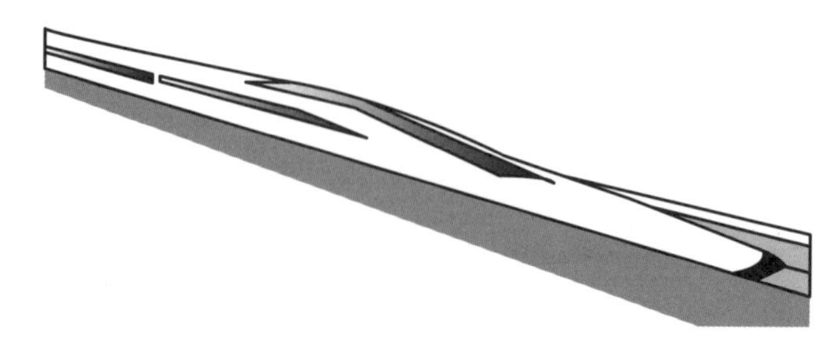

磁浮式線性馬達車

旋轉式馬達與線性馬達

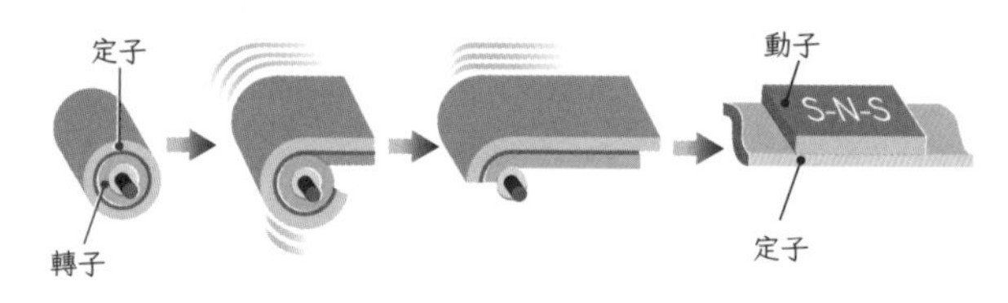

線性馬達的示意圖

- 產生直線方向的力的馬達，全都稱為**線性馬達**。依照推力產生方式，可以再分成線性感應馬達、線性同步馬達、線性直流馬達、線性步進馬達，不過產生推力的原理與旋轉式馬達是一樣的。
- 線性馬達由動子與定子組成。以線性馬達車為例，動子在日文也叫做「車上側」。由於線性馬達不會旋轉，不需要軸承，所以馬達部分可以做得比旋轉式馬達還要小。
- 不過，因為無法使用減速裝置，所以一般情況下會產生較大的推力。除了鐵路車廂之外，也可應用在許多領域的機械上，譬如各種產業機械、工作機械、家電（電動刮鬍刀）、相機的自動對焦單元等。

動子（mover）…線性馬達的可動部分，可對應到轉動式馬達的轉子。

減速裝置（reducer, reduction gear）…由齒輪等零件減少轉速再輸出的裝置。

車輪式線性馬達車

■**車輪式線性馬達車**中，將相當於感應馬達的**轉子**的部分攤開成直線狀，配置在地面上，成為**線性感應馬達**。

■線性馬達的**動子**，相當於旋轉式馬達的**定子**。這個部分也叫做**車上線圈**。

■線性馬達的**定子**，相當於旋轉式馬達的轉子。這個部分也叫做**反應板**。

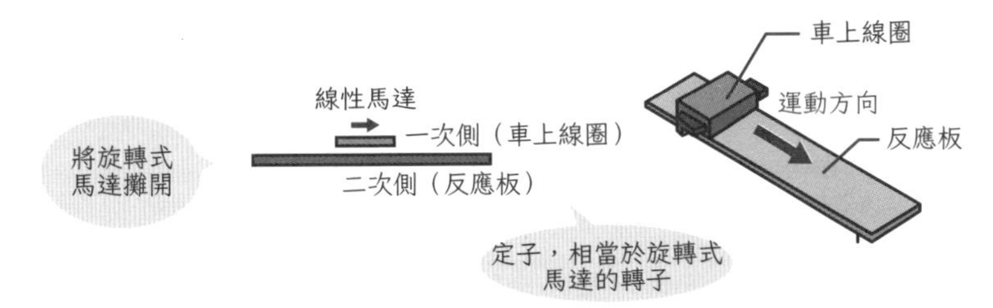

車輪式線性馬達車

Linear地下鐵

■現在已有許多地下鐵使用線性馬達驅動（**Linear地下鐵**）。

■使用線性馬達，就不需要在車廂地板下預留空間給馬達，可使用較小的車輪。這樣可以縮小隧道的截面積，簡化隧道工程並節省成本，而且線性馬達不需考慮車輪與軌道間的摩擦力，故可規劃急轉彎或陡坡路線，在經濟層面與性能層面上皆有優勢。

■事實上，一般鐵道車輛是靠著車輪與鐵軌的接觸面所產生的摩擦獲得推力。因此，馬達力量再強，當車輪與鐵軌的摩擦超過一定程度時，車輪就會空轉，這會限制列車的爬坡性能。

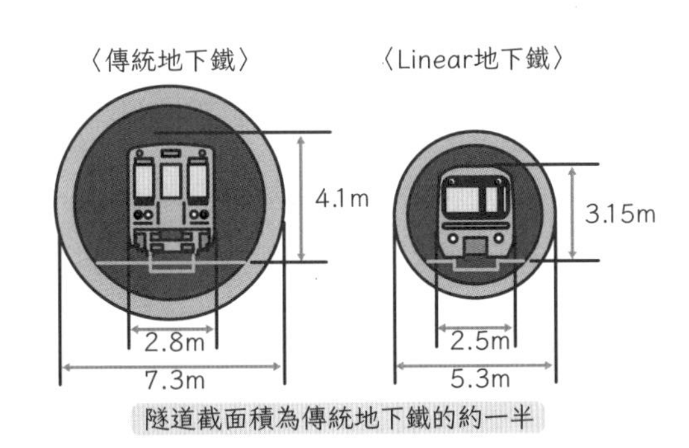

比較過去的地下鐵與 Linear 地下鐵的車體大小

磁浮式線性馬達車

■**磁浮式線性馬達車**以磁力使車體上浮，再用線性馬達驅動車輛行駛。為了讓大型列車高速行駛，需使用超導線圈，並通以大電流。

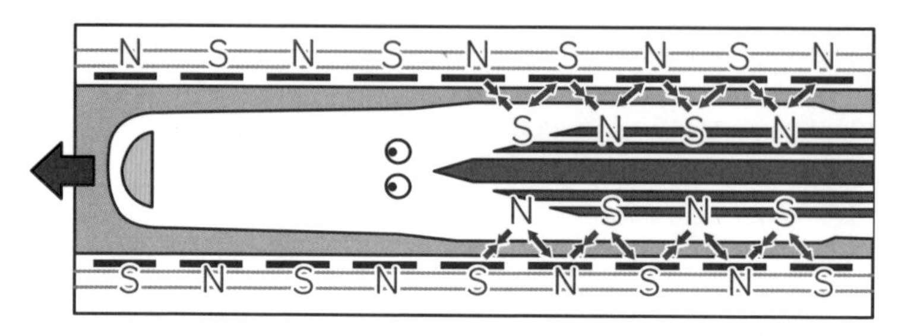

磁浮式線性馬達車

■車輛的超導線圈中，磁極的N極與S極會迅速切換。位於地面側壁的推進線圈在通以交流電時可產生磁極，使其與車輛間產生吸力與斥力，推動車輛。

■當列車上的超導磁石快速通過時，可產生電磁感應，使地面上的上浮用線圈產生電流。這個感應電流所產生的磁極，與超導線圈之間會產生吸力與斥力，讓列車上浮。

■調整前進方向時，使用的原理與上浮類似。當車輛偏離中心時，遠離車輛的一側會產生吸力，靠近車輛的一側則會產生斥力，使車輛一直保持在軌道中央。

三個原理

BEV（Battery Electric Vehicle）…**電池式電動車**。為電池充電，僅靠馬達前進的汽車。
HEV（Hybrid Electric Vehicle）…**油電混合車**。除了馬達以外，還有搭載引擎，以兩種動力前進的汽車。

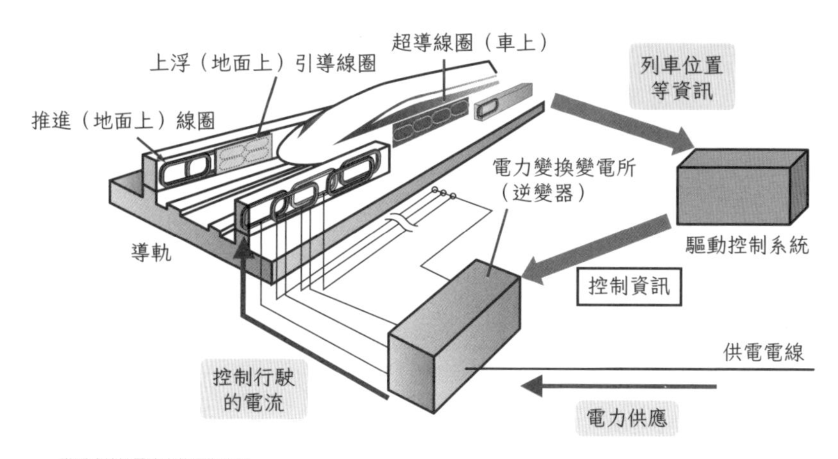

磁浮式線性馬達車的運作機制

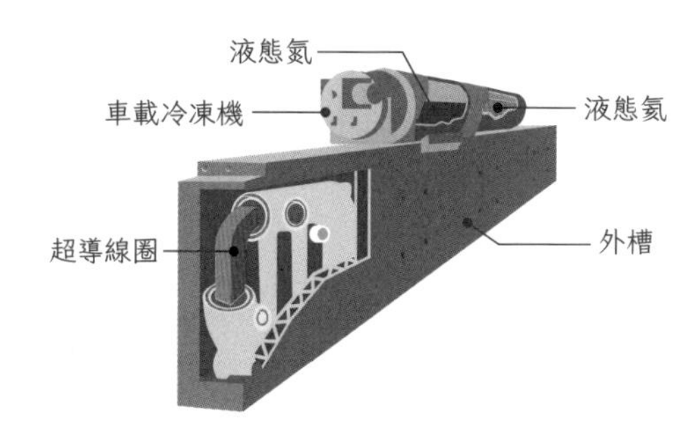

磁浮式線性馬達的車上線圈結構

■超導線圈需以液態氦冷卻，隨時保持在-269℃的溫度。

■磁浮式線性馬達的一個問題是「要如何供應電力給車輛」。結構上無法以集電弓供電，車輛浮在軌道上，所以也無法把軌道當成電線來供應電力。當初設計磁浮列車時，有考慮讓列車搭載燃氣渦輪發電機。

■現在的磁浮列車則會使用**無線供電**技術，與智慧型手機的無線充電原理相同。這樣也可以順帶供應照明、空調的電力給行駛中車輛。

PHEV（Plug-in Hybrid Electric Vehicle）…可由外部為電池充電的油電混合車。
FCV（Fuel Cell Vehicle）…以燃料電池的電力行駛的汽車。

電動車

～運用電力電子原理開發出的電動車～

電動車共通的電力電子元件

- 各種**電動車**（BEV、HEV、PHEV）共通的零件包括電池、PCU、馬達。
- **PCU**是電力電子機器的單元。
- 除此之外，BEV、PHEV還需要充電器。
- PHEV、HEV還需要引擎。

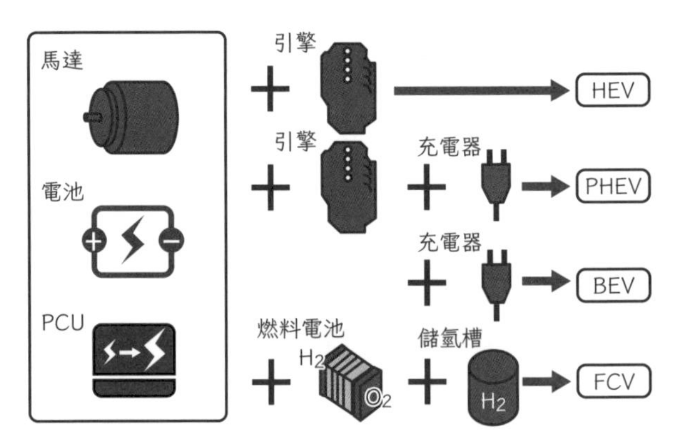

電動車共通的電力電子元件

- 電動車的PCU內，包含了所有必要的電力電子機器（逆變器、DC-DC變換器等）。

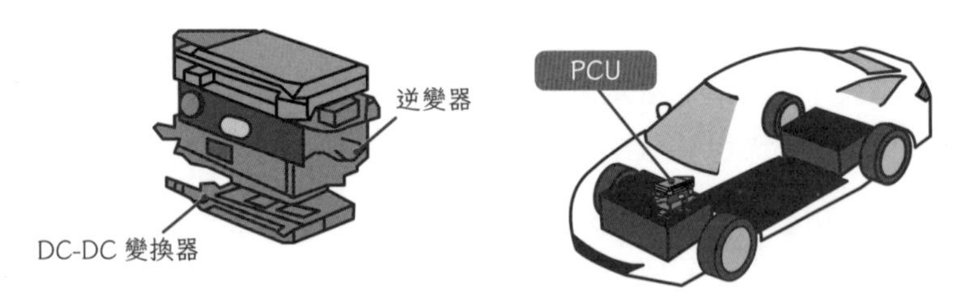

PCU

PCU（Power Control Unit）…汽車電力控制單元，位於逆變器內部。汽車控制單元叫做**ECU**（Electronic Control Unit），不過這只是因為它可以控制電力才這個稱呼，並不是正式名稱。

■電動車的逆變器、馬達、齒輪部分稱為**動力傳動系**。

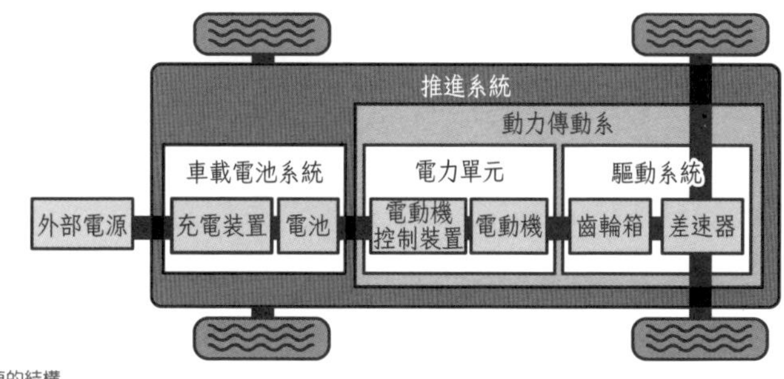

電動車的結構

電動車的電力結構

■電動車的電力結構如下圖所示。

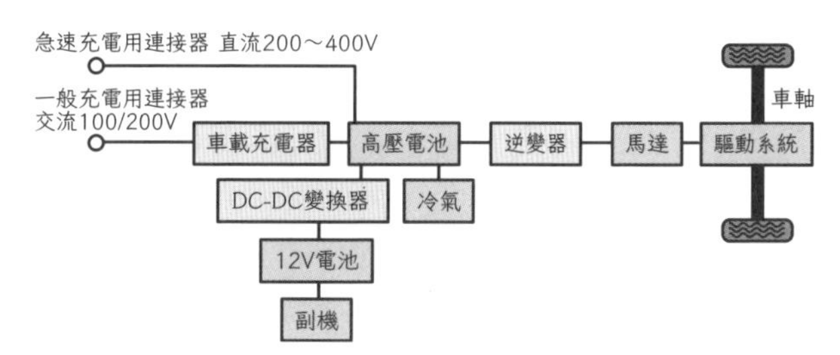

電動車的電力結構（BEU）

電動車的行駛馬達

■一般小客車電動車在正常行駛時，馬達輸出為80～100kW左右。

■人們對電動車在行駛時的要求與引擎車類似。爬坡時馬達需要較大的轉矩產生推力，抵抗車子下落的力。另外，高速行駛時，需要的轉矩比較小，馬達卻得高速旋轉。若希望可以用同一個馬達達成這兩項任務，這個馬達必須有很廣的轉矩與轉速範圍，能量轉換效率也要高。

推進系統（propulsion system）…包含了馬達、逆變器、齒輪的整個汽車推進系統。是JIS的用語。
副機（auxiliary equipment）…**主機**（引擎）以外的附屬機器。

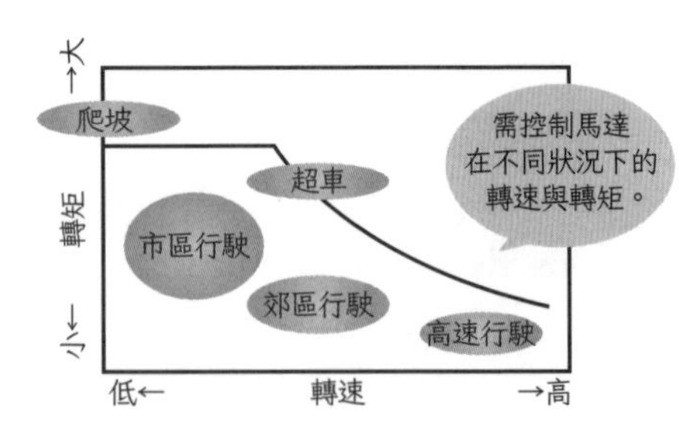

馬達行駛時的轉矩與轉速

為電動車充電

- 電動車充電機制如右圖所示。

- 一般充電是用家用插座充電，日本的電壓為100V或200V，可用車載充電器慢慢充電。這也叫做AC方式。

- 急速充電則是使用專用充電站的地上充電器，直接接上電動車電池，以直流電充電。急速充電下，能以大電流充電，故可在短時間內完成充電，也叫做DC方式。

- 一般充電使用的是家用插座，以日本的100V為例，最大電流為15A。因此充電功率為100×15＝1500W，一小時可充電1.5kWh的能量。若電動車電池的容量為15kWh，就需要10小時才能充滿電。

- 相對的，急速充電能以200V、125A的直流電充電，功率為25kW。故只要6分鐘就可以充6kWh的電能，相當於15kWh電池容量的40%。

- 不過，以急速充電充到快滿的話，可能會讓電池受損。所以一般會設定成充到80%左右就停止。

PFC（Power Factor Correction）…使交流電流的波形與電壓轉變成相位相同之正弦波的電力電子電路。波形正弦波時，功率因數（Power Factor）為1。

單相100V / 200V輸入　輸出3.3 kW

電路構成

單相整流電路
PFC電路
高頻逆變器
高頻變壓器
高頻整流電路

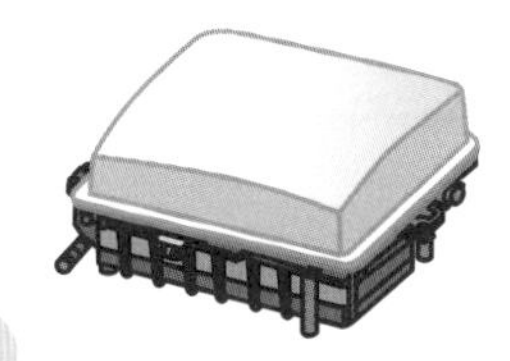

電流較小，
緩慢充電

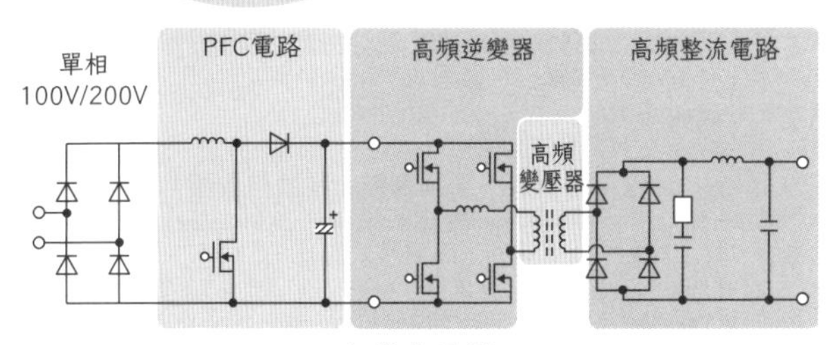

車載充電器

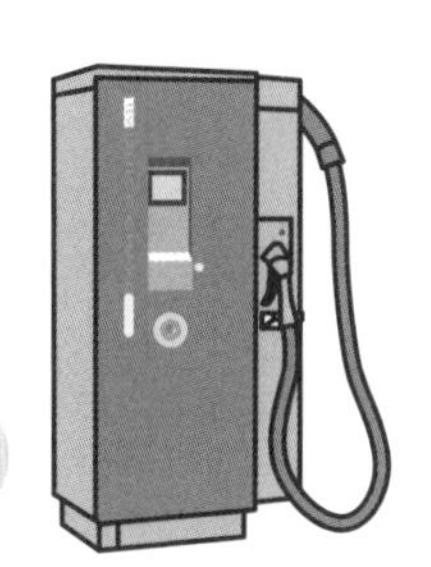

三相200V輸入　輸出30～50kW

電路構成

PWM變換器
高頻逆變器
高頻變壓器
高頻整流電路

電流較大，
可在短時間
充飽電！

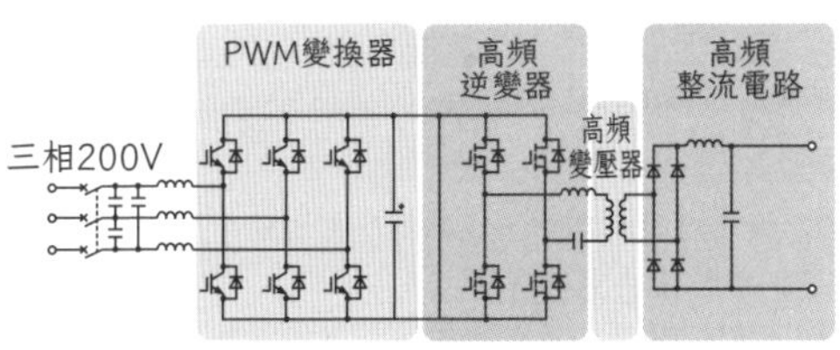

地上充電器

車載充電器與急速充電器

電池與馬達

■電池的重量與性能會大幅影響到電動車的性能。此外，馬達也會大幅影響電動車性能。讓我們試著考慮以下幾種情況，看看電池與馬達的影響。

電動車的規格

・電池以外的車體重量600kg
・搭載電池20kWh
・電池能量密度50Wh/kg
・電池重量為400kg（故整個電動車的重量為1000kg）

行駛用馬達的性能

・這部電動車以40km/h行駛時，馬達輸出為5kW
・假設馬達效率為100%（輸出＝輸入）
・馬達最大輸出為10kW

行駛性能

假設保持40kW/h的速度行駛時，可以前進的距離叫做續航距離，因為20(kWh) / 5(kW)＝4(h)，所以可行駛4小時，續航距離為160km。這裡我們假設汽車行駛時消耗的能量U，與車輛重量m及速度v的乘積成正比。

$$U \propto mv$$

另外，馬達最大輸出為10kW。假設速度與馬達輸出成正比，那麼最快速度就是80 km/h。

情況1　搭載電池變為兩倍時

電池變為兩倍後為40kWh、800kg。此時，汽車整體重量為1400kg。汽車行駛時消耗能量與重量成正比，故當以40km/h行駛時，馬達輸出為5×(1400/1000)＝7kW。因此，續航時間為40/7＝5.7(h)，續航距離增為40×5.7＝228(km)。另一方面，馬達最大輸出為10kW，最快速度降為40×(10/7)＝57(km/h)。

也就是說，電池增為兩倍時，重量也跟著增加，所以續航距離僅增為原本的1.4倍，最快速度則降至原本的1/1.4。

情況2　電池性能變為兩倍時

假設電池經改良後，能量密度變為兩倍的100(Wh/kg)。此時20kWh電池的重量降為200kg。故全車重量為600＋200＝800kg。若要以40km/h的速度行駛，馬達應有輸出可降為5×(800/1000)＝4(kW)。

這表示續航時間、距離可分別增加到5小時、200km。最快速度可增加到100km/h。

也就是說，電池性能倍增時，汽車的所有性能皆可變為原來的1.25倍。

情況3　在情況1下，保持最快速度時

情況1可拉長續航距離，最快速度卻會降低。假設我們提高馬達輸出，保持汽車的性能。此時，為了以80km/h的最快速度行駛，需增加馬達輸出以應付重量增加量，故馬達的最大輸出需提升到14kW。也就是說，馬達輸出量需與車重成正比增加。

提升馬達輸出時，馬達重量也會等比例增加。不過一般馬達重量約只有10kg，故幾乎不需考慮馬達重量對全車重量的影響。

電動冷凍車

■冷凍卡車是貨艙為冷凍庫（冷藏庫）的卡車，車上的冷凍機會用壓縮機來冷卻貨艙。

■過去的冷凍卡車會使用引擎來驅動壓縮機。當冷凍與行駛共用同一個引擎時，即使卡車停下來，引擎仍需持續運轉，以保持冷凍機的運轉。而且，當汽車在高速公路上行駛時，引擎會快速運轉，使壓縮機也不得不快速運轉。所以有些車種會另外安裝一個副引擎，專門用來驅動冷凍機。

■相較於此，現在某些冷凍卡車會搭載大型電池，以馬達驅動冷凍機，屬於**電動冷凍卡車**。電動化之後，冷凍庫內的溫度變化變小，冷凍／冷藏的產品就不易劣化。為電池充電時需要運轉引擎，不過在停車時如果能外接插座充電，就算引擎長時間靜止，也能保持冷凍機運作。

■另外，油電混合卡車在行駛時，也可以用電池電力來驅動冷凍機。

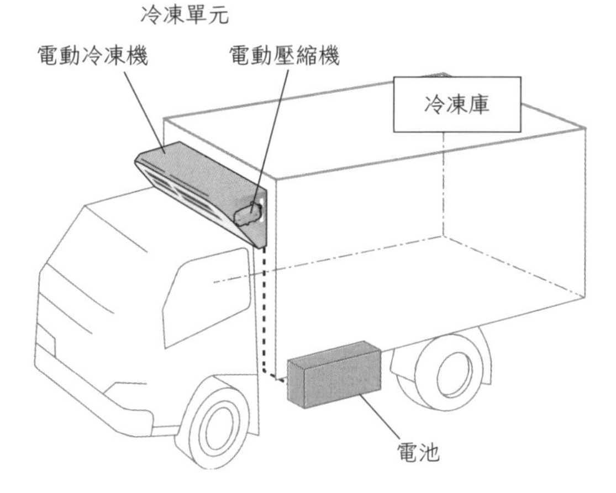

電動冷凍卡車

8-5

油電混合車

～減少能量浪費的運作機制～

油電混合車（HEV）

■**油電混合車**（HEV）同時搭載了引擎與馬達。

■其中，**並聯式油電混合車**中，引擎與馬達的輸出接與傳動軸相連，故汽車可單靠引擎或單靠馬達前進，也可以同時使用兩者產生的轉矩，迅速加速。

■**串聯式油電混和車**中，由引擎驅動發電機，供應電池電力，再以電池驅動馬達。

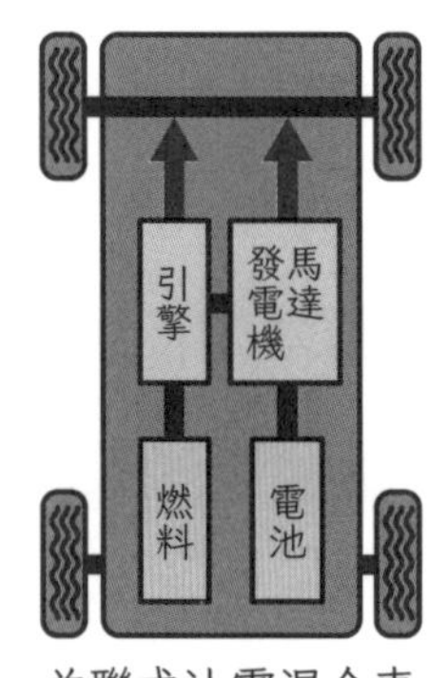

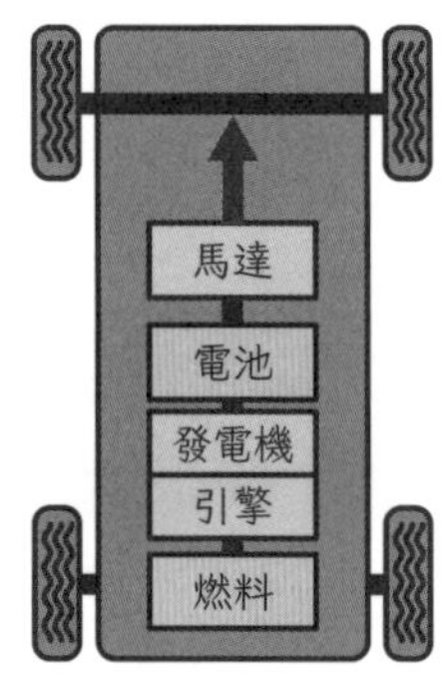

油電混合車的結構

並聯式油電混合車

■並聯式油電混合車的引擎、馬達皆有連接到傳動軸。

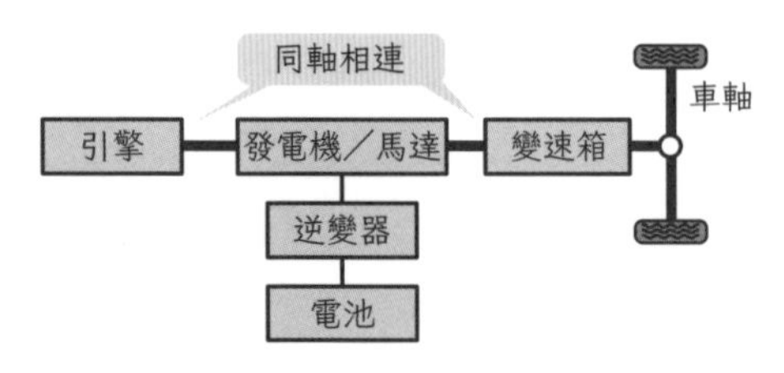

並聯式油電混合車的結構

串聯式油電混合車

■ 串聯式油電混合車的引擎僅用於驅動發電機，故可配置在任何地方。

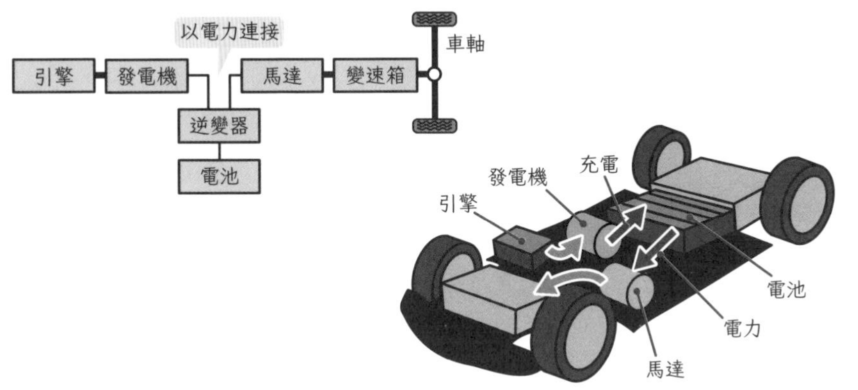

串聯式油電混合車的結構

串並聯式油電混合車

■ **串並聯式油電混合車（雙馬達式油電混合車）**中，引擎、馬達、發電機有多種可能的組合方式。

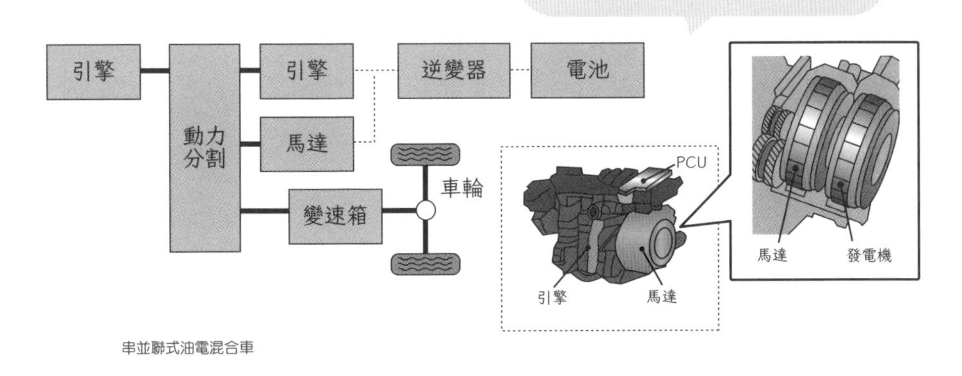

串並聯式油電混合車

蒸發器（evaporator）…冷氣中用來冷卻物體的熱交換器。可蒸發冷媒以吸熱，故叫做**蒸發器**。

串並聯式油電混合車的雙向變換器

■**串並聯式油電混合車**中，需同時控制兩個馬達，分別是連接車軸的馬達，以及連接引擎的發電用馬達。

■電池電壓過高時，信賴度會降低，故一般為250V。
而馬達與發電機的逆變器輸入為650V的直流電。
如此一來，馬達、發電機可維持高電壓、低電流，提升運轉效率。

■兩者間的升壓、降壓由雙向變換器負責。

■**雙向變換器**是由升壓截波器與降壓截波器組合而成的電路。

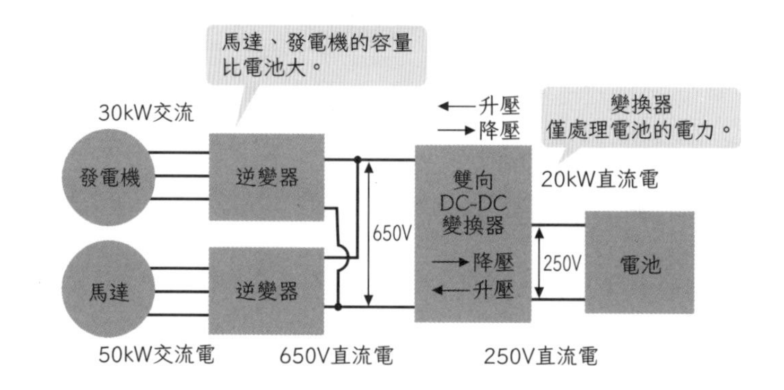

構成

降壓時為ON。
IGBT1
高壓逆變器
低電壓
電池
IGBT2
升壓時為OFF。
升壓時
降壓時

電路圖　　原理

雙向變換器結構

電動車冷氣

■電動車或油電混合車會使用電動車冷氣。

■引擎車的引擎可透過皮帶驅動冷氣的壓縮機。不過如果用引擎驅動壓縮機的話，壓縮機的轉速會跟著引擎轉速改變。高速行駛時會太冷，慢速行駛時會不夠冷。而且，當引擎停下來時，冷氣也會跟著停下來。

■電動車沒有引擎，故需使用電動車冷氣。電動車冷氣用的是行駛用電池的電力，透過逆變器驅動壓縮機的馬達。與家用冷氣的運作機制類似。

■電動車冷氣以逆變器控制壓縮機，用的是電池電力，所以任何時候都可以調整溫度。

■因此，即使是有引擎的油電混合車，也多會使用電動車冷氣。

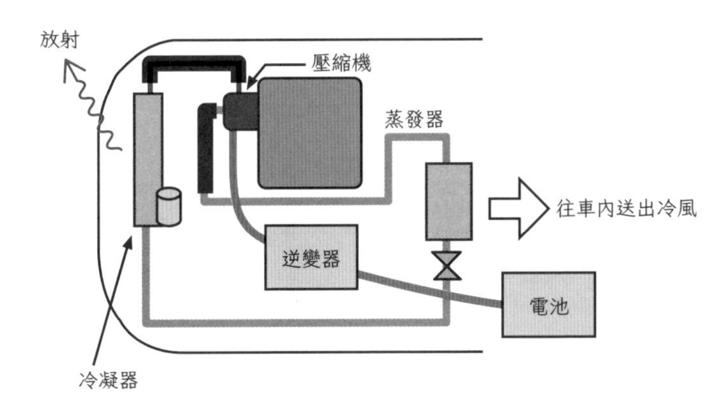

電動車冷氣的結構

電動車的暖氣

■引擎車的暖氣來自引擎產生的熱。因此，不需為了使用暖氣而燃燒多餘燃料。

■相對的，電動車沒有引擎，所以必須消耗電池電力，以電暖器吹出暖氣。暖氣會消耗電池電力，進而降低續行距離。

■另外，油電混合車有引擎，所以會用引擎產生的熱來吹出暖氣。

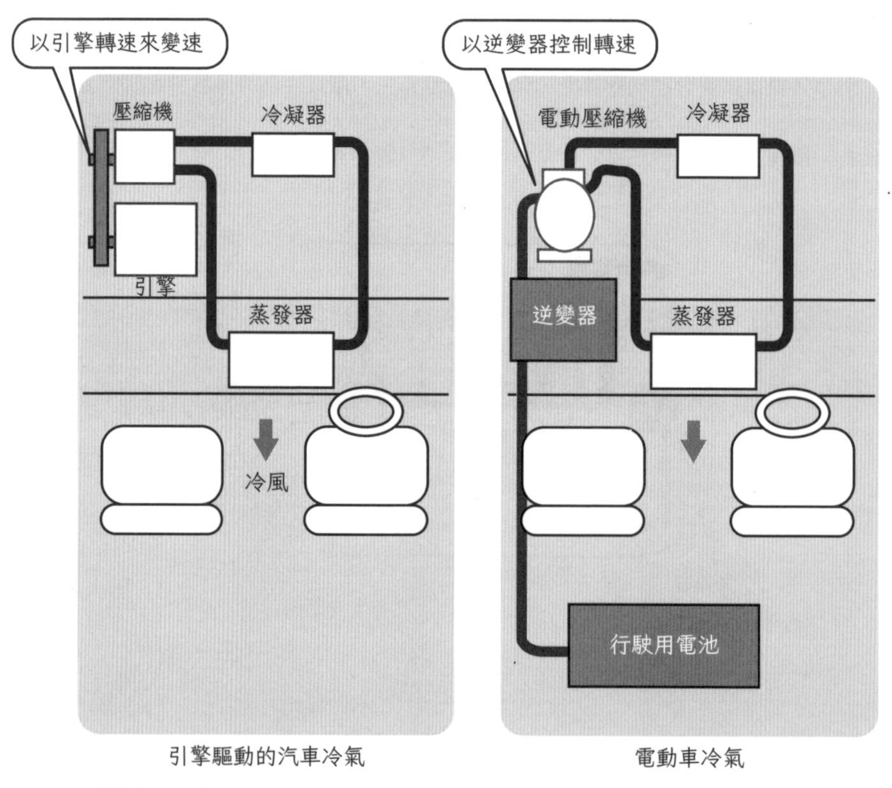

引擎驅動的汽車冷氣與電動車冷氣的差異

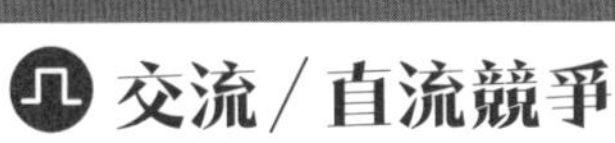

交流／直流競爭

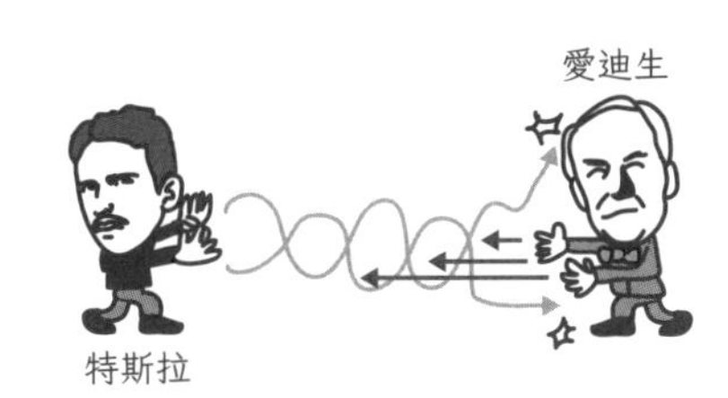

19世紀末有個著名的**交流／直流競爭**（**電流戰爭**）。這是一場爭論新建的美國發電廠要發交流電還是直流電的競爭。

此時，主張應發直流電的就是那位著名的愛迪生（Edison, T.A.，1847～1931）與GE（General Electric）公司，而主張應發交流電的則是特斯拉（Tesla, N.，1856～1943）與WH（Westinghouse Electric）公司。特斯拉的名字也是著名電動車廠牌的名稱由來。最後決定新發電廠應發交流電（新建的水力發電廠位於尼加拉瀑布，在美國與加拿大的交界處，可長距離輸送電力）。

之所以採用交流電，是因為交流電可減少長距離供電時的電力損失。而且即使電壓因為長距離供電而降低，也可以透過變壓器再次調高電壓。就是因為有這個優點，所以目前世界上的發電、電力輸送都是使用交流電。

8-6

引擎車的電力電子學

～汽車可以說是功率元件的結晶～

一部引擎車內會使用50～100個馬達，這些馬達多會搭配電力電子元件使用。

引擎車的電力電子機器

電動動力轉向

- 以前人們用油壓產生動力轉向，在電動化以後，不只能提高油耗（提高能量運用效率），還能支援自動駕駛。
- 動力轉向需要敏感的操作，所以在控制動力轉向馬達時，需透過精密的伺服控制系統。

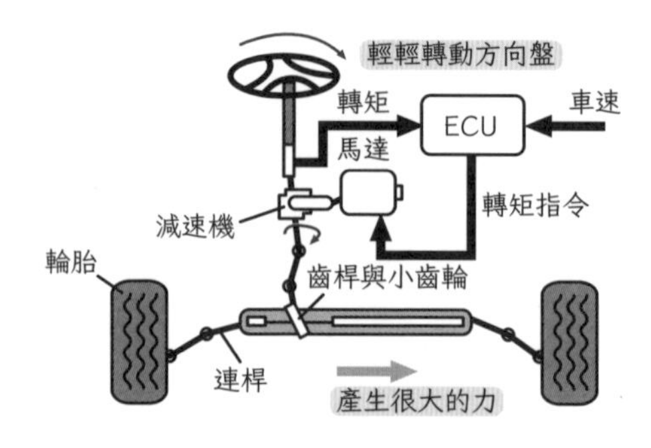

電動動力轉向

伺服控制（servo control）…依目標數值的變化進行控制的自動控制系統。

齒桿與小齒輪（rack and pinion）…齒輪的一種，可以將旋轉運動變換成直線運動。由名為pinion的小型圓形齒輪，以及平板有齒的棒狀齒桿組成。

電力電子機器在汽車上的應用越來越廣泛

■汽車搭載的電力電子機器與日俱增。

■過去以機械方式驅動的零件，現在都替換成了電動零件。
　・電動化原本以皮帶驅動的機器
　・電動化煞車
　・主動懸吊系統

■對應怠速控制的電力電子機器也逐漸增加。
　・確保引擎停止時的電源
　・引擎再啟動

■各種自動化中，電力電子元件也扮演著重要角色。
　・電動滑門
　・電動座椅馬達

■自動駕駛（**安全駕駛支援汽車**）中，電力電子元件也扮演著重要角色。

電動泵

■以前冷卻水用的水泵、潤滑油的油泵都是由引擎驅動，現在則已電動化，改用馬達驅動。

■採用電動泵後，即使是怠速中也能動作。不論引擎轉速為何，都可以調節冷卻水與油的流量。

■也就是說，引擎車也可以使用電動泵，並有以下優點。
　・提高引擎的油耗
　・裝設位置更為自由
　・不論引擎轉速為何，都可以控制流量。

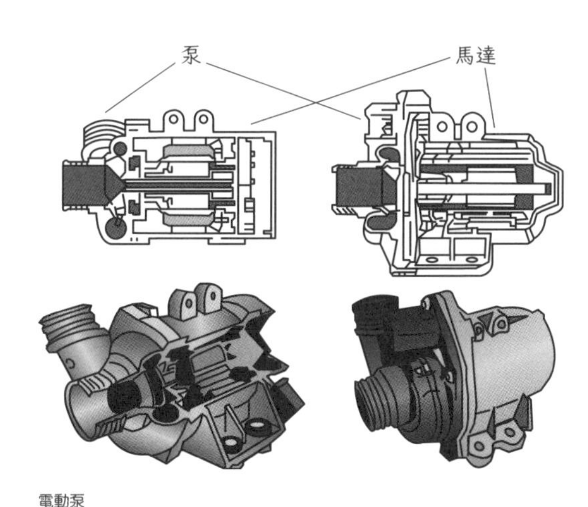

電動泵

油壓（hydraulic drive system）…用油的壓力傳導能量。在帕斯卡原理下可提升力量。
動力轉向（power steering）…輔助方向盤操作的動力轉向系統。

8-7

船與飛機

～未來將改以電力驅動～

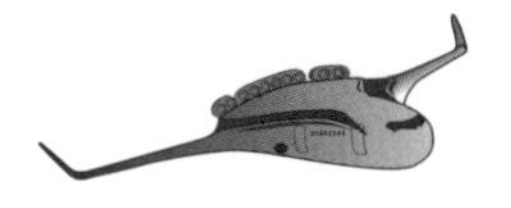

電動船與電動飛機

電動船

- **電動船**是靠著引擎驅動發電機，再用馬達轉動螺旋槳。
- 可節能、減少廢氣。還可以改變引擎配置位置，進而降低船內噪音。
- 驅動大型船隻時，需要很大的輸出，故須使用5MW（=5000kW）～30MW的馬達。

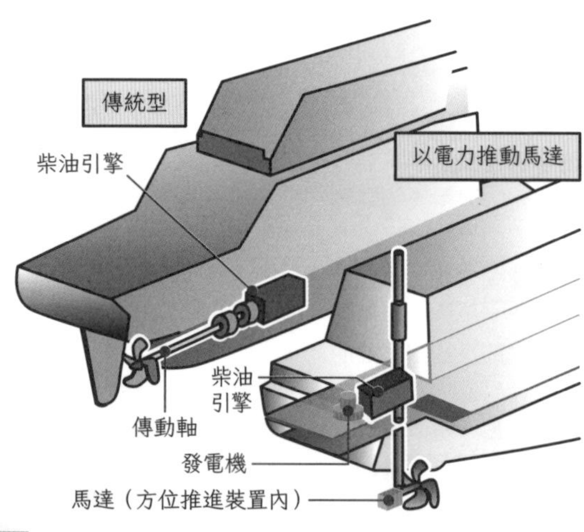

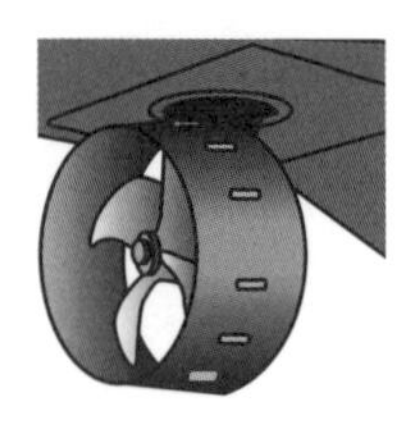

電動船的運作機制

方位推進裝置（azimuth thruster）…在可水平旋轉的繭型（pod）艙內裝有馬達與螺旋槳的推進裝置。

電動飛機

- 世界各地正積極開發**電動飛機**，並以2040年實用化為目標。

- 開發的目標為
  ①以電池電力驅動馬達飛行的小型飛機（與BEV方式相同）
  ②使用噴射引擎的混合動力中型飛機

- **噴射引擎混合動力**機包括以馬達輔助噴射引擎推力的並聯系統，以及以噴射引擎轉動發電機，再驅動馬達運轉飛行的串聯系統，與混合動力車的概念相同。

- 另外，為了拉長飛行距離，未來可能在機體上搭載燃料電池（SOFC）的發電系統。

- 電動飛機被認為可以大幅減少飛機產生的CO_2。

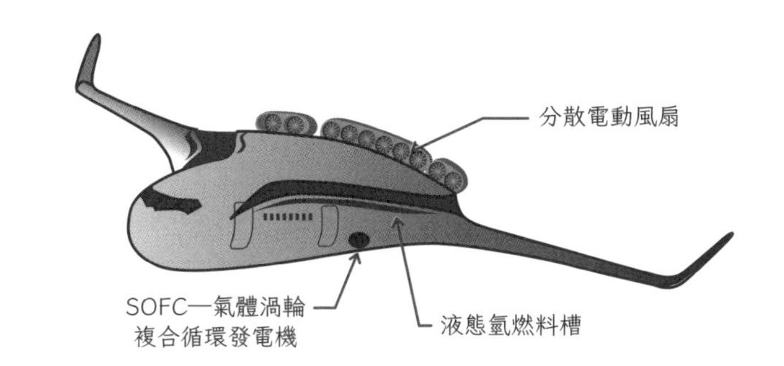

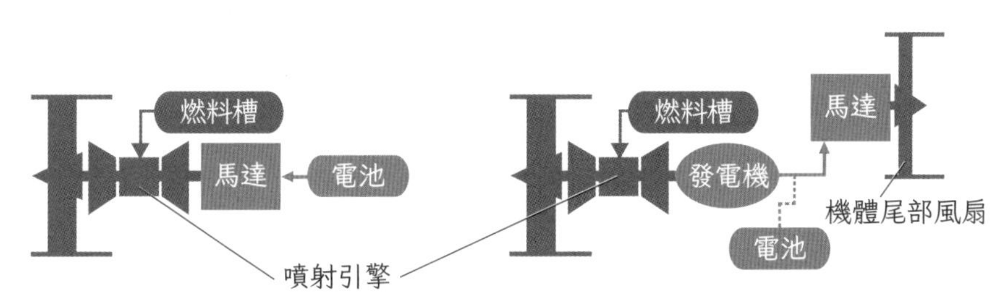

噴射引擎的混合動力機制

SOFC（Solid Oxide Fuel Cell）…**固態氧化物燃料電池**。發電效率高，利用高溫排熱來大量發電的電池。

8-8

其他交通工具

～現今各種採用電力驅動的工具～

某些交通工具由電力驅動，馬達卻沒有裝在本體上。

地面纜車

- **地面纜車**的馬達裝在山頂，可將纜線往上捲，使線路上的車輛往上移動。
- 控制馬達轉速，就可以調整纜車的前進速度。
- **空中纜車**也是以相同原理運作。捲動纜線以移動空中車廂。

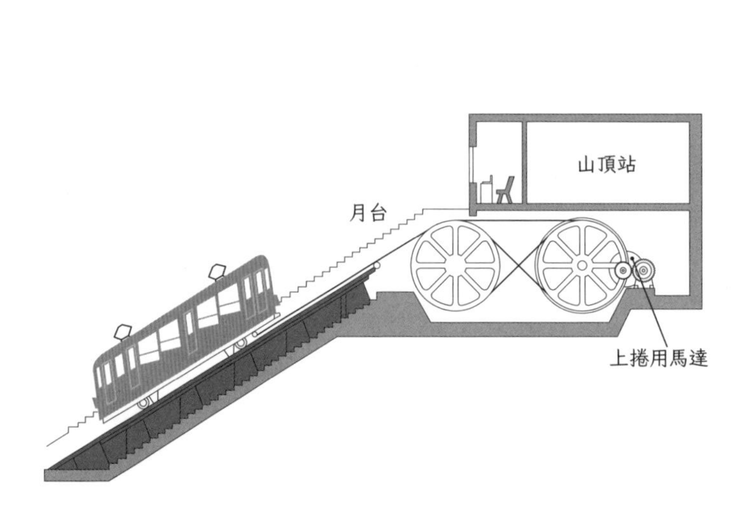

地面纜車

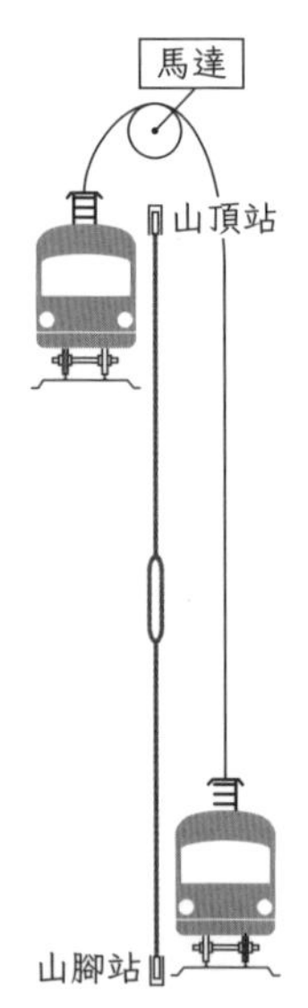

噴射引擎（jet engine）…使用燃氣渦輪燃燒氣體產生噴流（jet）與旋轉力的引擎。

各種電動車的發展

■包括電動代步車、電動輔助自行車、遊樂園的載人設施在內，實用化的電動車種類越來越多了。

■這些車輛的驅動系統（「電池」＋「逆變器」＋「交流馬達」）都與電池式的電動車相同，且技術逐年持續在進步。

超小型汽車

無人搬運車（AGV）

電動堆高機

電動機車

電動載貨車

自動地板清洗機

電動自行車

電動輪椅

樓梯升降機

電動車輛的發展

AGV（Automated Guided Vehicle）…**無人搬運車**。可自行運作的搬運車，在工業上有許多用途。

Where is the Energy Coming From !?!?!?

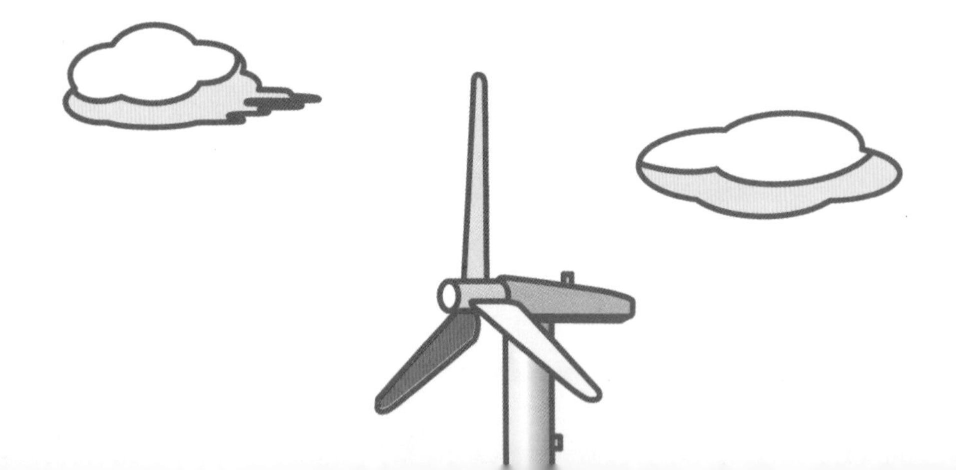

第9章　電力系統的電力電子學

頻率變換設備

～從 60 到 50、從 50 到 60～

頻率變換設備

- 東日本用的是50Hz交流電，西日本用的是60Hz交流電。兩者以富士川（靜岡縣）與糸魚川（新潟縣）為界。
- 為了讓東日本與西日本的電力能夠彼此傳輸，在日本國內三個地方設有**頻率變換設備**。
- 舉例來說，九州的太陽能發電廠發出來的電經過頻率變換設備後，可以讓東京使用。
- 為了防止大規模災害，日本目前正在加強頻率變換設備。另外也新設了飛驒信濃頻率變換設備（於2021年啟用）。

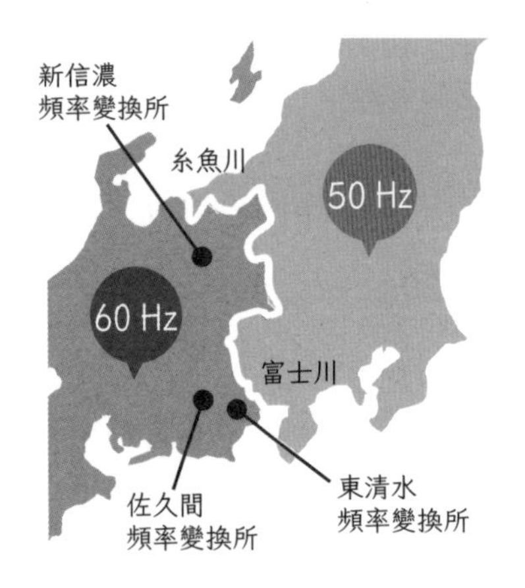

合計約為
一個核能電廠

頻率變換設備

佐久間頻率變換所：30萬kW
新信濃頻率變換所：60萬kW
東清水頻率變換所：30萬kW

頻率的分界與頻率變換設備

頻率變換設備的電力電子元件

- 頻率變換設備會將交流電變成直流電，再透過逆變器變回交流電，以得到想要的輸出頻率。
- 也就是說，頻率變換設備必須能雙向變換電力，順序為交流→直流→交流。
- 另外，需要的逆變器容量相當大，所以要用到閘流體等電力電子元件。

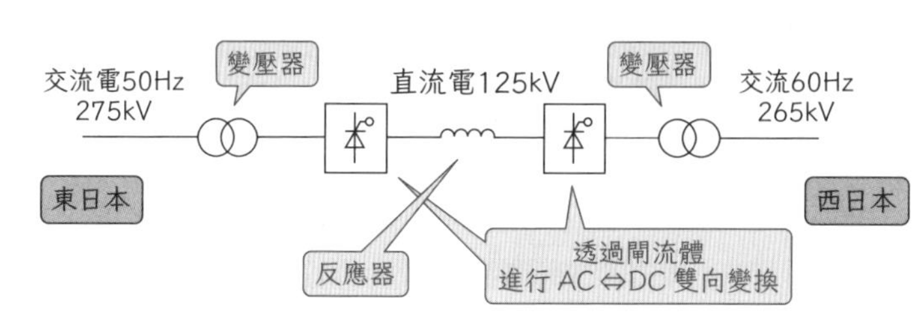

頻率變換設備的運作機制

東海道新幹線的頻率變換設備

- 東海道新幹線全線使用60Hz的交流電。不過從靜岡到東京，使用的是50Hz電力，所以須在幾個地方設置頻率變換設備，供新幹線專用。
- 東海道新幹線的頻率變換設備可以將50Hz電力變換成60Hz，再將電力透過架空線供應給新幹線。
- 相對地，北陸新幹線也會在50Hz與60Hz電力的地區行駛，所以車上的電力電子元件也設計成了可適用50Hz電力，也能適用60Hz電力。

反應器（reactor）…電力用線圈。線圈的電抗與頻率成正比，不過電力系統的頻率固定，故電抗可以視為固定值。這裡不用電感這個字，而是使用電抗。電力系統的線圈相當於電抗（reactance），所以叫做反應器（reactor）。

9-2

無效電力調整

～支撐供電的機制～

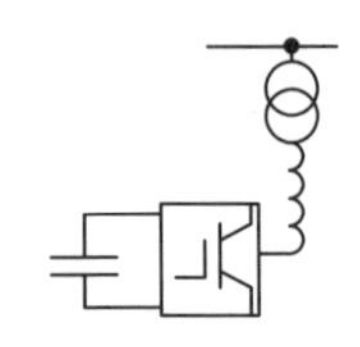

電力系統的穩定化

■如同我們在2-9節（第56頁）中說的，交流電除了實際消耗的有效電力之外，也包括了無效電力。無效電力顧名思義就是無效的電力，但事實上，無效電力並非越小越好，反而一定程度的無效電力有其存在的必要。

■無效電力的功能如下。

①**調整電壓**：電力系統中，電力由許多發電廠供應，而家用太陽能發電也可看成是一個發電廠。每個發電廠的電壓並非完全相同，也不一定與電力系統相同。如果發電廠的電壓比電力系統高，發電廠可加入一些無效電力，降低電壓。相反地，吸收無效電力的話，就可以讓電壓升高。為了讓每個發電廠都能用最好的效率運轉，需要用無效電力調整電壓。

②**電壓的穩定化**：電力系統的電壓並非一直保持固定不變。電力用量大，電壓就會下降；電力用量減小時，電壓就會回升。不過，要微調發電廠的瞬間發電量並非容易的事。因此，一般會以無效電力迅速調整電壓，以抑制電壓的變動。

■要進行**無效電力調整**，需注入與目前電流相位不同的電流。也就是說，可以透過注入**超前電流**來提升電壓，或者注入**延遲電流**來降低電壓。另外，供應超前電流時，需連接電容；供應延遲電流時，需連接線圈。另外，電力用線圈叫做**反應器**，這個裝置叫做SVC。

■SVC用的是**閘流體開關**，這是可以切換電流ON／OFF的電力電子元件。因為使用的是交流電，所以會用兩個閘流體以反並聯的方式連接。只要控制閘流體，就可以控制電流大小。

■電力電子元件出現以前，人們需使用發電機製造出無效電力。在電力電子元件出現後，可迅速注入必要的無效電力。

SVC（Stativ Var Compensator）…**靜止型無效電力補償裝置**。在電力電子元件出現以前，會使用「同步相位補償器」發出無效電力，這是會轉動的機器，而SVC則是靜止的，故稱為靜止型。

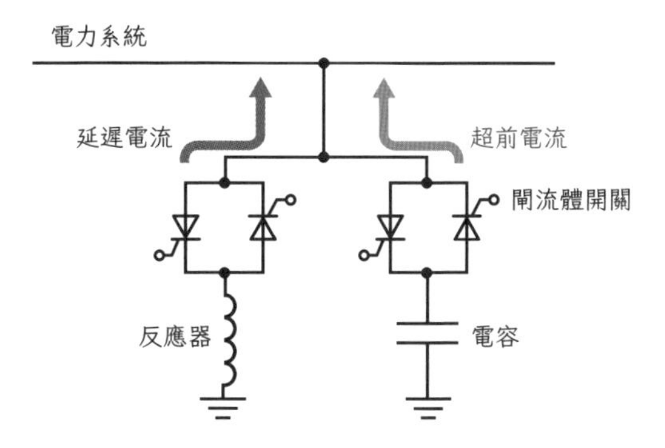

SVC 電路

STATCOM

■逆變器也可以製造出無效電力，不需要電容與反應器。只要檢出電力系統的電壓、電流、相位差，就可以知道需要怎麼樣的無效電力。接著只要控制逆變器的輸出，發出需要的無效電力就可以了。

■逆變器可以用來產生無效電力。而當我們希望電流有必要的相位時，就必須微調瞬間電壓。這也可以透過控制逆變器輕鬆完成。所以只要使用逆變器，就能迅速且精準地調整無效電力。這種利用逆變器來調整無效電力的方式，叫做**STATCOM**。

■使用STATCOM，即使因為諧波使波形紊亂，也能使其恢復成正弦波。

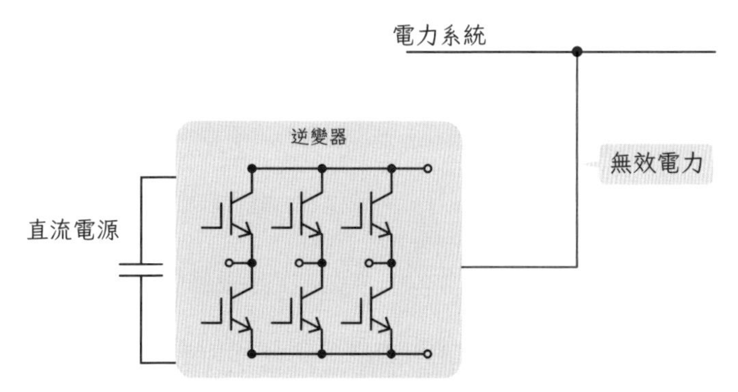

STATCOM 電路

STATCOM（STATic synchronous COMpensator）…使用逆變器的SVC。

9-3

諧波

～畸變波的原因～

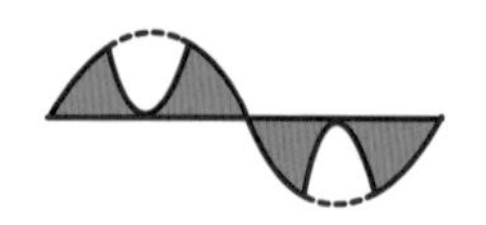

什麼是諧波

- 當波形不是正弦波（**畸變波**）時，就表示該波包含了基頻（譬如50Hz／60Hz）的「整數倍頻率」成分。在描述電流與電壓時，這些成分稱為**諧波**。

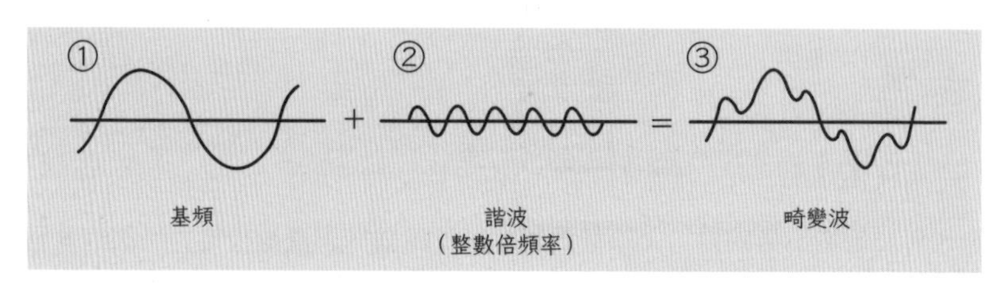

畸變波

- 畸變波的波形可以想成是基頻波與諧波的合成波。

- 通過整流電路的電流並非正弦波，而是畸變波，所以輸入電力電子元件的波形通常包含了頻率為基頻波5倍、7倍、11倍……的諧波。

整流電路產生諧波的示意圖

- 整流電路的電流呈脈衝波狀（方波）。
- 因此，存在「明明有電壓，卻沒有電流」的期間，如下圖所示。這個部分會成為諧波電流，在系統內流動。
- 只要讓波形與諧波電流相同、相位相反的電流通過，就可以抵銷諧波。

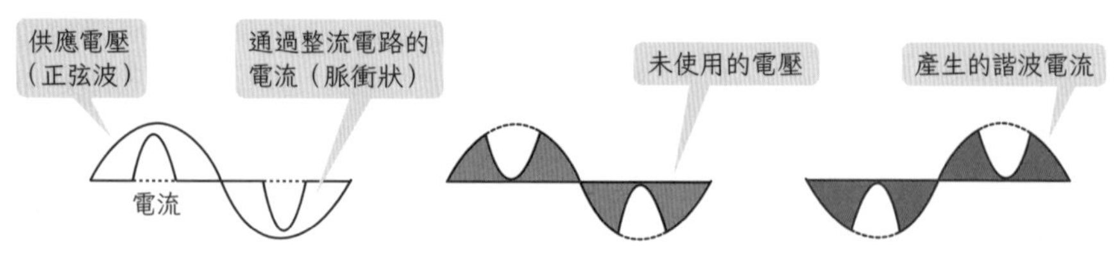

產生諧波的示意圖

主動濾波器

- **主動濾波器**是一種逆變器，可以檢出由逆變器、整流電路產生的諧波，再輸入與這些諧波相位相反的電流，與原本的諧波抵銷。
- 作為主動濾波器使用的逆變器僅會輸出諧波。
- STATCOM也是主動濾波器的一種。
- 經主動濾波器調整後，可讓PWM逆變器輸出正弦波。

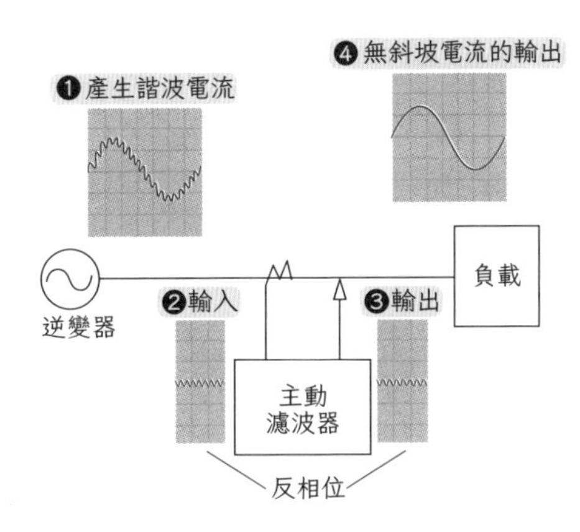

主動濾波器

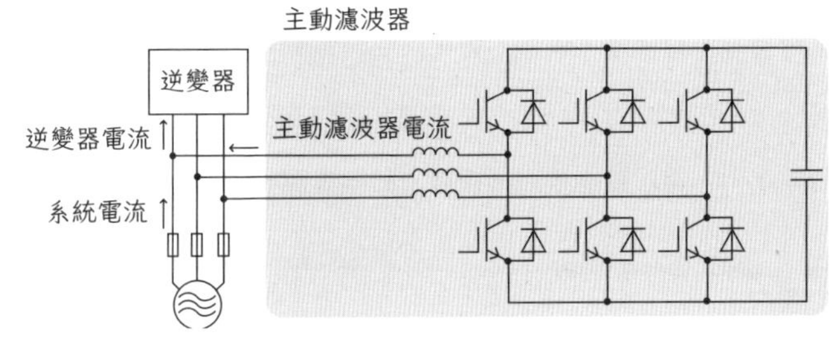

為主動濾波器追加個別逆變器時

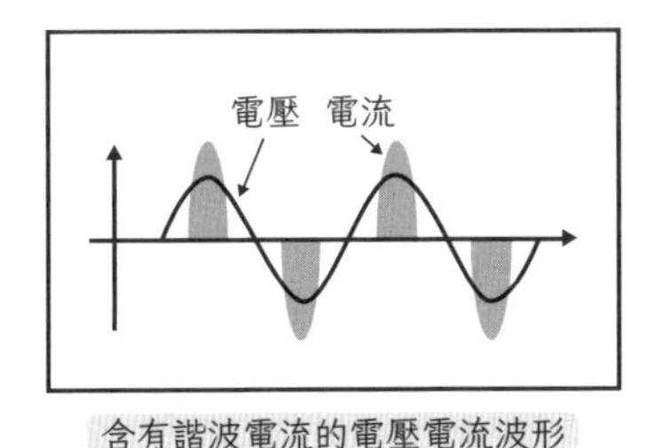

含有諧波電流的電壓電流波形

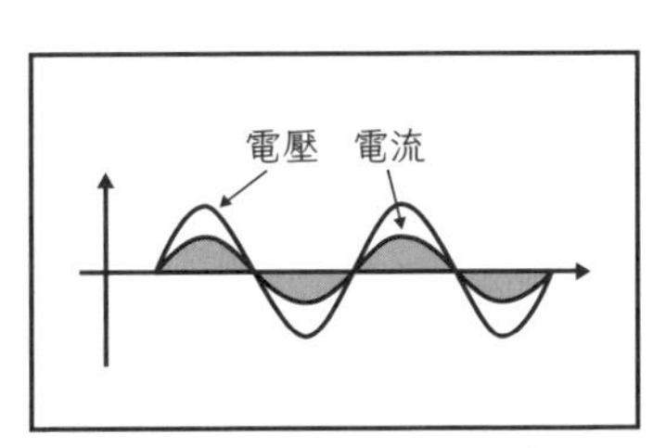

以主動濾波器控制諧波的波形

主動濾波器的電流波形

9-4

直流供電

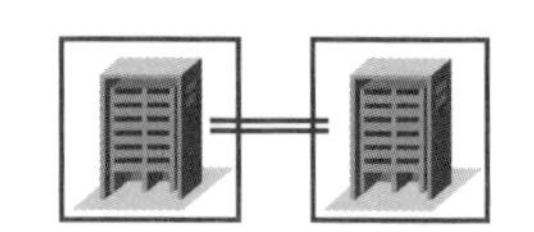

～海底電纜是直流供電～

海底供電

■本州與四國、本州與北海道間，可透過**海底電纜**進行**海底供電**。

■海水本身擁有電容率，故海底電纜可視為巨大電容。也就是說，電纜的芯線與海底（地球）之間有「電容」的效果，有一定的電容量。供電距離越長，電纜就越長，靜電容量也越大。

■交流電可通過電容，電纜的電容量越大，就會有越大的電流通過。此外，交流電也會產生各式各樣的現象，這些現象合稱**交流損失**。

■因此，海底供電會使用直流電。供電方會先將交流電轉換成直流電，受電方再將其轉換回交流電。

■為了能雙向傳輸電力，需設置能雙向轉換電力的逆變器與變換器。

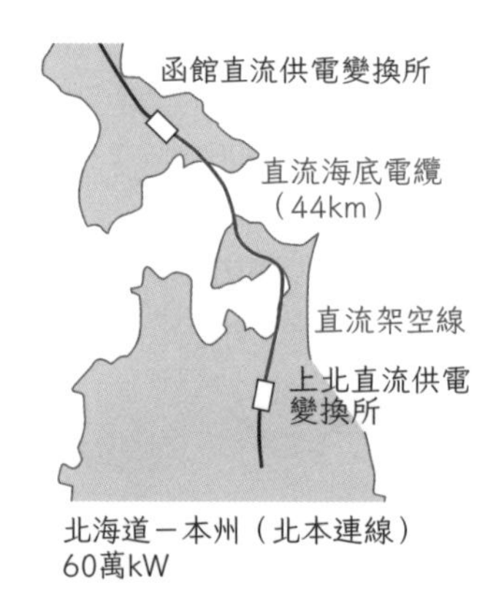

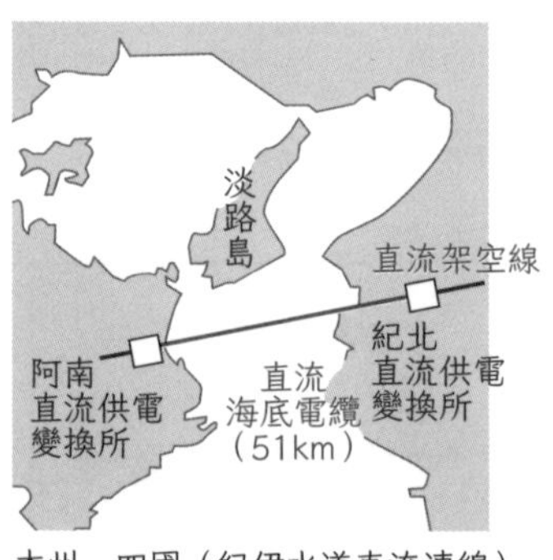

日本主要的海底電纜

HVDC

- 日本以外的地方，將直流供電稱為HVDC。
- HVDC可高效率長距離供電。另外，三相交流電需要三條電纜，不過直流供電只需要兩條電纜。
- 第211頁的交流／直流競爭專欄中，愛迪生主張的直流電優點，大致上就是HVDC的優點。拜愛迪生時代還不存在的電力電子元件所賜，現在的我們可以將直流電的電壓升得相當高，實現HVDC。
- 傳送相同的電力時，HVDC的電壓會小於交流電電壓的最大值。另外，HVDC供電線不會有電抗（電感）的影響，相對的，供電線的電阻是電力（功率）減少的原因。海底供電也不會產生巨大的交流損失。
- 在日本以外的地方，會在海洋上進行風力發電，再將電力送到陸地。這種從海洋到陸地的供電，或者大陸間的長距離供電，都是使用HVDC方式。目前已有400km的海底供電，以及1700km的陸地供電。
- 直流電的用途越來越多，譬如電動車或大規模資料中心的電腦等。除了長距離供電之外，未來可能會直接以HVDC方式，以直流電供應這些用電。

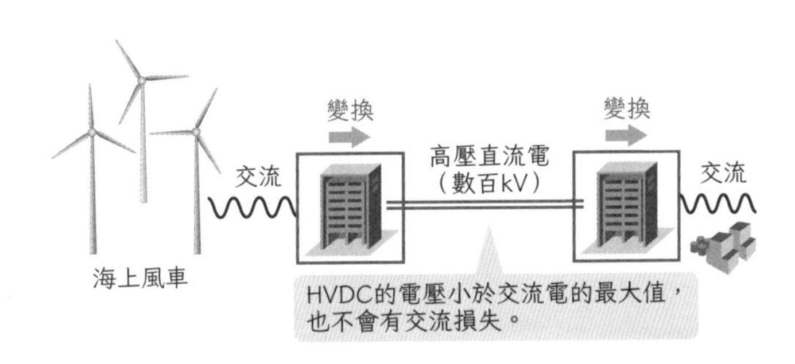

HVDC 的運作機制

HVDC（High Voltage, Direct Current）…**高壓直流供電**。參考正文。

9-5

風力發電

～蒐集風力～

風力發電的方式有很多種，每種方式使用的電力電子技術也各有不同。

大型風力發電機

- 大型風力發電機會使用**螺旋槳型風車**。這種風車的支撐塔上有個叫做**短艙**的艙室。
- 短艙內有增速器與發電機本體。
- 風車的轉速慢，需透過增速器提高轉速，以驅動發電機。
- 另外，依照旋轉情況，可將風車分成**定速風車**與**可變速風車**。另外，依照電力電子操控方式，可以分成**AC連接方式**與**DC連接方式**。

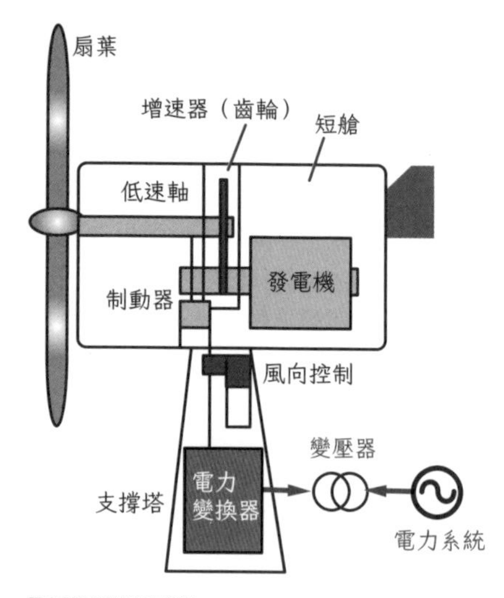

風力發電機的運作機制

定速風車（AC連接方式）

- 定速風車（AC連接）使用感應發電機。可透過改變螺旋槳角度，控制風車轉速固定。
- 因為是AC連接，故風車發的交流電可直接供應電力系統，為其一大優點。
- 為了順利接上電力系統，需使用閘流體變換器。

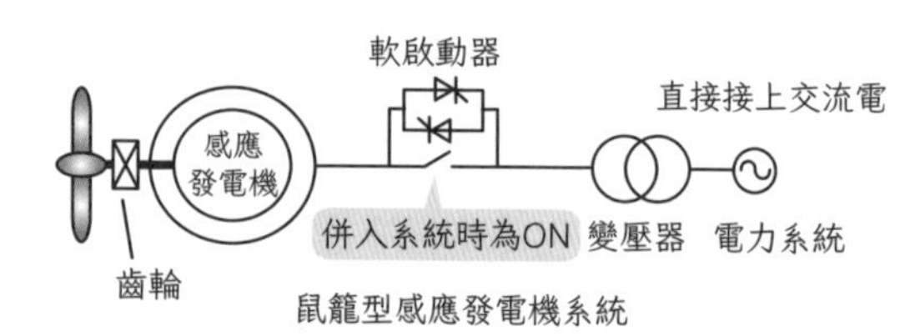

定速風車（AC 連接方式）的運作機制

鼠籠繞組（squirrel cage winding）…感應馬達的轉子導體。參考第6章。

軟啟動器（soft starter）…**系統併入裝置**。感應發電機連接電力系統時，使電壓逐漸上升，防止過多電流通過的裝置。

可變速風車（AC連接）

- 可變速風車（AC連接）中，會使用繞線轉子感應發電機與小型逆變器。以逆電器控制繞線轉子感應馬達的轉子電流，再供應至外部。
- 就這樣，即使風車轉速因風速而改變，只要調整轉子電流的頻率（**轉差頻率**），就可以保證發電頻率固定。風車發電的電力可直接供應電力系統，為其一大優點。

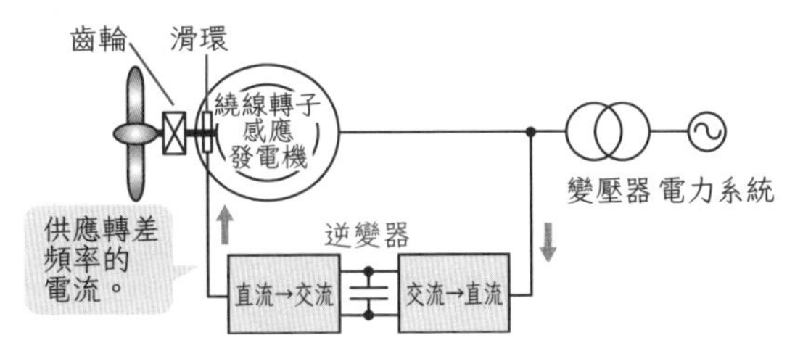

可變速風車（AC 連接）的運作機制

電力系統的電力電子學　風力發電

可變速風車（DC連接）

- 可變速風車（DC連接）中，會先轉換成直流電，再透過逆變器轉換成電力系統的頻率，以避免當風車轉速改變時，發電頻率跟著改變。也就是會依照變動頻率的交流電→直流電→電力頻率的方式，二度變換電力。

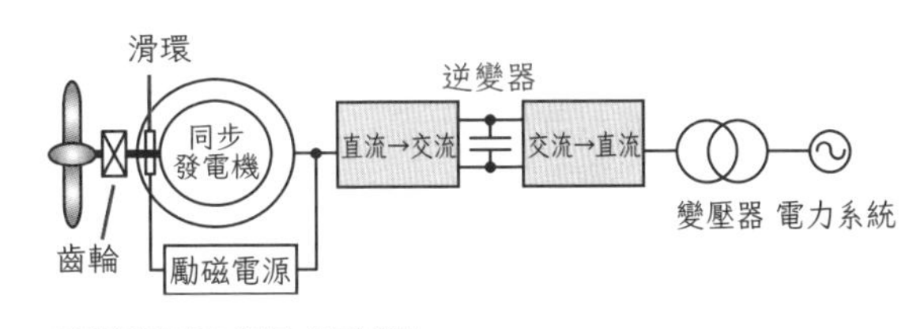

可變速風車（DC 連接）的運作機制

- 也就是說，使用高效率的永磁同步發電機，可將產生的電力全部轉換成直流電，再透過逆變器轉換成電力系統的頻率。
- 在使用逆變器的條件下，即使風車轉速大幅改變，也能正常供應電力，是其一大特長。

無齒輪方式

- 若使用永磁同步發電機，在低轉速的情況下也可以發電，故不需要增速器，叫做**無齒輪方式**。

繞線轉子感應發電機（wound-rotor induction generator）…轉子導體以繞線（線圈）構成的感應發電機。這個線圈外部接上可變電阻後，便可調節二次電阻（轉子繞線的電阻）。

9-6

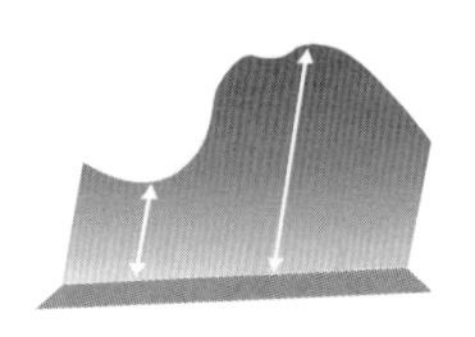

調整電力需求

～為了蓄積電力而下的工夫～

抽蓄發電

■**抽蓄發電**會利用位於發電廠上方與下方的水池調整發電。當電力需較多時，讓水從上池流至下池進行發電。

■當電力需求減少時，會讓水車反向旋轉，使其做為水泵，將水抽到上池，用於下一次發電。

■也就是說，不只是利用水發電，也可以用水「蓄電」。

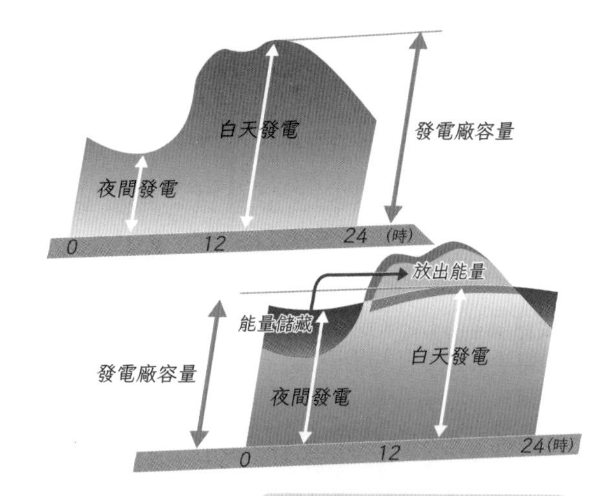

抽蓄發電可以依照
電力的需求與供給而調整。

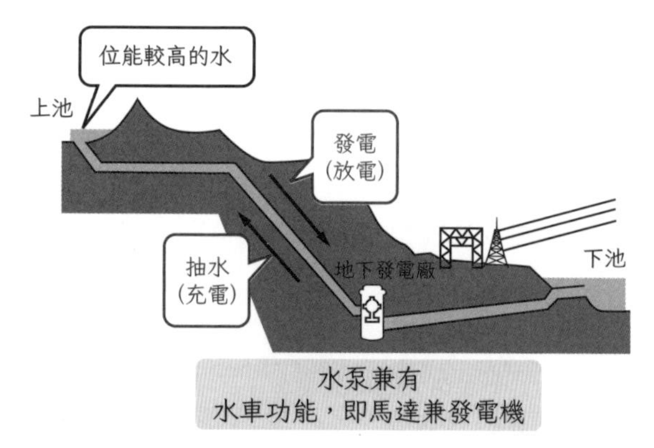

水泵兼有
水車功能，即馬達兼發電機

抽蓄發電的運作機制

滑環（slip ring）…為導通轉子與外部的電流，套在轉軸上的環狀電極。能與固定住的電刷彼此滑動，讓電流通過。與整流子（參考6-4節，第140頁）不同，不會切換電流方向。

可變速抽蓄發電

- 抽蓄發電會在電力需求量較低的夜間，利用火力發電廠、核能發電廠的電力抽水，到了電力需求量較高的白天，再用這些水來發電，故抽水有蓄電的功能。近年來，發電廠可以在幾分鐘之內切換抽水與發電，故可迅速對應風力發電、太陽能發電的變動。
- **可變速抽蓄發電**為可控制發電機轉速的水力發電系統。相較之下，傳統抽蓄發電的發電機轉速則與抽水時的轉速相同。
- 可變速抽蓄發電會使用逆變器控制發電機轉速。速度固定的抽蓄發電中，需供應直流電給發電機的磁場系統線圈。而可變速的抽蓄發電中，則是由逆變器輸出的交流電供應磁場系統線圈。這樣就可以控制發電機轉速了。
- 可變速抽蓄發電的過程中，可以控制抽水時的水泵轉速，故可將多餘的電力用來抽水。另外，即使發電時的水車轉速改變，也可以透過控制逆變器，保持發電頻率固定。

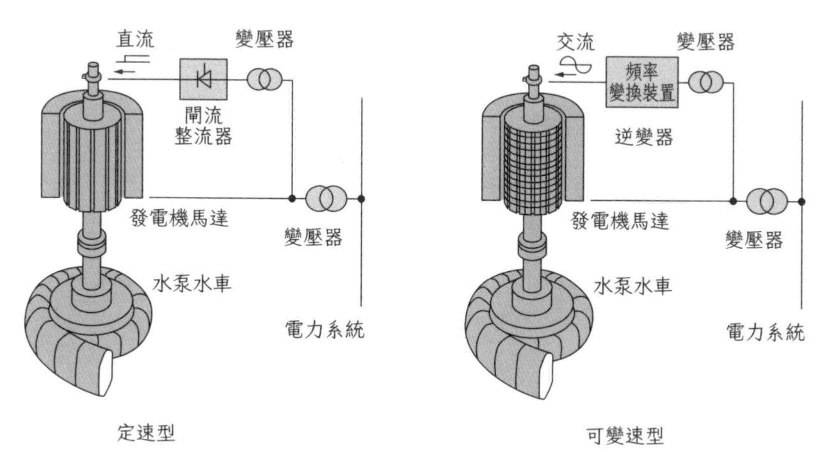

抽蓄發電的結構

9-7

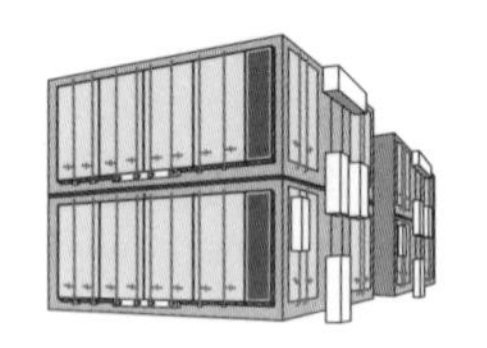

蓄電系統

～調整需求的王牌～

大規模蓄電系統

- **大規模蓄電系統**是為了穩定電力系統需求，由電池組成的蓄電系統。主要包括NAS電池、氧化還原液流電池等。

- 與一般電池相同，為了以直流電充放電，需要透過電力電子元件在AC／DC／AC之間變換。

- 大規模蓄電系統的功能並非長期儲藏能量，目的僅在於調整短時間內的電力需求。

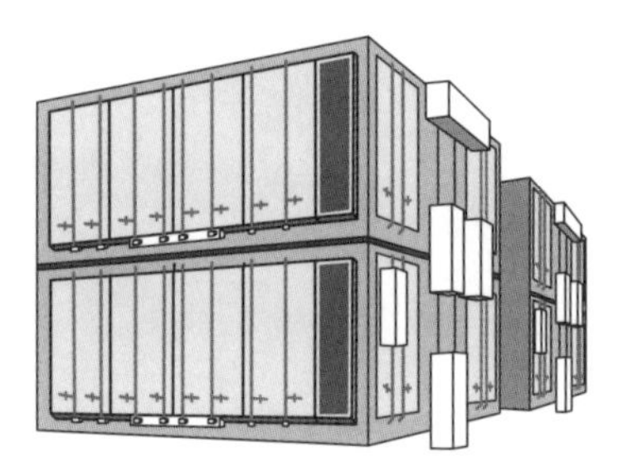

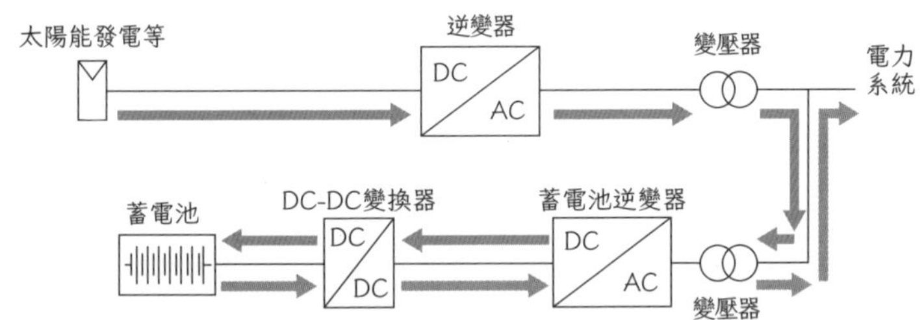

大規模蓄電系統示意圖

NAS電池（Sodium-Sulfur battery）…**鈉硫電池**。以鈉（Na）與硫（S）作為電極的電池。

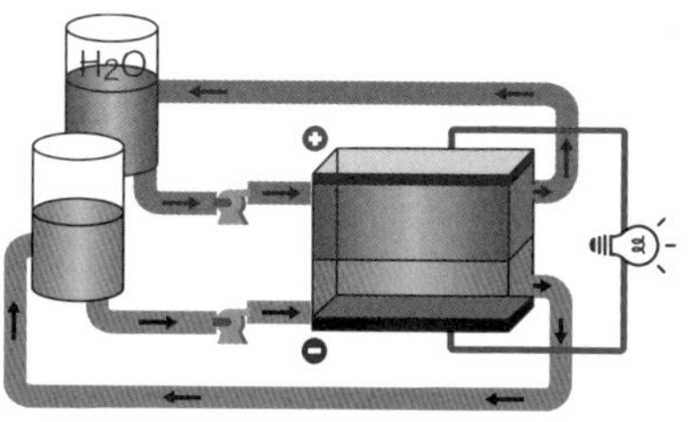

氧化還原液流電池需要液體槽與泵

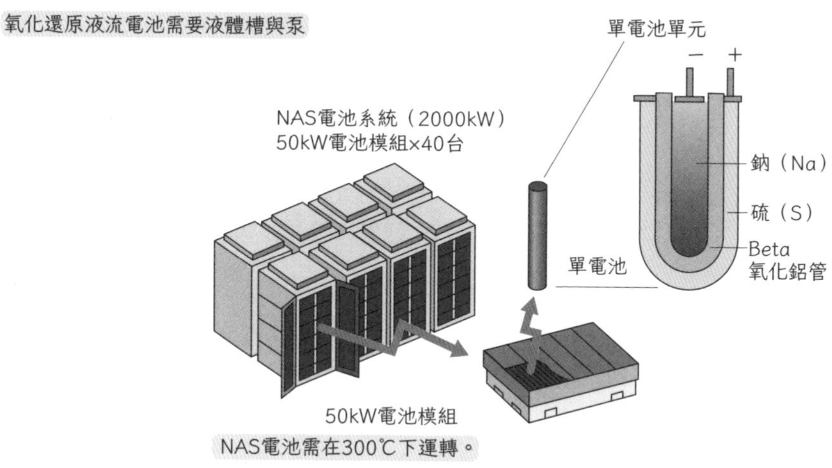

NAS電池需在300℃下運轉。

氧化還原液流電池與 NAS 電池

電力系統與電力電子機器的整理

下表為電力系統中使用的電力電子機器用途整理

分類	用途
DC／AC 變換電力電子機器	燃料電池 太陽能發電 蓄電池 等
AC／DC／AC 變換電力電子機器	可變速風車 小型引擎發電機 直流供電 頻率變換 等

氧化還原液流電池（redox flow cell）…運用氧化還原反應（REduction Oxidation reaction）使溶液循環，透過離子的移動進行充放電的電池。

That Makes SENSE...

第10章　製造業的電力電子學

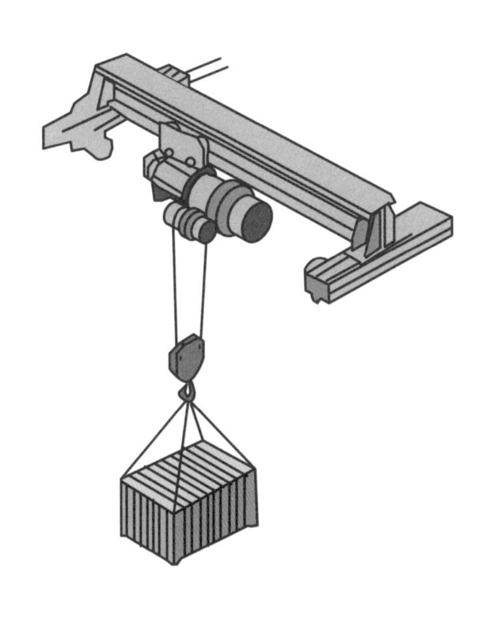

10-1

加熱的電力電子學

～有效率地運用熱能～

若要將電能轉換成熱能使用，需控制轉換過程。所以用電能為物體加熱時，電力電子元件為不可或缺的工具。

電力加熱

- **電阻加熱**
  以電流通過電阻時產生的焦耳熱來加熱。
- **感應加熱**
  以電磁感應的渦電流所產生的焦耳熱來加熱。
- **高頻加熱（介電加熱）**
  以絕緣體（介電質）的介電損失來加熱。
- **電弧加熱**
  以電弧放電產生的熱來加熱。
- **電磁波加熱**
  以紅外線、微波來加熱。

電阻加熱

- **電阻加熱**時，需以電力電子元件控制加熱器的電流。

- 閘流體可做為電力電子元件，調整交流電力。

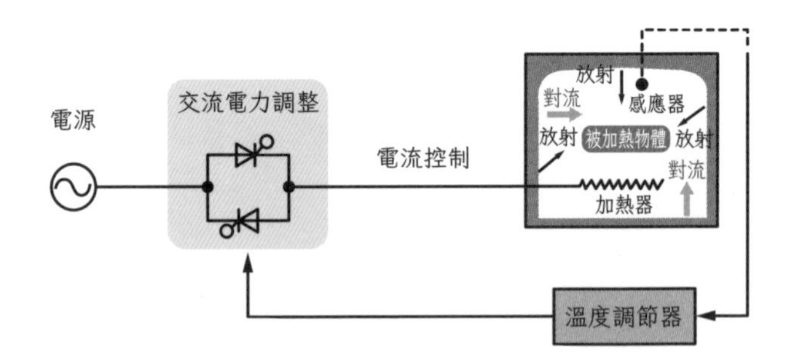

使用電阻加熱之加熱器的運作機制

高頻加熱（high frequency dielectric heating）…加熱絕緣體（介電質）的方法。施加高頻電壓時，可讓介電質內部的電極（正極與負極原子）振動發熱。

感應加熱

■**感應加熱**常用於金屬（導體）的加熱與熔化。

■為了產生較大的渦電流，需使用高頻逆變器。

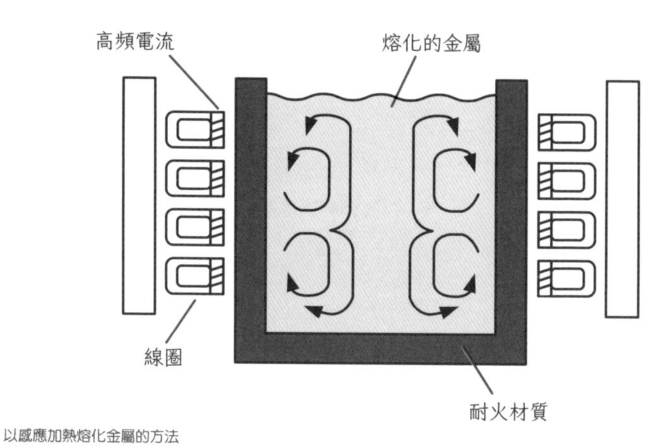

以感應加熱熔化金屬的方法

高頻加熱

■**高頻加熱**可用於加熱塑膠、橡膠等絕緣體（介電質）。

■需使用高頻逆變器。

■因為是運用介電質的介電損失來加熱，所以也叫做**介電加熱**。

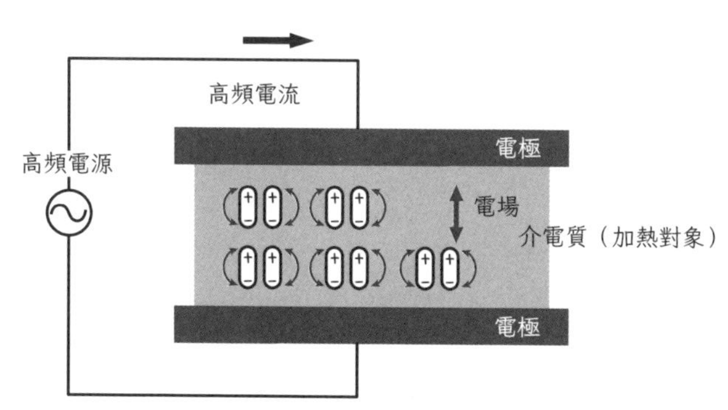

高頻加熱機制

電弧加熱

- 廢鐵熔爐等裝置會用到**電弧加熱**。
- 電弧放電需以電力電子元件控制電流（與**電弧焊接**的原理相同）。
- 電弧焊接需以逆變器控制直流的電弧放電電流。

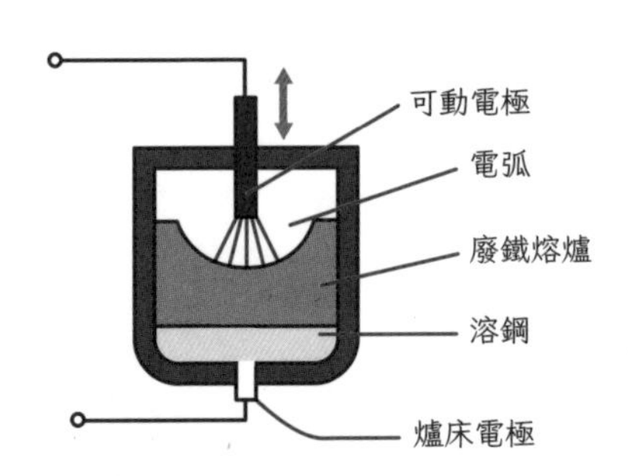

廢鐵熔爐的運作機制

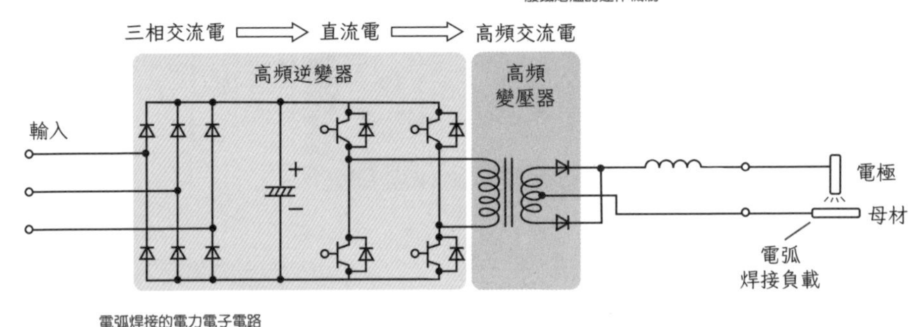

電弧焊接的電力電子電路

- **交流焊接**時，需以逆變器控制交流電的電弧放電電流。

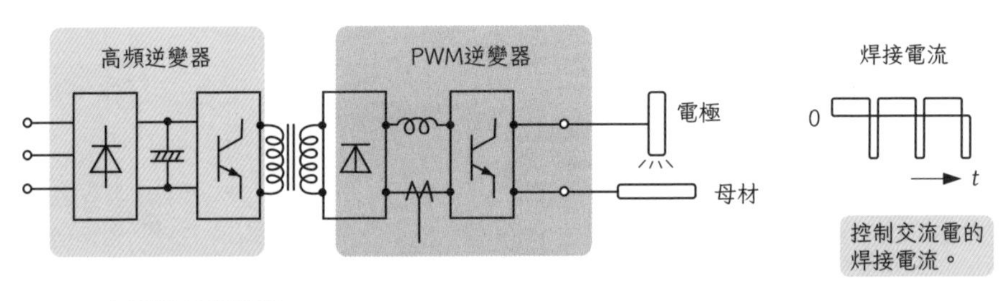

交流焊接的電力電子電路

電弧加熱（arc heating）…**電弧放電可產生高溫（數千℃）使物質轉變成電漿。這種高溫可用來焊接金屬，**稱為**電弧焊接**。

電磁波加熱（radiative heating, microwave heating, radiowave heating）…參考正文。

電磁波加熱

■**電磁波加熱**是以電磁波為對象物體的表面分子加熱。

■電磁波加熱用的紅外線或雷射等光源的電源，需以電力電子電路控制。

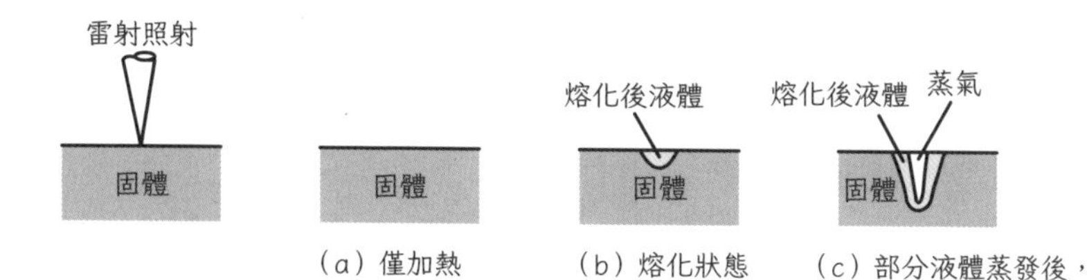

雷射加熱的機制

工業用烘箱

■**工業用烘箱**運轉時，需以電力電子元件控制加熱器的電流與風扇轉速。

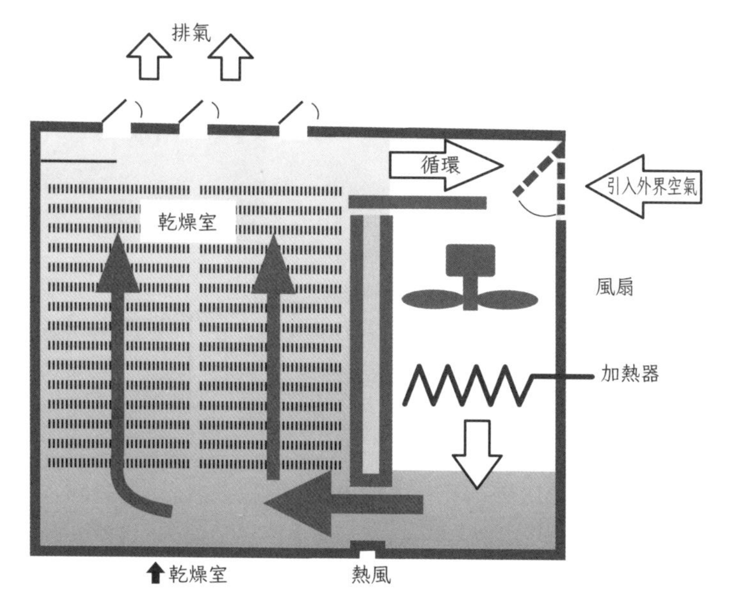

工業用烘箱的運作機制

10-2

「創造」與「削減」的電力電子學

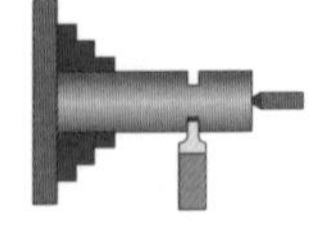

～細微調整就交給它～

工廠可以創造出新物品，並削切物品的形狀。在這過程中需要用到電力電子元件。

電流化學效應的應用

- **電流化學效應**源於物質間的電子移動。我們可以利用這個效應來合成物質，譬如**電鍍**、**精鍊**、**電解**等。這些過程都需用到電力電子元件。

- 舉例來說，銅的精鍊需要正確的電壓，故需要以電力電子元件來控制電壓。
  - ·電鍍時，得透過電流使物質析出，需精密地控制電流。
  - ·合成氫的時候也需控制電流。

- 所以說，以**電化學**製作多種物品時，都會用到電力電子元件。

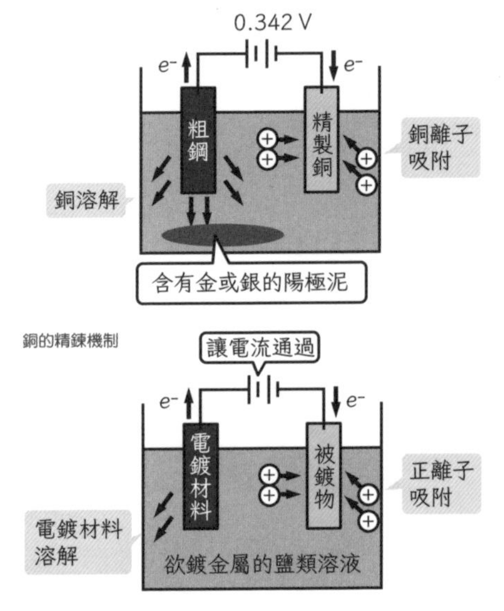

銅的精鍊機制

電鍍的機制

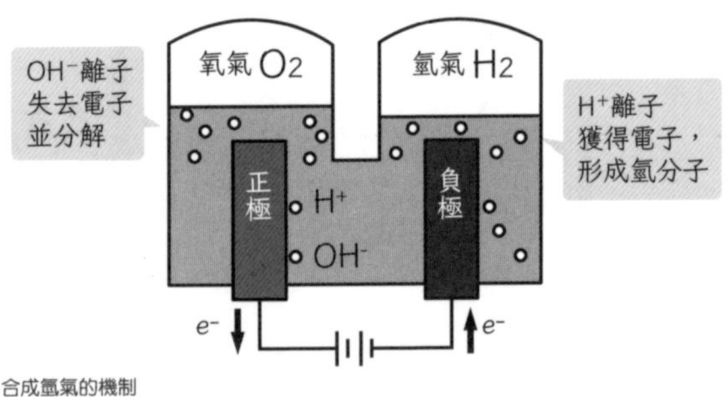

合成氫氣的機制

精鍊（refining）…去除金屬的雜質，提升金屬純度的過程。

電鍍（plating）…透過通電，使材料表面披覆金屬薄膜的過程。

射出成型

- 製造塑膠時，須將熔化的塑膠注入鑄模成型。若希望製作出形狀複雜的塑膠，在成型時就必須以很快的速度將熔化的塑膠注入鑄模（**射出**），否則注入途中就會凝固。
- 因此，操作員必須以伺服馬達精準控制塑膠射出的過程。

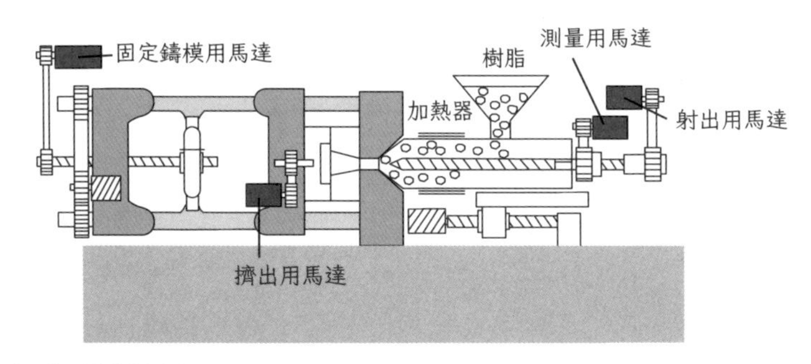

射出成型機的結構概念圖

拉伸

- 製造薄膜、薄片時，需將熔化的材料經滾筒壓薄拉長（**拉伸**），再往縱向橫向拉長（**二軸拉伸**），形成更薄的薄膜。
- 若沒有平均拉伸的話，薄膜容易裂開，所以一般會用伺服馬達控制。

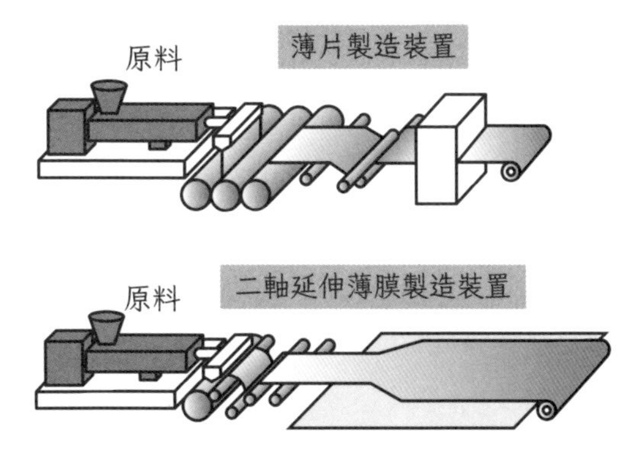

拉伸機制

製造業的電力電子學「創造」與「削減」的電力電子學

工作機械

■對金屬等材料進行削切、研磨、彎曲等加工時，需要很高的精準度，故需要電力電子元件的協助。這些工作機械會用到伺服馬達。

■**伺服馬達**可以依照馬達的回饋，精準控制逆變器、馬達轉速、轉矩、位置等，是一組由驅動器與馬達組成的電力電子機器。

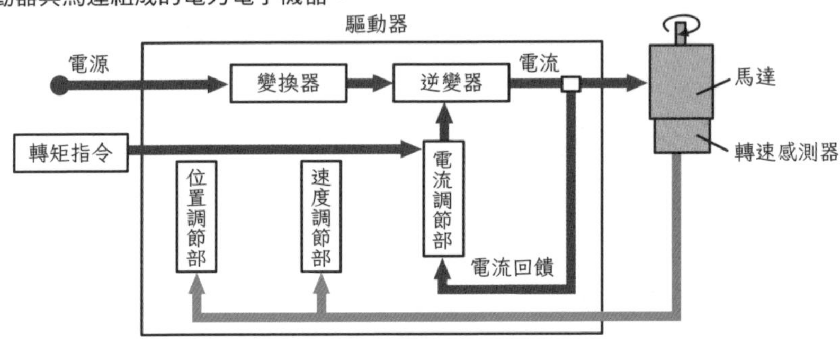

伺服馬達的運作機制

■如下圖所示，機械加工的方法有很多種。這些加工方式都需靠電力電子元件控制。

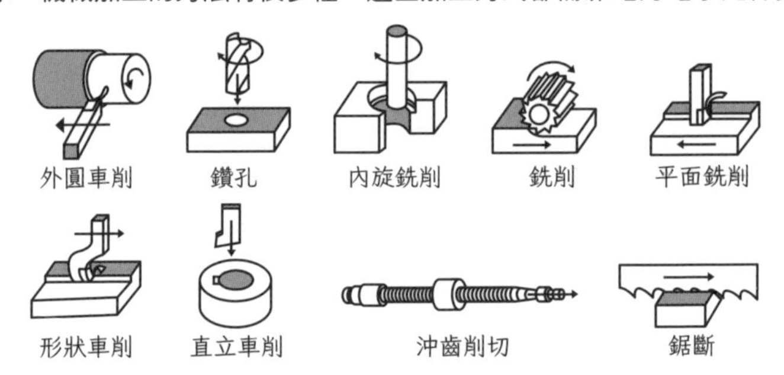

各種機械加工

■**車床**原理如右圖所示。以車床加工時，需讓欲加工物體旋轉，然後將工具（刀刃）靠上去，削切欲加工物體。

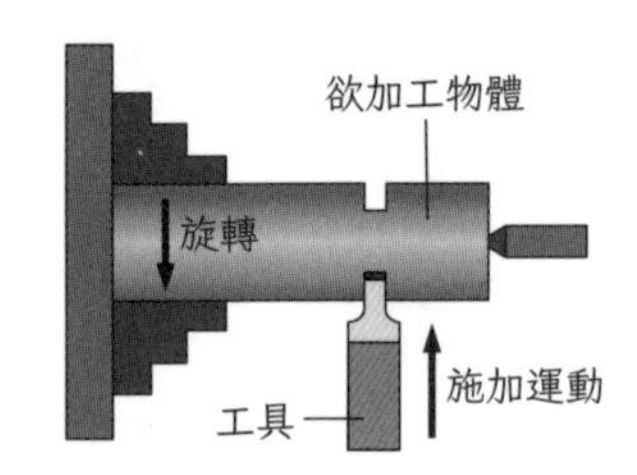

車床原理

驅動器（driver）…馬達、電力電子機器、控制裝置可組成馬達驅動系統。**馬達驅動系統**中，除了馬達以外的控制裝置則叫做驅動器。

車床（lathe）…使被削切物旋轉，再以固定的刀刃（刀具）削切的機械。

再生～以馬達運轉的機器之特徵～

以馬達旋轉之機器的**再生**，指的是旋轉中機器在減速時，動能轉換成電能回收利用的過程。

若自外部旋轉馬達轉軸，那麼馬達就會變成發電機，並產生制動力，達到節能效果。

在機械式制動中，動能會因為煞車器的摩擦生熱而轉變成動能，或者說動能會轉換成熱能散逸。

相對地，**再生制動**可讓交通工具的馬達作為發電機使用，產生與平時旋轉相反方向的轉矩，並將動能轉換成電能回收使用。

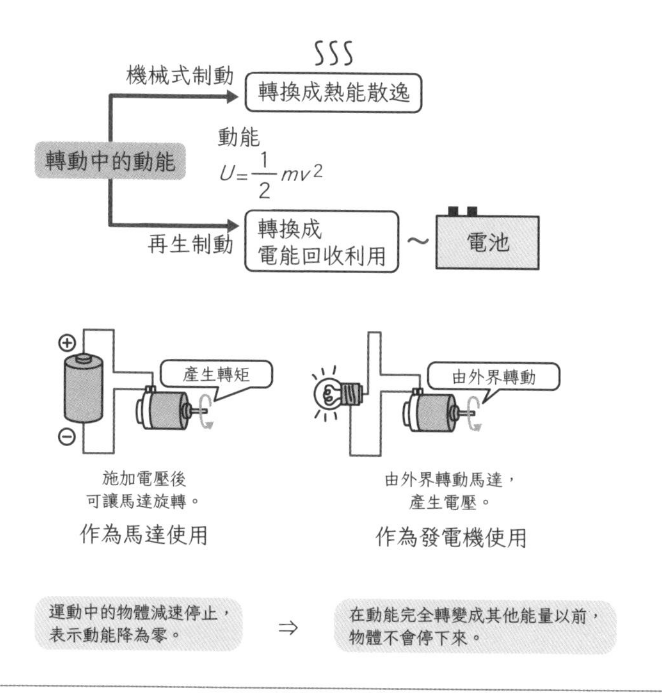

能量守恆定律!!

進給（feed）…工作機械除了旋轉運動（主運動）以外的動作。

工廠自動化的電力電子學
～自動化的機制～

工業用機器人

■**工業用機器人**的結構如下圖所示。

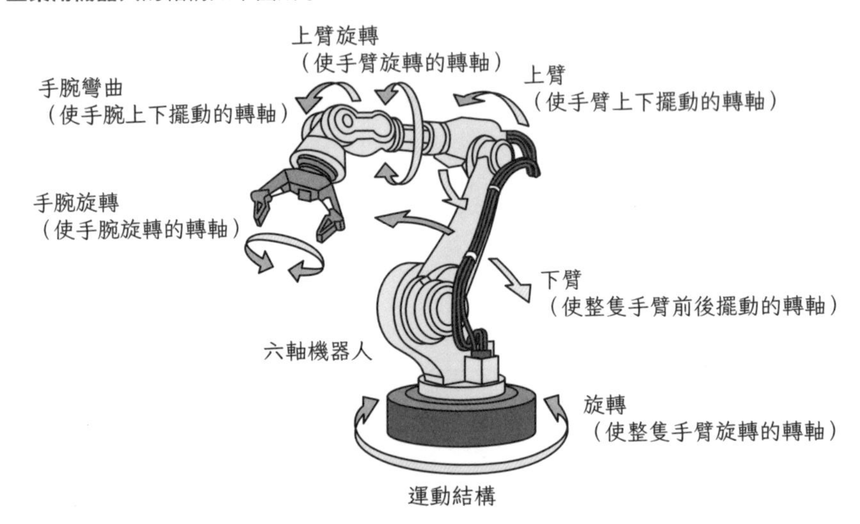

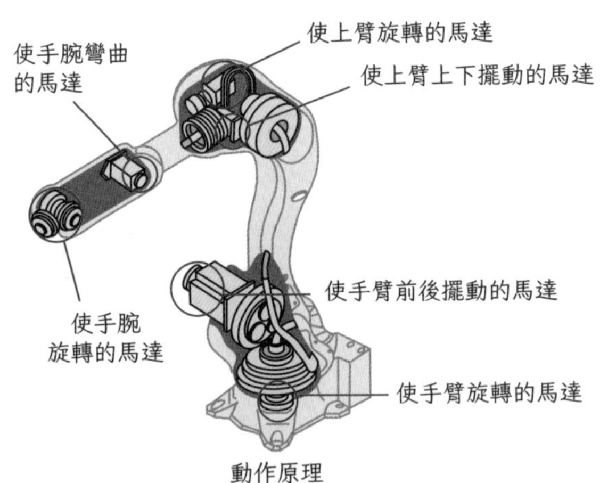

工業用機器人（六軸機器人）的運作機制

搬運

■傳送帶等**搬運**用機械會用到多個伺服馬達來驅動。

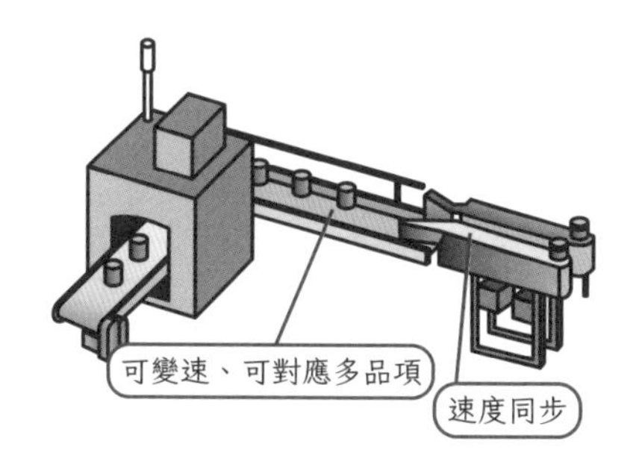

傳送帶

製鐵

■製造鋼板、鐵板時，需趁**熔鋼**（熔化的鋼）仍處於高溫時，使其通過滾筒間，拉伸成薄板（**軋製**）。軋製鋼板時需精密控制滾筒，故必須用逆變器控制多個滾筒旋轉。

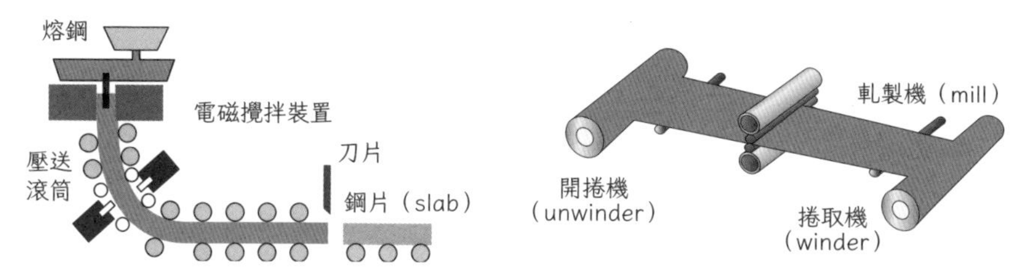

連續鑄造設備（左）與軋製設備（右）

10-4

工廠設備的電力電子學

～現在幾乎都是電動～

在工廠或倉庫內，一般會使用不產生廢氣的電動搬運車。

與搬運有關的電力電子元件

■**電動堆高機**以蓄電池提供電力，由逆變器控制感應馬達，帶動機體前進。另外還有個馬達用來驅動載貨用油壓泵。

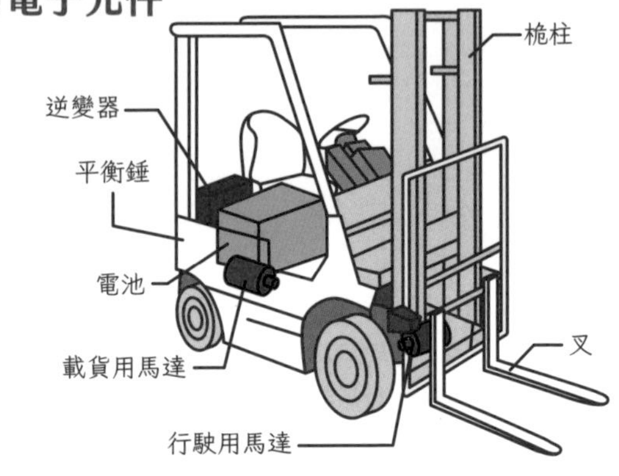

電動堆高機

■**轉盤搬運車**等室內搬運車皆為電動，均以搭載的電池驅動馬達，帶動機體前進。

轉盤搬運車

■**AGV（無人搬運車）**是在室內使用的電動車。搭載電池，以馬達驅動，可遠端操控及自動駕駛。

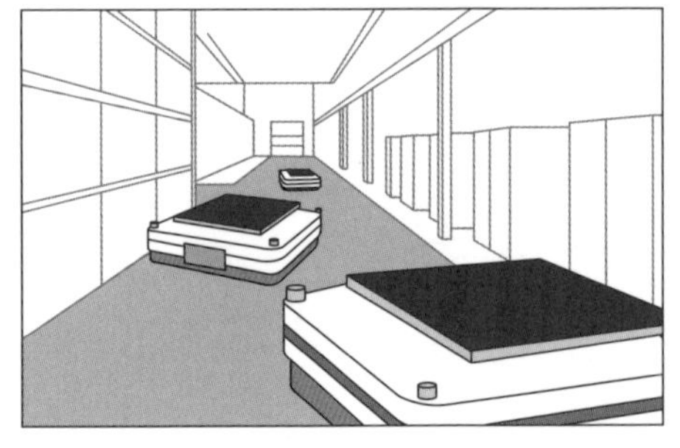

AGV

■ **架空移動起重機**
需透過逆變器吊起物體，並控制移動用的馬達。

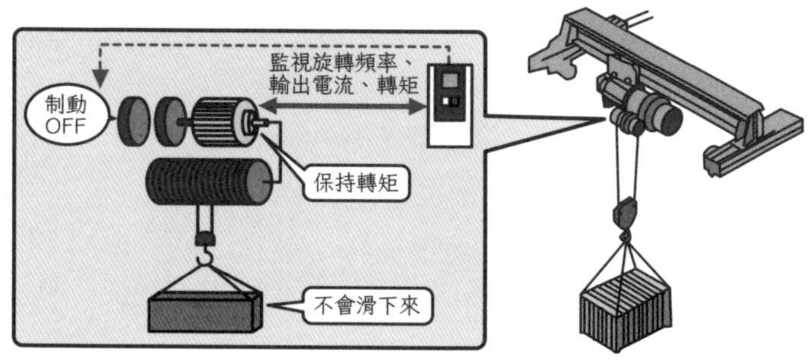

架空移動起重機的運作機制

風與水的電力電子元件

■ 工廠處理各種流體（空氣、氣體、液體）時，需使用電力電子元件。
- ‧製造高壓空氣或高壓氣體的**壓縮機**。
- ‧移動大量空氣的**風扇**、**鼓風機**。
- ‧移動水等液體的**泵**。

這些機器都需靠馬達帶動，並以逆變器控制。

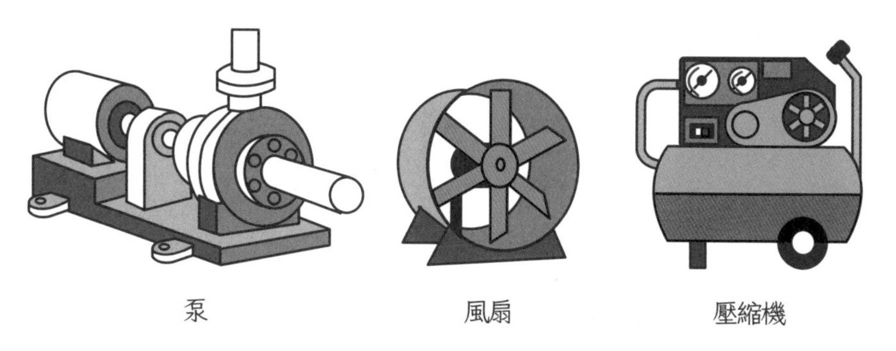

工廠內處理流體的機器

鼓風機（blower）…壓縮機中，壓力比在2以下者。（此為日本規定）
風扇（fan）…移動氣體，提高某區域氣壓的工具。壓力比在1.1以下。（此為日本規定）

Something

Somewhere.

第11章　社會生活的電力電子學

11-1 日常生活與電力電子學

～沒有電力的話就無法生活～

日常生活的電力電子學

- 現在，一般家庭內已有數不清的逆變器。只要有用到馬達，幾乎都會使用逆變器。另外，除了馬達之外，IH電子鍋、微波爐也會用到逆變器。

- 而包括電腦、電子機器在內的所有電源電路，也會用到DC-DC變換器。

社會生活的電力電子學

- 即使離開家，周遭也有許多事物裝有電力電子機器。譬如電車、電梯上就裝有逆變器，以提高馬達效率。

- 另外，電力的輸送、變換、控制、供應，以及電子機器的電源等，也會用到電力電子元件。

- 現在，大部分消耗的電力都由電力電子機器控制。因此，電力電子學在節能上扮演著重要角色。

- 除了節能之外，電力電子機器也陸續發展出了多種功能，創造出了新的產品。

生活周遭的各種電力電子元件應用

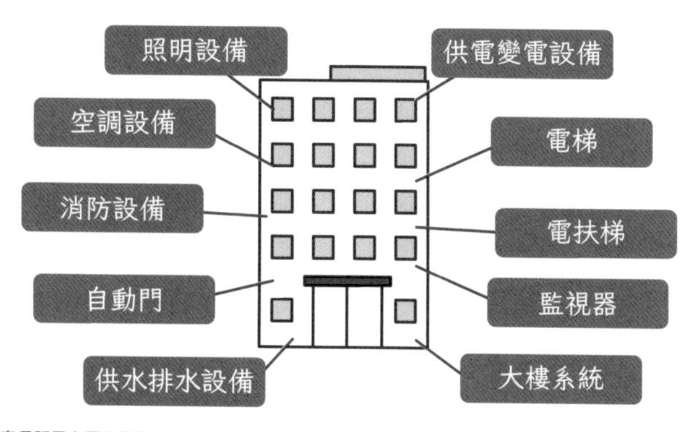

大樓內裝有各種電力電子機器

大樓的電力設備

■一棟大樓內有許多電器設備，這些設備幾乎都會用到電力電子元件。設備大致上可以分成以下四種。

· 建築設備
· 電力設備
· 空調衛生設備
· 資訊通訊設備

■電梯、電扶梯、自動門等建築設備的馬達，需以逆變器控制。

■新大樓的照明大部分都是LED燈。每個LED燈都付有AC／DC變換器。

■緊急用蓄電池等電力設備在充放電時，需用到AC／DC／AC變換器。

■如果有太陽能發電、自家發電、熱電共生設備的話，這些設備都需裝設逆變器。

■冷氣、換氣送風單元等空調衛生設備，在逆變器的控制下可節能運轉。

■近年的新建大樓中，將自來水抽到高樓層用的水泵由逆變器控制。

■包括伺服器在內的大型電腦與資訊通訊設備，需設置專用的電源（AC／DC）設備。

- 自來水的水壓只能使其上升到二樓，故三樓以上的樓層必須使用水泵。
- 以逆變器進行的**直接加壓供水方式**，是目前的主流。

過去的供水方式	直接加壓供水方式
・在頂樓設置水槽儲水，以重力為水加壓。 ・只有將水打到頂樓水槽時需要用到水泵。	・直接與自來水管連接，依照水的用量控制水泵，保持水壓。 ・以逆變器控制水泵馬達。

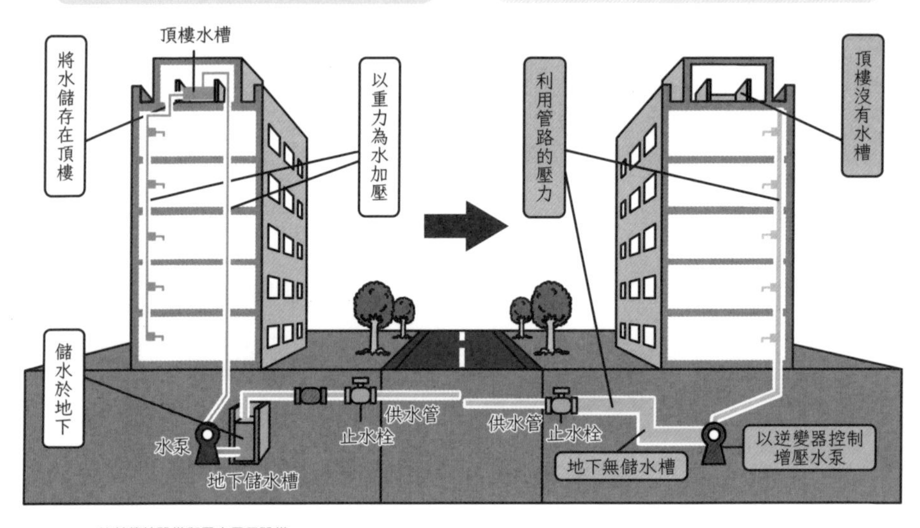

比較傳統設備與電力電子設備

電梯

- **電梯**於頂樓機房設有馬達。馬達的轉動經減速器減速後，可捲起纜繩，拉起電梯。
- 為了減少電梯移動或停止時的衝擊，並使電梯準確停在各樓層，需以逆變器控制馬達。
- 另一方面，採用永磁同步馬達（PM馬達），不需設置頂樓的機房。
- 因為不需要機房，故很適合設置在地下鐵的月台。
- 而且，永磁同步馬達不需要減速機，可以直接驅動。

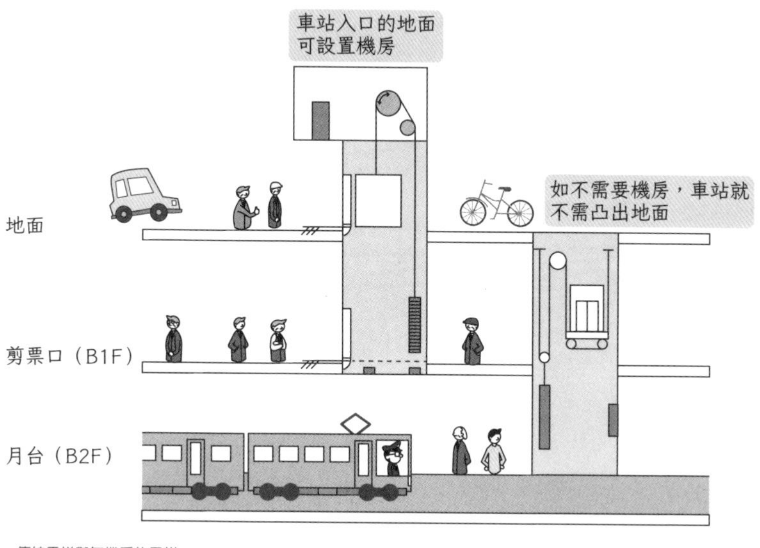

傳統電梯與無機房的電梯

電梯的控制

■高樓大廈使用的高速電梯，最快可達60km/h。這種高速電梯不只需要逆變器控制其運動，當電梯下降或停下來時，可將動能轉變成再生能源，回饋給電源。舉例來說，橫濱地標大廈就用逆變器－變換器系統，驅動120kW的感應馬達。

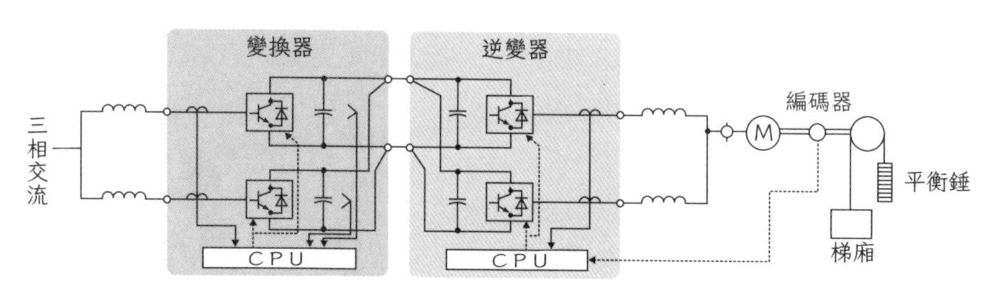

橫濱地標大廈的電梯電路
（馬達輸出120kW、轉速240min^{-1}、梯廂重量1600kg（24人）、電梯速度750m/min（＝45km/h））

- 電梯之所以能夠平順地快速移動，是因為有逆變器精準控制馬達旋轉。
- 也就是說，為了讓人們搭乘電梯時，不要因為加速減速而感到不舒服，需以電力電子元件控制電梯。

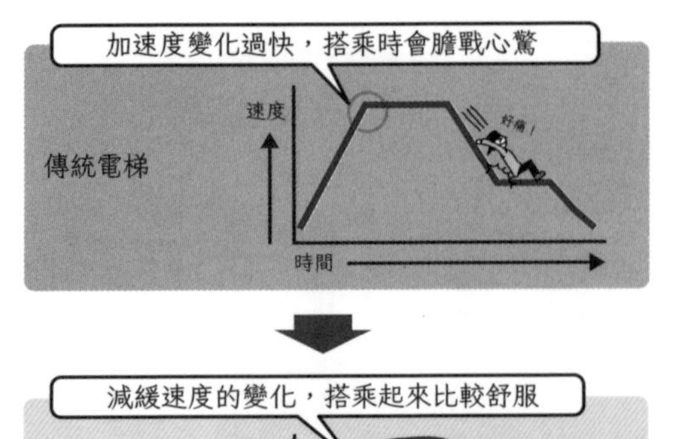

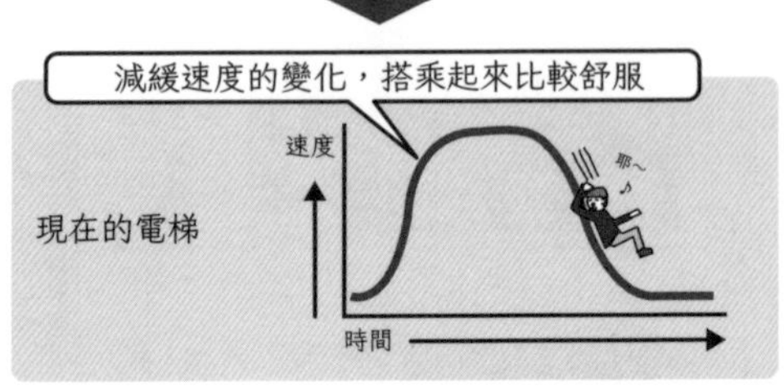

要是沒有
電力電子元件，
就會突然
加速或停下

電梯的進化

電扶梯

- **電扶梯**為階梯狀的升降設備。踏階與驅動系統連結，由設置在地板下的馬達帶動驅動系統運轉。扶手也是由驅動系統帶動。

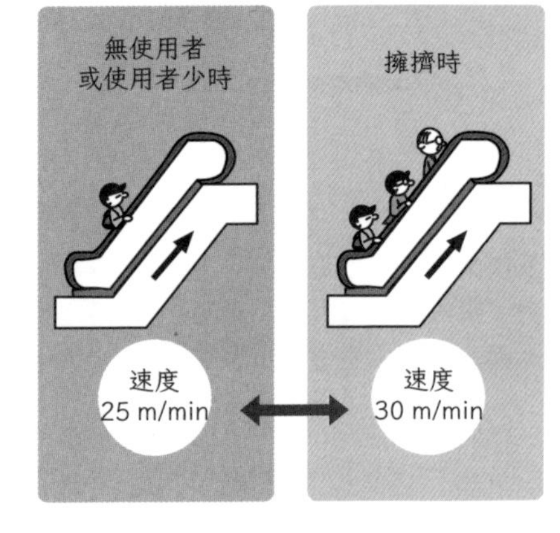

- 通常電扶梯的運動速度為分速30m（時速1.8km）左右。因為有逆變器控制速度，故可減緩啟動或停下時的速度變化，減少對行人的衝擊。
- 電扶梯還可透過感測器感測使用者。一般會設定無人使用時以超低速運轉（分速10m左右）。
- 最近的電扶梯還可以依照使用者的多少，也就是搭乘人數的擁擠狀況，以逆變器切換電扶梯運轉速度。

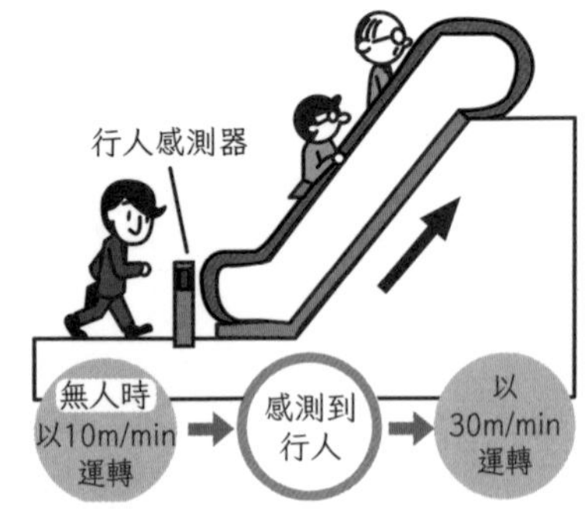

以逆變器控制電扶梯

電動步道

■**電動步道**的原理與電扶梯相同，可將其想像成拉平後的電扶梯。

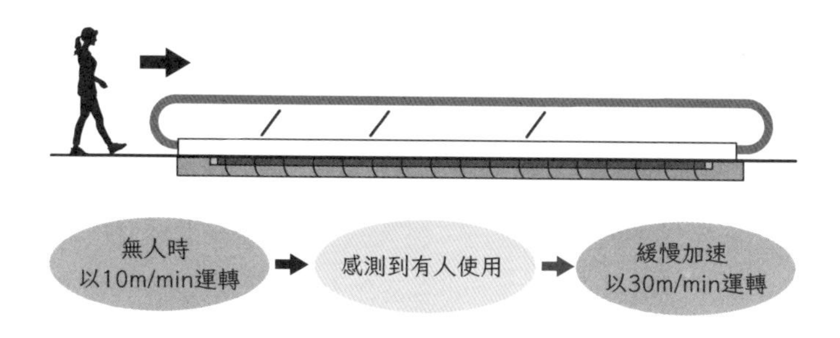

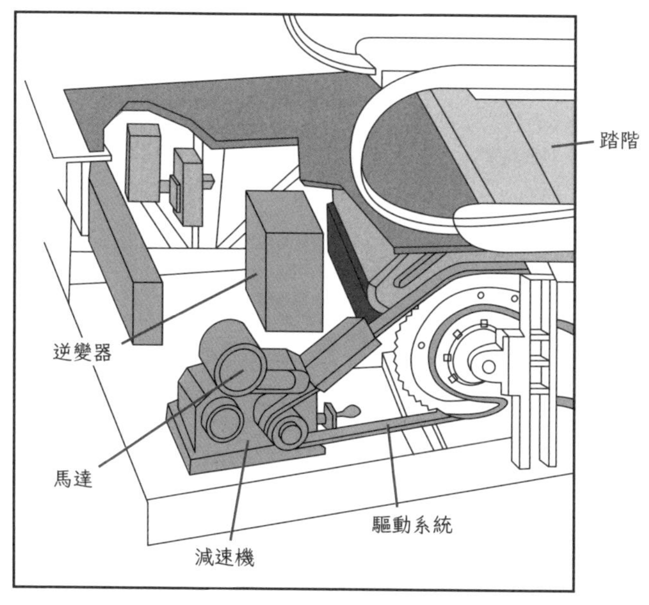

電扶梯與電動步道的運作機制

自來水

～以電力電子學實現節能～

公共自來水設備

- 公共自來水多會用水泵從取水口取水。
- 以逆變器驅動**水泵**時，有節能功效。

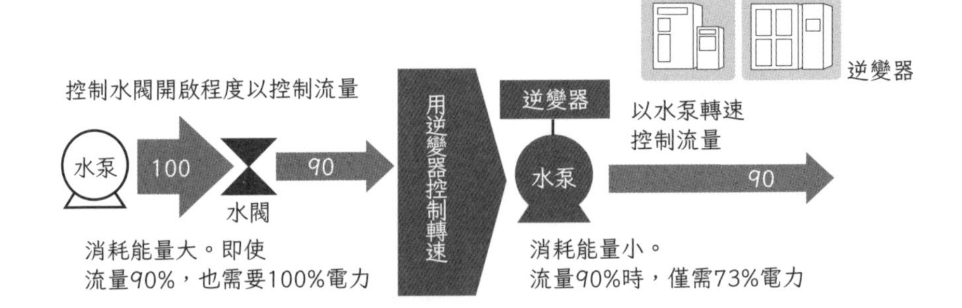

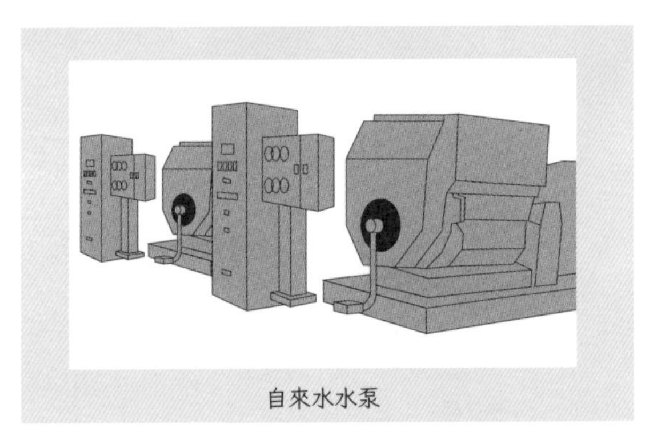

自來水水泵

導入逆變器，節省水泵用電的例子

從水廠到家庭

- 將水送到各家庭時，需要許多水泵。
- 水泵消耗的電力與轉速的三次方成正比。
- 因此，轉速變為$\frac{1}{2}$時，耗電量會變成$\frac{1}{8}$。我們可以由必要的供水量調整水泵轉速。

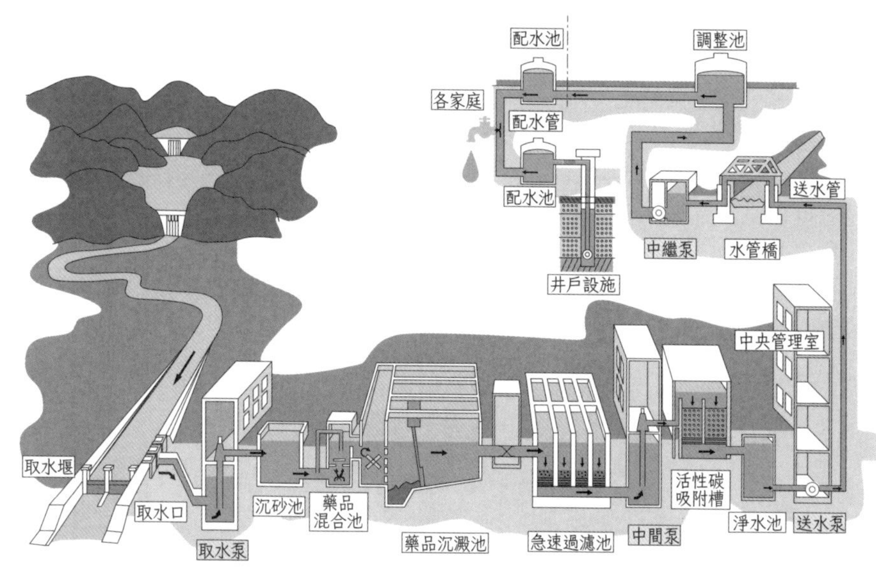

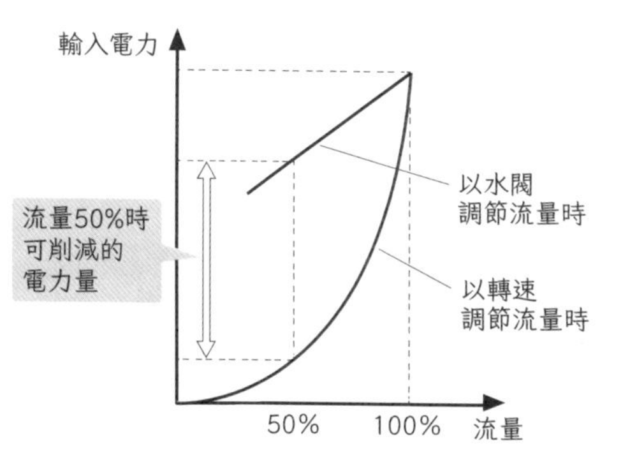

水泵的耗電量與轉速的三次方成正比。

因此，當轉速變為$\frac{1}{2}$時，耗電量會變成$\frac{1}{8}$。

自來水設備概要與控制水泵轉速時可達到的節能效果

11-3

天然氣、焚燒垃圾

～壓縮機與鼓風機～

天然氣設備

- 從地底開採的天然氣，經壓縮機壓縮液化，可得到LNG（液化天然氣）。

- 由液貨船搬運的LNG經泵送至陸地的LNG儲存槽儲存起來。

- LNG透過泵送至氣化器，轉變成氣態（瓦斯）。氣態天然瓦斯再經壓縮機升高壓力，成為家用天然氣，或者送到發電廠。中間可能會暫時儲存在天然氣儲存槽。

- 過去，這些設備的泵、壓縮機等，幾乎都是靠渦輪驅動，現在則逐漸改以馬達驅動，並以逆變器控制。

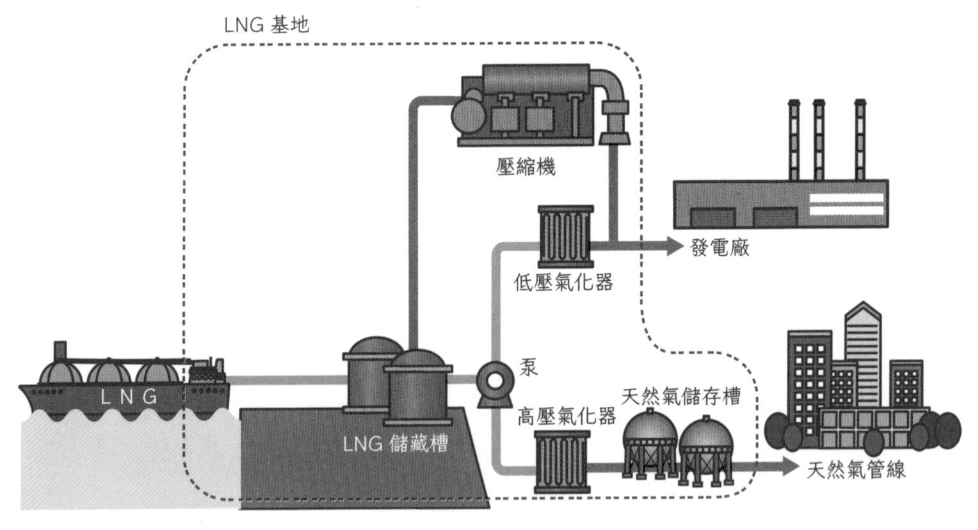

天然氣設備概要

垃圾焚燒設備

■垃圾焚燒設備中有大型送風機，機器內的進氣用鼓風機可提供燃燒用空氣，這個鼓風機需使用逆變器控制。

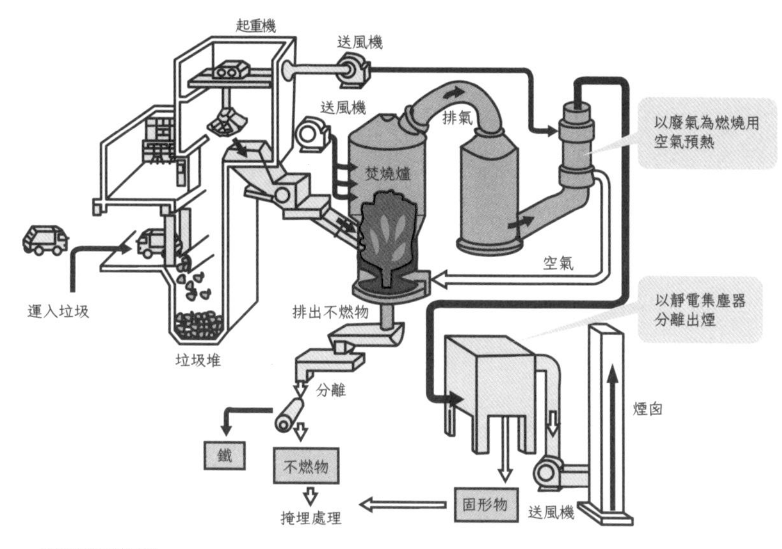

垃圾焚燒設備概要

■另外，燃燒垃圾產生的熱能可以用來發電

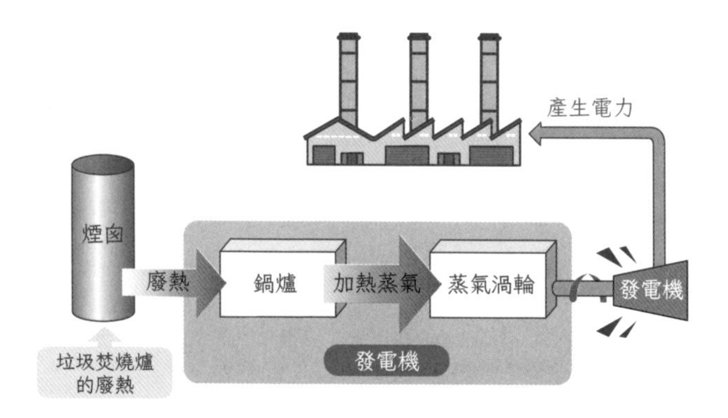

垃圾焚燒發電的運作機制

靜電集塵器（electrostatic precipitator）…運用靜電吸附捕捉氣體中粉塵微粒的機器。

11-4

區域供熱供冷系統

～實現熱電共生～

■**區域供熱供冷系統**會在一個地點集中製造冷熱水、蒸氣，並擁有特定管線，可365天24小時供應一定區域的冷暖氣、熱水。

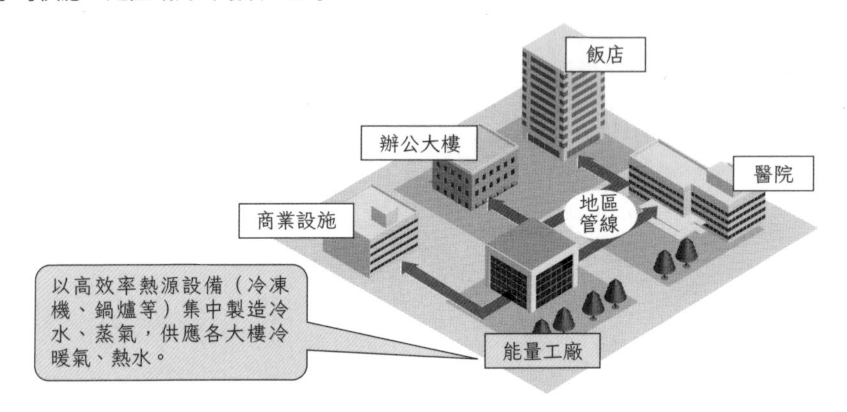

區域供熱供冷概要

■該系統的冷熱水由大型冷凍機（離心式冷機）製造。冷凍機、水泵皆以逆變器驅動。

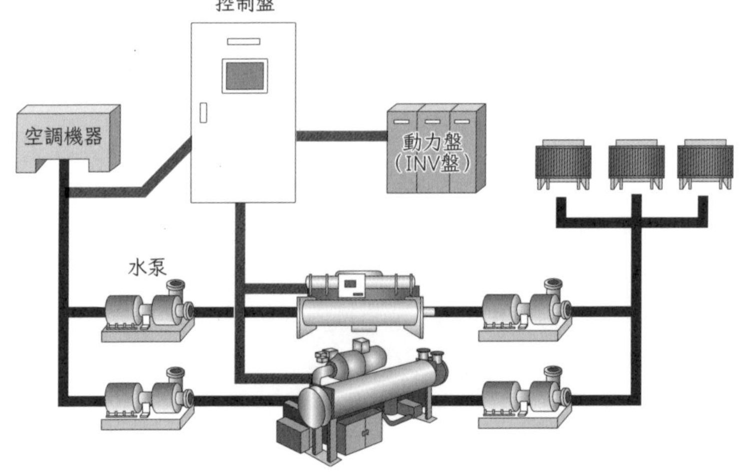

冷熱水系統

離心式冷機（centrifugal chiller）…使用離心式壓縮機的冷凍機。

■以冷熱水製造冷暖氣時，需使用**風管機組**。風管機組由冷熱水的螺旋管路（熱交換器）與風扇組成，結構與冷氣機的室內機類似。

■冷熱水會流過所有管路，所以無法只讓單一房間吹出冷暖氣（不過個別房間可以控制開關，或者調節風量大小）。因此，這種設備常見於商業設施或醫院。

熱電共生

■回收發電時產生的廢熱的機制，叫做**熱電共生**。驅動發電機的引擎或渦輪，會產生無法使用的廢熱排放至外界。若能用這些熱能製造蒸氣或熱水，就能進一步產生冷暖氣、供應熱水，或者作為工廠的熱源。

■電力從遙遠的發電廠送到家裡時，會有供電損失。若能善用自家發電的熱電共生系統，就不會有這些損失，還可提高化石燃料轉換成電能的效率，也就是**綜合效率**（將燃料轉換成能量的轉換比例），更有效地利用化石燃料。還能回收利用發電廠不要的廢熱。

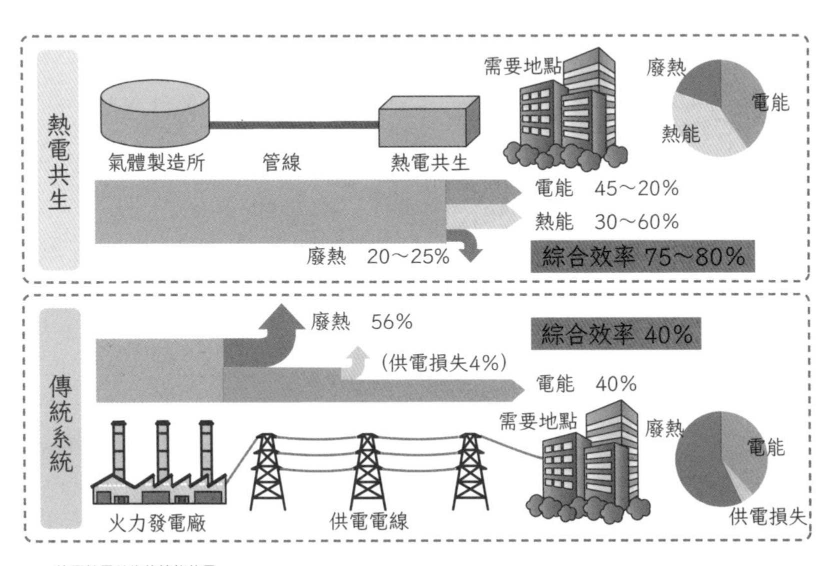

使用熱電共生的節能效果

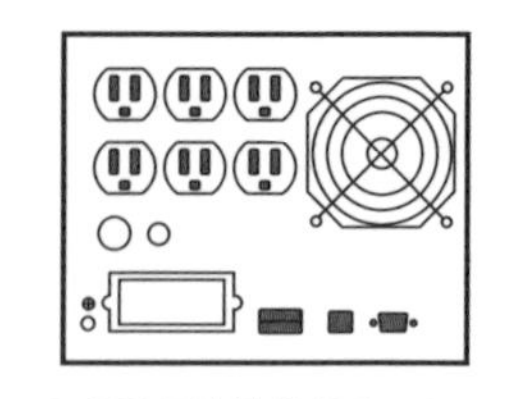

通訊、資訊處理
～需要穩定供電～

大規模的**資訊通訊設施（資料中心、中繼站）**中，有非常多電子機器用的電源，所以電力電子元件在這些設施內也扮演著相當重要的角色。

資料中心的構成

- **資料中心**通常設有伺服器機房（伺服器等ICT機器，以及冷卻用空調）、電力機房（受電設備、緊急用發電設備、備用電池等），以及事務室。

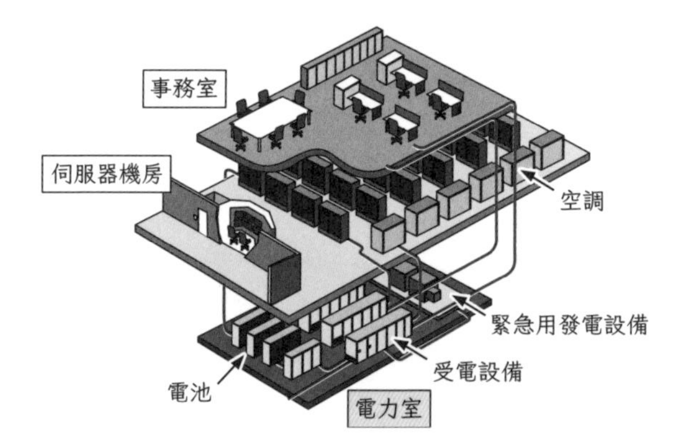

資料中心的樣子

- 資料中心的設備有一半是電力設備（電源）。
- 資料中心會使用擁有冗餘性的複數個系統接受電力。

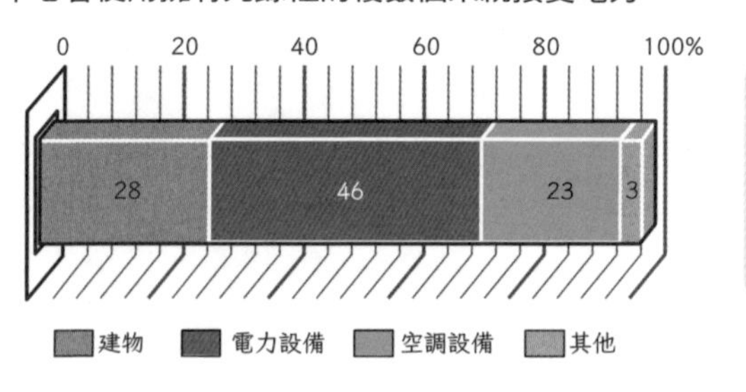

資料中心的電力電子機器
- UPS（不斷電系統）
- 緊急用發電機
- AC／DC 電源
- 電池的充放電控制
- 空調設備

資料中心使用電力的分項

冗餘性（redundancy）…附加了多餘部分的性質。為了在事故發生後還能繼續維持原本的功能，平時便需以預備裝置進行備份。

UPS（不斷電系統）

■為了防止資料中心因停電造成損失，需準備UPS（**不斷電系統**）。UPS可以保護資料不會損壞。

■UPS中，會先以直流電為蓄電池充電，停電時再透過逆變器供應交流電。

■停電發生後，一直到緊急用發電設備開始運轉前（約5分鐘內）由UPS供應電力。

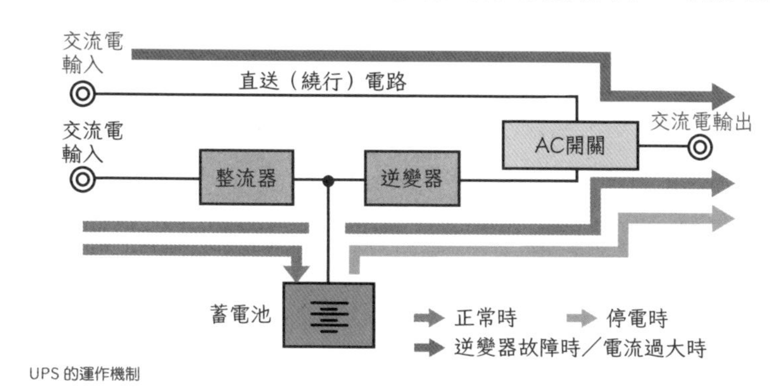

UPS 的運作機制

■家庭、辦公室、店面等，為了應對停電情況，也會使用小型家用UPS。

■有了UPS，即使沒有自家發電設備，電器仍可運作約5分鐘，保護最低限度的資料。

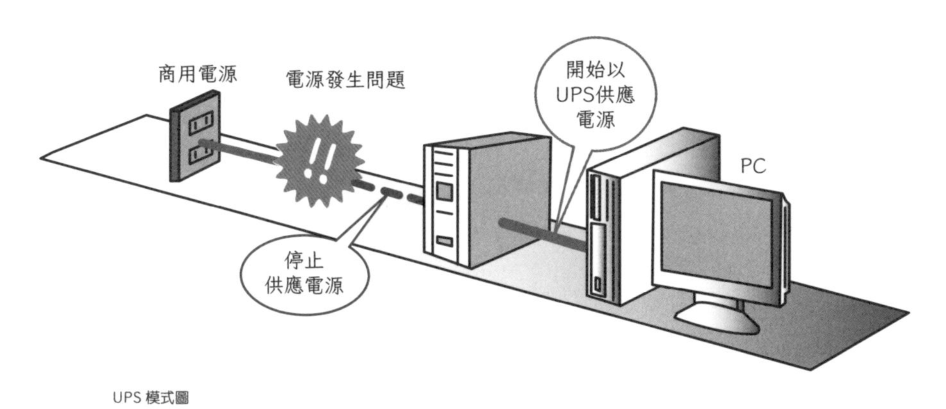

UPS 模式圖

UPS（Uninterruptible Power Supply）…參考正文。
能隙（band gap）…將原子內部的電子能量狀態想像成價帶（valence band）與傳導帶（conduction band）時，兩個帶之間的能量差。

寬能隙半導體

～備受期待的非矽半導體～

寬能隙半導體

■**能隙**是半導體的基本物理性質。目前矽半導體的性能已接近物理極限。

■現在我們使用的半導體幾乎都是矽半導體。相對於矽，能隙較大的半導體稱為**寬能隙半導體**。譬如碳化矽（SiC）或氮化鎵（GaN）等寬能隙半導體，已開始投入實用。

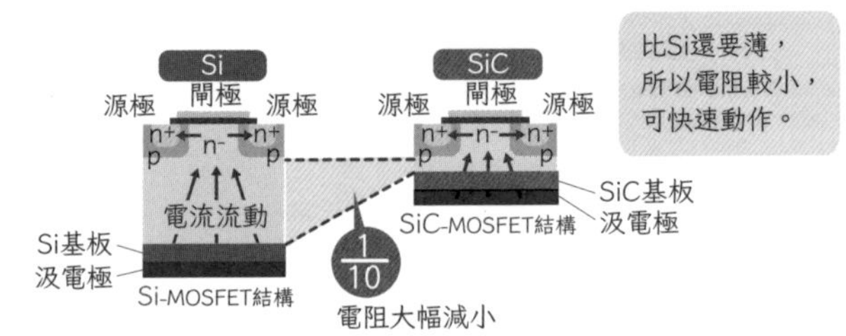

材料	SiC	GaN	鑽石	矽
能隙（eV）	3.3	3.4	5.5	1.1
介電強度（MV/cm）	3	5	10	0.3
熱導率（W/cm・K）	4.9	1.3	20	1.5
飽和漂移速度（cm/s）	2.2×10^7	2.7×10^7	2.7×10^7	1.0×10^7

物理特性 → 作為功率元件使用時的特徵

介電強度大 → 可製作導通狀態電阻小的元件

能隙大 → 可製作導通狀態電阻小的元件、可在200℃的高溫下運作

熱導率高 → 可在200℃的高溫下運作

飽和漂移速度快 → 動作速度可達Si製元件的數倍

載子移動速度快（GaN） → 動作速度可達Si製元件的數倍

寬能隙半導體的特徵

寬能隙半導體（wide band semiconductor）…能隙比矽（1.12eV）還要大的半導體。

■寬能隙半導體的介電強度、熱導度相當高，作為功率元件使用時有以下優點。
・減少損失
・高溫動作
・高速動作

使用寬能隙半導體之後

■使用寬能隙半導體，可以提高電力電子機器的性能。所以有人認為，未來所有矽製功率元件會全部替換成寬能矽半導體製功率元件。

■電動車或混合動力車之所以能在高溫下使用，也是因為用的是寬能隙半導體的功率元件。

■不過，與矽製功率元件相比，寬能隙半導體製的功率元件成本仍相當高。所以目前只有對效率要求較高的功率元件會使用寬能隙半導體。

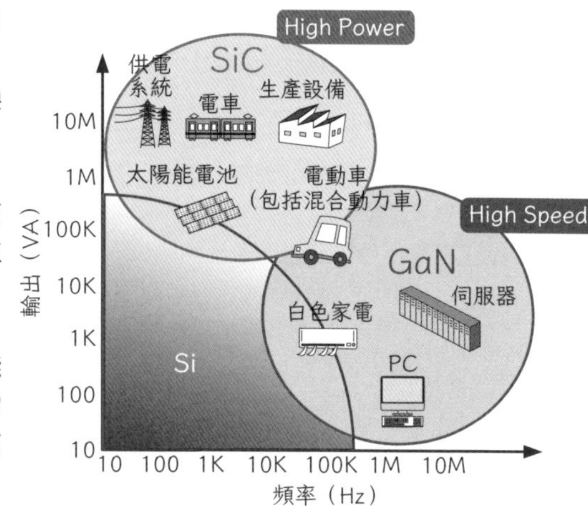

寬能隙半導體的用途

■就現狀而言，電力損失較少（高效率）的SiC半導體通常用於大容量的用途（電力供應、大規模太陽能發電、電車等）。JR在來線的逆變器也已改用SiC半導體製作。

■而GaN製半導體可用於超高速開關模式電源，可將電源小型化，故被認為可應用在PC或伺服器的電源上。

■寬能隙半導體被認為是未來功率元件的研究開發上，備受期待的方向。

介電強度（dielectric breakdown electric field strength）…**絕緣強度**。使物質產生絕緣崩潰的電場強度。

11-7 智慧社會
～透過電力電子實現的「智慧」社會～

智慧社會

- **智慧社會**指的是，將必要物資、必要服務，僅在必要時，提供給需要的人的社會。要實現智慧社會，必須有資訊、通訊等IoT或AI技術基礎，也需要**引動器**（實際驅動系統運作的工具）。

- 若要精密控制驅動物體的引動器，電動化是不可或缺的過程。舉例來說，汽車的自動駕駛不只要使汽車前進，在方向盤操控、煞車等方面也需電動化，才能自動控制。這些機器的電動化就需要用到電力電子元件。

照護支援

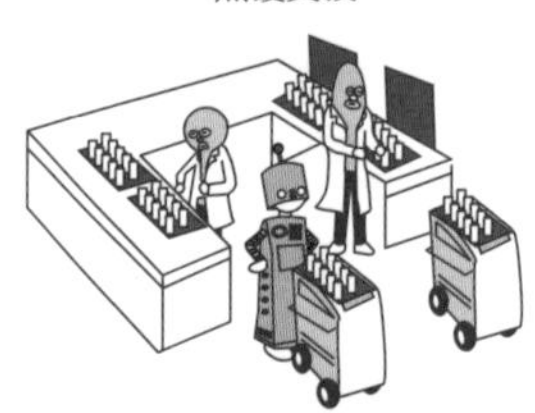
與人共存型機器人

尋找倖存者的機器人

超級感測器

新型感測技術
視覺／聽覺／力覺與觸覺／嗅覺／加速度感測等

主動感測技術
將感測與行動串聯起來，提升檢測能力的技術

智慧引動

新型引動器
・可應用在與人共存型機器人的軟引動器(人工肌肉)
・超高效率、超輕量、超小型等嶄新的引動器等

新型引動器控制
可靈活且精密地控制動作的技術

機器人系統整合技術

新型自律機器人系統技術
可瞬間理解人類的作業內容與目的，以自律方式提升作業能力的機器人系統技術

系統整合技術
可將個別開發出來的技術有效整合連動的整合技術

電力電子元件將在智慧社會中大舉活躍

飽和漂移速度（saturated drift velocity）…半導體內部的載子（電子或電洞）速度會隨著電場強度而改變，不過在高電場強度下會達到飽和。

未來對電力電子學的期許

■電力電子技術已進步到可以讓現實開關十分接近理想開關。想必電力電子技術也將在未來持續進步，實現更多理想中的功能。

■以下是人們對電力電子學的未來期許。

（功率元件）
- 導通狀態電阻非常小
- 開關切換時間非常短
- 可用低電力訊號控制ON／OFF
- 不會因過強的電壓或電流而損毀
- 高溫動作時不需冷卻
- 高速二極體

（電路與電路元件）
- 能依理論運作的電路
- 不會產生損失的電路元件
- 不會飽和的電路元件
- 沒有電感的配線
- 沒有分布容量的配線
- 不會產生妨礙電磁波的配線

（CPU）
- 可高速處理、演算
- 可在低耗電量下運作

（馬達）
- 容易控制的馬達
- 沒有損失的馬達
- 不會發生磁場飽和的馬達

未來展望始於現在

IoT（Internet of Things）…各種物體的網路。並非電腦之間的連接，而是將原本沒有連上網路的「物體」連接起來的網路。

索　引

作者簡介

森 本 雅 之　（Morimoto Masayuki）
1977～2005年：於三菱重工業株式會社從事電力電子領域的研究開發工作。
2005～2018年：日本東海大學教授。從事電力電子領域的研究與教育工作。
2018年～現在：設立Mori MotoR Lab.，從事電力電子領域的顧問工作，以及社會人士的教育工作。

著作：
《マンガでわかるモーター》（オーム社）
《EE Text パワーエレクトロニクス》（オーム社）
《電気自動車 第2版：これからの「クルマ」を支えるしくみと技術》（森北出版）
《交流のしくみ：三相交流からパワーエレクトロニクスまで》（講談社）
等多部作品。

◉製作　UNSUI WORKS　＋　YTI（安田タイル工業）